国家一流专业建设点地质工程项目资助
中国矿业大学教学改革项目资助

工程地貌学

主 编 鞠远江 孙如华 徐继山

U0337972

中国矿业大学出版社
·徐州·

内 容 提 要

本书主要从外营力主导型地貌过程和现象进行讲解,对各外营力地貌过程与人类工程活动的动态关系进行讨论。此外,本书把人工地貌也作为一种外营力地貌进行介绍,以引导学生建立"人地和谐"的工程设计理念为目标。

本书可作为工科类地学专业本科学生的教学用书,也可供工程设计人员参考使用。

图书在版编目(CIP)数据

工程地貌学 / 鞠远江,孙如华,徐继山主编.一徐
州:中国矿业大学出版社,2020.12
  ISBN 978-7-5646-4914-2

  Ⅰ.①工… Ⅱ.①鞠… ②孙… ③徐… Ⅲ.①地貌学
Ⅳ.①P931

  中国版本图书馆 CIP 数据核字(2020)第269578号

书　　名　工程地貌学
主　　编　鞠远江　孙如华　徐继山
责任编辑　何晓明
出版发行　中国矿业大学出版社有限责任公司
　　　　　(江苏省徐州市解放南路　邮编 221008)
营销热线　(0516)83884103　83885105
出版服务　(0516)83995789　83884920
网　　址　http://www.cumtp.com　E-mail:cumtpvip@cumtp.com
印　　刷　苏州市古得堡数码印刷有限公司
开　　本　787 mm×1092 mm　1/16　**印张 13　字数 324 千字**
版次印次　2020 年 12 月第 1 版　2020 年 12 月第 1 次印刷
定　　价　38.00 元

(图书出现印装质量问题,本社负责调换)

前　言

　　近年来,各高等院校在与时俱进的教育教学改革中,越来越重视教材的针对性。地学大类的本科专业,由于应用方向不同,所以工科专业和理科专业的知识结构需求重点有较大的区别。为更有针对性地搭建地学类工科专业本科生的知识结构,我们依托中国矿业大学地质工程一流专业建设项目编写了本教材。

　　本教材从工程需求的角度出发,压缩内营力地貌过程及第四纪地质的学习课时,以外营力地貌动态过程为主线,对地貌发育过程各阶段的工程影响进行讨论。

　　本教材由中国矿业大学鞠远江、孙如华、徐继山主编。具体分工如下:第一、二、三章由鞠远江负责编写;第四、五、六章由孙如华负责编写;第七、八、九章由徐继山负责编写。此外,周文渊、周彭元、张凯迪、张宇、高扬、王博等参与了资料分析整理工作,在此表示感谢。

　　甘肃省科学院地质自然灾害防治研究所原总工程师曾思伟研究员、北京大学城市与环境学院刘耕年教授对本教材进行了认真细致的审阅,在此感谢两位的辛勤付出。

　　中国矿业大学资源与地球科学学院隋旺华教授在本教材编写过程中提出了大量宝贵的意见和建议,感谢隋旺华教授的无私指导。

　　本教材的编写受国家一流专业建设点地质工程项目、中国矿业大学教学改革项目资助。

　　由于水平有限,书中不足之处在所难免,恳请广大读者在使用过程中批评指正。

主　编

2020 年 9 月

目　　录

第一章 绪 论

第一节 工程地貌学的概念

地貌学(geomorphology)一词,由三个源自希腊语的词根 geo(地球)、morphe(外表形状、面貌)、logos(论述)组成。从字面意义看,地貌学是一门研究地球表面形状的学科。地貌学应用物理学、化学、数学原理研究地球表面自然系统,与地质学、气象气候学、水文学、土壤学、地理学等有重叠关系。由于地貌学的这一特点,因此各个国家的地貌学分属于不同的学科。

地貌学属于地球科学,所阐述的是地球最近代的历史。地貌学在很大程度上是研究剥蚀与堆积的关系,而目前地表形态大都形成于第四纪,第四纪地层正是近期地貌演变的天然记录。因此,地貌学与第四纪地质学有着不可分割的联系。地貌学与第四纪地质学不仅研究的时空范围一致、研究对象和内容类同,而且研究方法亦有许多相似的地方。地貌学是研究地表形态的特征、成因、发展、结构和分布规律的科学。

地质学视地貌为地质作用的历史产物,通过地貌去认识地质,故较突出地貌成因的分析与发育历史的重建;自然地理学视地貌为一项自然环境要素,注重人类活动受地貌的影响以及对它的利用与改造,故侧重于人地关系的研究。

地貌形成的外动力与地球外部圈层息息相关,因而地貌又是地理环境的组成要素。研究地貌的外动力需要有较深的自然地理学基础,而进行自然地理学的综合研究,地貌又是主要的因素和条件,因此地貌学又是自然地理学的一个分支。

地貌学按主导营力的不同,可分为以研究地球上不同气候区的地貌形成、演变规律和地貌组合特征为主的气候地貌学和以研究构造运动与地貌关系为主的构造地貌学。

应用地貌学是运用地貌学的理论和方法解决与土地利用、资源开发、灾害防治、环境管理和规划有关问题的学科,是地貌学的重要分支。

工程地貌学是应用地貌学的一个分支,研究与工程(如道路、水利、海港等)建设有关的地貌条件与地貌过程。它不仅研究如何为工程勘测设计选择有利的地貌条件,而且研究工程施工期间及投产后可能产生的对工程有利或不利的地貌过程。例如,为进行水坝、水库工程勘测设计,要研究河谷形态(狭窄段与展宽段)、成因类型、河谷和分水岭的结构,以及工程范围内存在或可能发生的有害地貌过程(如滑坡、坍塌、泥石流、岩溶、水库回淤、库岸变形等)。

形态各异和规模不等的各种地貌,有的与地壳构造运动和岩浆活动等地球内营力作用有关,有的是流水、波浪、冰川和风等地球外营力作用的产物。但是,地表形态在形成与演化过程中并不只是由一种内营力或外营力塑造而成的,如构造运动上升形成的山地,同时还受流水作用的"雕塑",形成一些高岭深谷;在构造运动下沉地区,由于流水"搬运"的泥沙在这里堆积,而形成广阔的平原和盆地。总体来说,地貌是内营力和外营力共同作用于地表的结果。工程地貌学必须首先对内外营力的作用特征与地貌形态及其演变过程的关系有深刻的研究,然后对各地貌形态要素及其变化与内外动力的性质、强度、作用时间等的关系做出从定性到定量的研究。

工程活动的选址问题是关系工程成败的关键问题。构造地貌形成地貌的基本格局,大型工程选址首先关注的必然是构造特征,一般首选完全避开大型构造的位置,在不能完全避开时,则尽量选取构造影响最小的"安全岛"进行工程布置。例如,水利工程中坝址的选择,一般首选构造、岩性等条件满足要求且地貌上相对狭窄河段,以合理控制工程量;路线工程中,必须跨越构造线及与构造线密切相关的河流、沟谷时的位置应考虑岸坡的侵蚀稳定性问题;坡前工程活动选址时,需要考虑潜在崩塌、滑坡、泥石流等的危害范围问题;等等。

工程活动选址在多方案对比的情况下确定,其地貌环境、沉积物特征就形成工程活动的基本环境,相应的地貌过程强度也是可测量或估算的。因此,为保障工程的顺利施工和后期使用,一般都需要对周边地貌进行必要的整治,同时工程建成后,地貌的静态特征和地貌过程的方式、强度等都将改变,必须对工程活动前后静态地貌要素的改变程度进行测量和预估,并对地貌过程的方式、强度的差异及对地貌要素和工程建筑本身的影响进行分析和计算。例如,河流上水库大坝的修建,将对坝上游的水力坡度形成巨大影响,强烈改变原河段的冲淤平衡,甚至影响到有效库容的大小;路线工程中,为保障可视角度,往往需要对周边进行挖方、填方施工,使路线周边的边坡坡度及高度产生明显改变,这种改变又促使以坡度和坡高为参数的地貌过程改变,如崩塌、蠕动、片流侵蚀等,这些改变又反过来影响新边坡的稳定,并进一步影响路线的使用效果等。

第四纪沉积物是工程活动的主要环境和对象,第四纪沉积物的性质受地貌过程和沉积环境的影响,并影响工程活动的安全性、经济性等。

第二节　地貌与第四纪

地貌形成的影响因素包括两个方面,一是物质基础,如岩石、构造等;二是动力因素,即地表的内外营力。当物质基础和动力因素不同时,形成的地貌形态也不一样。当然,地貌形态是在不同的物质基础和动力因素控制下随时间发展变化的,并且这种变化会造成动力因素的逐步变化。

一、地貌形成的物质基础

地貌形成的物质基础包括岩石和地质构造。岩石的性质和地质构造的类型对地貌形态都会产生影响。

1. 岩石

岩石或沉积物是地貌形成的基础,任何地貌都是由岩石或沉积物构成的。不同类型的岩石可影响地貌的形态特征,因此在野外可根据地貌形态判别岩石的类别。影响地貌形成的岩石特征主要有成分、结构、构造和节理。

就地貌形成而言,可把岩石分为可溶性岩石和不可溶性岩石两大类。可溶性岩石主要有灰岩、白云岩、岩盐、钾岩等。岩盐和钾岩的溶解度大,分布也很有局限性,一般只在干旱气候区形成盐壳地貌。灰岩和白云岩分布广泛、厚度大,经水的溶蚀作用可形成奇特的岩溶地貌,如广西桂林、云南石林等的地貌。灰岩的纯度越高,越有利于岩溶地貌的形成。而不可溶性岩石类型很多,这类岩石经水、风、冰川等动力改造后可形成各种各样的地貌。

岩石成分的均一程度越高,越有利于形成规模较大、气势恢宏的地貌,如花岗岩、灰岩、石英岩等构成的地貌。在沉积物中,厚层状岩石比薄层状岩石更有利于形成规模较大的地貌。若是厚薄岩层相间,则易形成阶梯状地貌或古塔状地貌。

在花岗岩地貌中,它的奇特与岩石发育的三组原生节理有关,风化作用和流水侵蚀作用沿节理发展,形成各种形态的地貌。在灰岩地区,节理控制地下水的溶蚀方向,也控制了地貌的形成,石林、峰林、峰丛、落水洞、溶蚀漏斗等的形成都受到节理的影响。

2. 地质构造

地质构造既能直接形成地貌,也能影响地貌的形成和形态。把由地质构造直接形成的或直接影响的地貌称为构造地貌,如断层崖、向斜谷等。影响地貌形成的地质构造主要包括地层产状、褶皱和断裂。

二、地貌形成的动力因素

地貌是内外地质营力相互作用的结果。内力地质作用是地球内部深处物质运动引起的地壳水平运动、垂直运动、断裂活动和岩浆活动,它们是造成地表主要地形起伏的动因,其发展趋势是向增强地势起伏方向发展,如山岳的形成及其相对高度的变化。外力地质作用是太阳能引起的流水、冰川和风力等对地表的剥蚀与堆积作用,其作用趋势是"削高填低",向减小地势起伏而使其往接近海洋水准面的方向发展,这一过程塑造成多种多样的地表外力成因地貌。一般内力加强,外力作用随之增强,但在不同相对等级地貌的形成发展中,内外地质营力所起的作用不同。

1. 内动力

构造运动是地貌形成最为重要的动力,是地貌形成的初始动力来源,控制了从巨型地貌到小型地貌的形成和发展。按照构造运动的方向,它可分为水平运动和垂直运动两种形式。这两种运动形式对地貌形成的作用有所不同。水平运动导致山脉的形成,也可造成一些小型地貌的变形,如河流、山脊、洪积扇、阶地等的水平位移。垂直运动对面状地貌或台阶状地貌形成影响比较明显,如构造运动间歇性上升,就能形成阶地、夷平面等地貌。构造运动不仅使海陆格局发生变化,而且也可使地形起伏发生变化,从而引起地表外动力条件的改变。随着山脉的隆起,地貌形成的外动力作用可由地面流水作用向冰川作用转变,由化学风化作用和生物风化作用向物理风化作用转化。在我国西北地区,由于青藏高原的隆起,阻隔了印度洋的暖湿气流,而导致了外动力条件的改变,形成了分布广泛的风成地貌。火山喷发作用直接形成火山地貌,如火山锥、熔岩平原、熔岩高原、火山口等;在海底,形成海山、平顶山、大洋中脊等。

2. 外动力

地貌形成的外动力,按照地质营力的特点可分为地面流水、地下水、冰川、湖泊、冻融、海洋、风力等动力,可形成各种外力地貌(表1-1)。

表 1-1 外动力作用及其地貌

外动力分类	动力介质	主要地貌类型
地面流水作用	片流、洪流、河流	石芽、溶沟、冲沟、河谷、坡积裙、洪积扇、河漫滩、阶地、三角洲等
地下水作用	包气带水、潜水、承压水	石林、峰丛、峰林、落水洞、岩溶盆地等
冰川作用	冰川	冰斗、角峰、刃脊、冰蚀谷、羊背石、终碛堤、鼓丘等
冻融作用	水-冰转化	石海、石环、石圈、石条、冰楔、冻胀丘、冻融褶皱等
湖泊作用	湖水	湖积阶地、湖蚀阶地、湖岸堤、湖蚀崖、湖蚀柱等
海洋作用	海水	海积阶地、海蚀阶地、海蚀凹槽、海蚀崖、海蚀柱、浊积扇等
风力作用	气流、风沙流	沙丘、纵向沙垄、横向沙垄、岩漠、砾漠、沙漠、黄土等

地表的形态是外动力和内动力共同作用的结果,但这两者在改造地表形态的趋势上是不同的。内动力作用的总趋势是使地表起伏增加;而外动力却相反,是使地表起伏降低,即削高填低。内外动力在不同规模的地貌中所起的作用也不一样,内动力对形成巨大型地貌具有重要的控制作用,而外动力在形成中小型地貌中起的作用比较大。内动力与外动力这一对矛盾的统一体,相互作用,共同推动地表形态的发展和演化。

三、地貌形态特征与等级

地貌形态主要是由形状和坡度不同的地形面、地形线(地形面相交)和地形点等形态基本要素构成一定几何形态特征的地表高低起伏。小者如扇形地、阶地、斜坡、垅岗、岭脊、洞、坑等,称为地貌基本形态;大者如山岳、盆地、平原、沙漠,称地貌组合形态。凡高于周围的形态称正形态,反之称负形态,正、负形态是相对的。有的地貌形态易于识别,有的因自然和人为破坏而比较模糊。在野外和航空照片、卫星照片上识别和分析是研究地貌的主要定性方法,既要研究不同地貌形态的成因,也要注意相似形态的成因区别。

地貌形态特征的主要可测量因素有坡度、高度、地面破坏程度等。坡度指地貌形态某一部分地形面的倾斜度,如夷平面、阶地面和斜坡的坡度等,一般应在野外测量,对研究坡地重力灾害有实用价值。高度分为海拔高度和相对高度。海拔高度(一般由地形图提供)差别越大,地貌形成作用和形态特征差别越大,是山岳和平原一类大地貌分类的主要依据。相对高度指两种地貌形态之间的高差,如阶地面与河床平水位间高差、溶洞底部与河床高差等。相对高度应在野外测量,一般可以提供不同地形形态形成的先后顺序及其所受到的新构造运动影响等重要资料。地面破坏程度常用地面刻切密度(水道长度/单位面积)、地面切割深度(分水岭与邻近平原的高差)等代表。

地貌研究应采取形态的定量观测研究与定性观察研究相结合的方法,这样才能获得客观、全面的第一手资料。

1. **巨型地貌**

巨型地貌即地球上的大陆和洋盆,这是两个最大的对立地貌单元,是全球性岩石圈运动的结果。中生代以来的全球板块运动,使三叠纪前的超级大陆(即泛大陆)在逐渐裂解为现代大陆和大洋的同时,发生了明显往两极的集中运动,对中生代以后极地冰盖形成有利,并对第四纪气候有重要影响。

大陆由具有硅铝层和硅镁层的大陆壳组成(图 1-1),平均海拔 875 m。大陆地貌成因复杂多样,受到外力作用的改造与破坏,地貌年代越老,破坏程度越大,有时只剩下残迹片段。

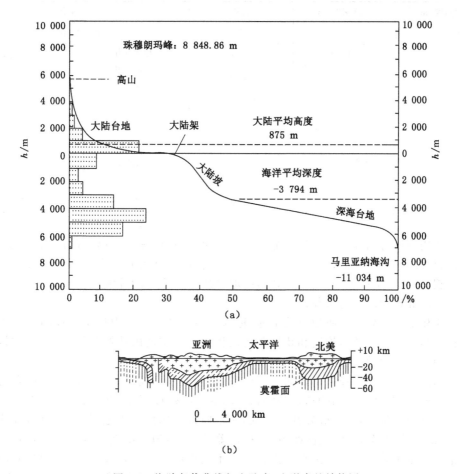

图 1-1 海陆起伏曲线与大陆壳、大洋壳的结构图

洋盆是由单一硅镁层的大洋壳组成的,覆盖有厚度不等的松散沉积物,洋底平均深度为 -3 794 m。洋盆地貌主要是地幔物质溢流和板块移动过程中形成的水下平原、山脉(洋脊)、裂谷和火山地貌,因受水体保护,形态较为原始。

大陆与洋盆间的过渡带为大陆边缘,包括大陆架、大陆坡。大陆边缘是陆壳的延伸部分,具有与大陆相似的构造,是石油、天然气等化石能源有很大开发潜力的地段。

2. 大型地貌

大型地貌即大陆和洋盆中的山地和平原等地貌。山地和平原的成因主要取决于大地构造基础、新生代和新构造运动与外力作用之间的对比关系。

(1) 山地

山地是由山岭和山谷组成的形态组合,是新构造运动大于外力剥蚀作用且两者都很强烈的地带。一条或几条山岭组合构成山脉,山脉延伸几十到几百千米,有的达上千千米。山地地形崎岖起伏,海拔高度和相对高度都很大。新构造运动对山地高差的增强起重要作用,山地可以按照山地的海拔高度和切割深度进行分类(表 1-2)。

表 1-2　山地的高度分类

海拔高度/m	切割深度/m	名称	地质作用特征		
>5 000		极高山	冰雪作用		
5 000~3 500	>1 000	高山	冰雪作用 寒冻风化 ——雪线——	重力作用 大 ↓ 小	
	1 000~500	中高山			
3 500~1 000	>1 000	高中山	流水作用		
	1 000~500	中山			
	<500	低中山			
1 000~500	1 000~500	中低山	流水作用		
	<500	低山			
<500		丘陵	风化作用		

重力作用在所有山地地貌过程中都起主导作用,包括极高山和高山的冰崩、雪崩、山崩与中低山、丘陵的岩崩、地滑、泥石流等。这些重力作用与冰雪和流水作用一起塑造了山地的陡峭外貌,并可产生严重的灾害。同时,山地也是许多矿产、水利电力的产地,是一些有价值的旅游资源和珍稀动植物所在地。

剥蚀作用的影响处于从属地位的山地,称为构造山地。构造山地是山地的最主要成因类型,由大地构造基础、地质构造和新构造运动控制。按构造山地控制性构造的不同,可分为褶皱山地和断块山地。

褶皱山地由褶皱系统控制山地的地貌形态、组合及其空间展布。组成构造形态的抗蚀岩石构成地面保护壳时,正向构造(如背斜、穹隆等)容易与地形高地一致,称为顺构造地貌;多数地层在受拉条件下,容易破碎并被侵蚀,而正向构造部位多为地层受拉部位,外营力作用下被侵蚀后,会导致负向构造(如向斜、构造盆地等)与地形高地一致,称为逆构造地貌。一般在褶皱山地中,顺、逆构造地形多次转化并不同程度地发育,在不同时代的褶皱山地中互为主次(图 1-2)。褶皱山地主要发育在新生代和新构造运动强烈上升的新生代褶皱带,该类山地从其褶皱形成以来未被完全夷平过,夷平面一般发育在山地边部。

断块山地由断层系统控制山地的平面和空间展布,盆、岭之间以明显的断层地形分开。断块山地的褶皱形成后受过长期多次整体夷平,夷平后的平缓地形在新生代和新构造时期由于断裂再活动和剥蚀而形成今日山地。因此,断块山地的平坦分水岭保存有古代夷平面(或平缓剥蚀的残余古地形),山地两侧(或一侧)有明显的活动断层地貌(图 1-3),山麓地带常发育大规模洪积扇群。断块山一般发育在新构造运动强烈差异上升的前新生代褶皱带,如天山、祁连山,就是在夷平的古生代褶皱基础上,在新构造时期强烈差异上升,经冰川和流水侵蚀,形成的载雪高山与封闭的断陷堆积盆地相对峙的地貌格局。

火山喷出物可形成锥状、盾状、丘状、垅状等火山地貌。熔岩流可形成熔岩高原、熔岩平原和充填谷地。我国东北的长白山、山西大同和云南腾冲等地就有第四纪火山地貌。

外营力的剥蚀作用超过构造运动的作用效果,使山地形态的塑造主要受外营力影响的山地称剥蚀山地。如冰蚀山地、侵蚀山地和岩溶山地等类型。

(2) 平原

平原是目视距离(30~50 km)范围内地势平坦、高差小或微有起伏的大面积地貌组合(包括大型盆地)。平原的高度分类见表 1-3。

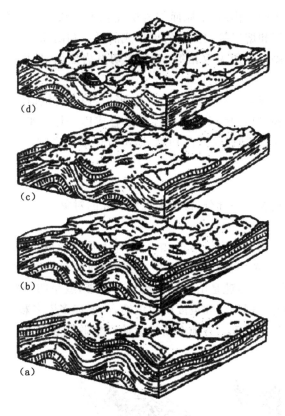

(a)→(d)—顺构造地貌→逆构造地貌。

图 1-2 顺构造地貌向逆构造地貌的转化

图 1-3 山前断层面(F)与断块山

表 1-3 平原的高度分类表

海拔高度/m	名称	例子	地质作用特征
>600	高原	云贵高原、伊朗高原、蒙古高原	剥蚀、侵蚀、谷地重力作用
600～200	高平原	法兰西平原、巴西中部平原	
200～0	低平原	华北平原、杭嘉沪平原	外力堆积作用、洪泛、海岸侵蚀、海蚀和海积
海平面以下	洼地	吐鲁番低地、死海低地	

构造上升作用大于剥蚀作用，平原面与岩层面基本一致的平原称构造平原。如前述第四纪水平或缓倾斜岩层和熔岩等的固结岩层形成的平原和高原。

构造上升作用与剥蚀作用大致相等，平原面切过岩层面，地面微有起伏的平原称剥蚀平原。

新构造时期地壳下降大于堆积或两者接近，形成各种松散沉积物组成的堆积平原，有海成平原、冲积平原、洪积平原、风积平原和各种混合成因平原。平原面与松散沉积层一致。各种平原往往因基底起伏(或断块凹凸)和后期构造运动的影响产生变形，成为缓倾斜平原或凹状、凸状、波状平原。

3. 中型地貌

中型地貌是大型地貌的一部分，常常是观察研究的对象。

(1) 山岭与谷地

山岭与谷地是山地的主要次级形态，主要由外力作用形成，但岩性、构造影响明显。山岭由山顶(或山脊)、山坡和山麓组成。山顶有尖顶、圆顶和平顶(图1-4)。山坡有直线坡、凸形坡、凹形坡和复合坡。山麓是山坡与平地相交地带，或呈明显转折，或被松散沉积物覆盖。各种形态的山顶与不同形状和坡度的山坡结合，形成多姿多彩的山岭形态，能反映出不同的动力作用类型与作用强度。谷地有断裂活动产生的断层谷，以及外力作用形成的侵蚀谷、冰蚀谷和溶蚀谷等。

  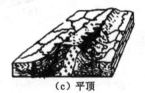

(a) 尖顶　　　　(b) 圆顶　　　　(c) 平顶

图1-4　山顶的类型

(2) 平原次级形态

平原区的河谷地带和河间地区与平原中形成时代和成因不同的部分都属平原次级形态。由于平原地势低平、切割不深、天然露头少、研究难度大，因此对平原的研究必须采取地表观察与钻探、物探方法相结合的方式。充分利用钻孔岩心，选择多种地层与沉积物成因的宏观、微观标志，从地层划分对比入手，搞清楚组成平原各部分地层形成时代、成因、河道变迁、海侵历史与新构造运动等，才能使平原研究具有理论和实用价值。

4. 小型地貌

小型地貌主要是在各种外动力作用下形成的多种多样的小型剥蚀地貌和堆积地貌。也有很少一部分是在内力作用下形成的，如活动断层崖、地震裂缝和火山等。小型地貌形态是野外观察研究的主要对象。

上述各级地貌从形成时代来说，小型地貌形态绝大多数形成于第四纪，其中全新世以来形成的地貌与现代动力和现代环境基本适应，可称现代地貌。而全新世以前各地质历史时期形成的各级地貌，时代越老，受后期改造越强烈，程度不同地保存的原始形态可称残留地貌或古地貌。地表就是由不同等级、不同成因、不同形成时代和发展阶段与完整性不同的地貌叠置构成的复杂系统，在研究时要善于把握整体与局部的关系。

四、地貌的演化及阶段划分

1. 戴维斯理论与夷平面

研究地貌发展即研究地貌的形成和演变过程,是在研究地貌静态特征的基础上,阐明地貌的动态变化过程。小型地貌形态的发展速度较快,测定这些地貌形态的发展速度对工程与环境研究有重要价值。大型地貌发展的时间长,常以地质时期作为计量尺度。塑造大型地貌的内外营力强弱的周期性变化,使大型地貌的发展表现出多次渐进变化与急剧变化的交替,这就是地貌发展的旋回性。美国地貌学家戴维斯最早提出地貌发展的理论,即地理循环说(图 1-5),他认为地貌的形成发展受地壳运动、外力作用和时间三因素的影响。

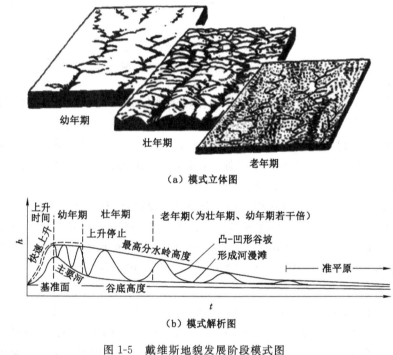

（a）模式立体图

（b）模式解析图

图 1-5 戴维斯地貌发展阶段模式图

假定一分布有河流的平坦地块被地壳运动抬升到一定高度后即行停止,在河流作用适应侵蚀基准面下降过程中,地块将按照地表较快深切的幼年期(亦称青年期)→地形逐渐复杂多样化的壮年期→漫长的准平原化的老年期等阶段发展。若上述过程完结后地块再度抬升,则上述过程又周而复始地进行,故称侵蚀循环。但是地块再次上升也可以在发展过程中的某一阶段出现,则循环终止于该阶段。考虑到每个循环中地壳运动的变化及气候与外力作用强度的变化,再现的各阶段不可能完全相同,因此"侵蚀循环"一词可用"侵蚀旋回"代替。

地貌形成发展的多旋回性是一种普遍现象,表现为许多层状地貌,如多级河流阶地、石灰岩区多层溶洞、山岳地区多层夷平面等。山岳地区不同高度的平缓地形层层排列的现象,称山岳多层地形(图 1-6)。每层地形由一级夷平面和其下陡坎组成。夷平面可能保存完整、分布广,也可能被切割破坏,只能由高度相近的峰顶连线反映出来。夷平面是规模较大的残留地貌,是地壳处于长期相对稳定和气候比较湿润条件下风化剥蚀作用的结果,致使岩性地质构造的地貌差异逐渐缩小,形成向海洋水准面趋近的平缓或波状起伏地形。

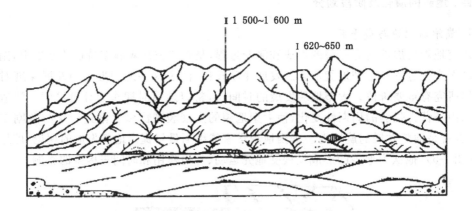

Ⅰ—晚期夷平面;Ⅱ—早期夷平面。

图1-6 山岳多层地形现象图

夷平面形成时代,可由其切割的下伏最年轻的地层和夷平面上堆积的最老沉积物时代之间的年代间隔决定,间隔越短越有意义,也可由夷平的相关沉积物推断。夷平面可以由河流、岩溶、海(湖)浪和风化作用中的一种为主形成,也可以由几种作用共同塑造形成。以河流作用为主形成的夷平面,可能是准平原,也可能是尚未达到准平原化的老年期宽谷地形,所以夷平面与准平原不能完全等同。

夷平面下陡坎是地壳运动从相对稳定转入上升时河流切割而成的,常常是峡谷地段。同一级夷平面由于岩性和构造的差异及外力作用的不均匀,高度可以在一个较小范围内变化。山岳多层地形和夷平面的抬升变形、变位可以为研究新构造运动的性质和运动幅度提供重要资料,也可为寻找风化矿床和深部矿体分布规律提供重要信息。

2. 地文期

1903年,威利斯在研究中国华北地区第四纪时提出一个侵蚀期和堆积期交替出现的华北地区地貌地文期发展模式,每个旋回包括一个侵蚀期和一个堆积期,并分别以典型地点命名。地文期是地貌发展旋回性在中国地貌研究的一个实例。我国古生物学家杨钟健等很早就在山、陕黄河峡谷地区根据地貌和地层建立了地文期,刘东生将其特征进行了归纳(表1-4)。这一分析对于宏观上认识大区域之间第四纪地壳发展历史、地貌演化过程和地层的划分与对比是有意义的。

表1-4 华北地文期特征表

时代	侵蚀期	堆积期	地质、地貌特征
全新世	板桥期	皋兰期	现代河漫滩沉积物(Q$_4$) 黄土被侵蚀,形成10 m左右黄土阶地
上更新世	清水期	马兰期	黄土沉积(Q$_3$) 红色土被侵蚀,形成30余米阶地
中更新世	清水期	周口店期	周口店第一地点洞穴堆积,洞外红色土堆积(Q$_2$) 与汾河期河谷形成谷中谷

表 1-4(续)

时代	侵蚀期	堆积期	地质、地貌特征
下更新世	汾河期	泥河湾期	河湖相沉积（Q_1） 华北地区规模最大的侵蚀,形成现代河谷之上的宽谷
上新世	X 期	静乐期	堆积在小盆地中的红色土（N_2^2） 在"保德红土"沉积之后的侵蚀
	唐县期	保德期	堆积残积为主的"三趾马"红土层（N_2^1） 华北地区的高夷平面,其上有古宽谷地形

在我国其他区也划分过不同时期的古地面和阶地,建立了地文期。如长江中游湖北西部的最高(最古)的古地面称为鄂西期,海拔高度一般为 1 500～1 800 m;下一级称为山原期地面,海拔高度一般为 600～1 000 m;第四纪河流侵蚀的峡谷地形称为三峡期,三峡期在长江中下游表现为一系列阶地。

青藏高原代表尚未被河流溯源侵蚀分割的古地面,海拔 4 500 m 以上,可能形成于新近纪。但在高原上相对下降的河谷盆地中,则有上新世含三趾马动物群的古湖沉积,第四纪冰川及河流沉积,以及地壳继承下降而在不同时期保持湖盆环境所沉积下来的第四系河湖相地层等。

在云贵高原上,最早的地面称为云南高原面,海拔高度达 2 000～2 500 m,部分分水地带尚未受切割,有的为岩溶夷平面(如云南弥勒、路南与南盘江之间分水地带),但一般已呈峰顶线。这级地面之下还有两级剥蚀地面,呈宽谷形态,有些分水口与其相当,或者沿湖盆两侧山坡和山麓分布。其中的低一级古地面,禄丰县石灰坝是发现拉玛古猿化石的地点,可以看出它们已经切平了这个含古猿化石的古湖盆沉积地层,所以都是上新世以前发育的,可能与华北唐县期地面发育的时代相当。

在贵州高原的一级古地面(高原面)称大娄山期地面,海拔 2 000 m 以上低一级的古地面称山盆期地面,海拔一般为 1 000～1 500 m。如贵州和广西等地的峰林地形,除受构造和岩性影响外,往往与古地面也有联系。第四系表现为一系列成层分布的洞穴堆积地层。

在中国东部也可以看到不同高度的古地面。徐埠准平原地面,在嘉山(明光)一带因地壳比较稳定,这级地面被河流切割较弱,形成时期也晚。江苏北部东海县地区,长期保持着侵蚀剥蚀环境,成为波状起伏的准平原地形,但至今海拔较低、切割不深,第四纪沉积地层很薄,主要发育晚近时代风化壳和残积坡积层。

不同地区古地面发育和延续的时代是有差异的,由于后期构造抬升及受断裂的影响,高度差别更大,或者可以被断陷埋藏于湖盆沉积地层之下,所以需要根据生物地层及其他有关地层的年代学方法进行具体分析。

五、第四纪下限与分期

1. 第四纪下限问题

第四纪下限问题即上新世与更新世的分界问题,这是第四纪研究中一个长期未能完全解决的基本问题。众多的研究者都力图用一种全球性事件的等时线来定义第四纪下限,但由于这些事件在地球上各部分出现的穿时和时差现象,至今国际上关于上新世与更新世分界问题尚未取得一致的意见。传统上地层分界的划定是以海相地层为基础的,但对于陆相地层发育的第四纪下限问题,研究海陆地层记录都应该重视。

(1)第四纪下限主流观点

按照第四纪首次出现冰川活动作为第四纪开始的原则,早期把第四纪下限划在阿尔卑斯恭兹冰期冰碛层底部,其古地磁年龄为 0.73 MaBP,或以欧洲克罗默层底部为界,其年代为 0.8 MaBP。以后由于发现比恭兹冰期更老的冰碛物,现在除少数人持这一观点外,大部分第四纪冰川地质学家都放弃了这一观点。

1948 年,在国际地质大会伦敦会议上,按气候-生物地层原则提出:第四纪下限在海相地层中,以意大利地中海沿岸卡拉布里层底部含有北方型喜冷软体动物化石和喜冷有孔虫出现为标志,陆相地层则划在含有最早出现象、马、牛化石的维拉坊组河湖相层底部。1982年,国际第四纪联合会 N/Q 界线小组委员会根据对意大利地中海沿岸另一地点海相地层弗利卡剖面的研究,建议以喜冷底栖有孔虫波罗的饰带透明虫、浮游有孔虫厚壁新方孢球虫(左旋)与可可石类的大洋桥石等的大量涌现和超微钙质化石盘星藻类的大量绝灭层位作为 N/Q 分界,此分界位于古地磁极性的奥都维亚时附近,为 1.7～1.8 MaBP。陆相地层中据对维拉坊哺乳动物群研究,维拉坊组地层可以三分,中维拉坊组哺乳动物群中含有喜冷的化石如披毛犀,反映气候有所变冷,N/Q 分界可以划在中维拉坊组底部。

据对欧洲和俄罗斯地台的植物群研究,在 2.4 MaBP(斯堪的纳维亚大冰盖形成之前)植物群发生过重要的变化,喜暖的东亚或北美种类大量减少,而欧亚针叶树种和草本大量涌现,标志一次气候显著变冷,提出可以此为 N/Q 分界,大约与古地磁极性的 B/M 分界相当。

(2)我国现阶段认可的观点及依据

1948 年,中国采纳伦敦会议方案,把第四纪下限放在含有性质上与欧洲维拉坊动物群相似的泥河湾动物群的河湖相泥河湾层底部。1959 年全国地层会议肯定了这一观点。

近年来,随着国际、国内第四纪下限问题研究的深入,中国第四纪下限出现了上提和下移两种趋向:① 北方的早更新统泥河湾组、三门组和南方的元谋组一分为二,并把分界上提到早更新世地层中部,其依据或哺乳动物群或古地磁年龄。② 第四纪冰川地质工作者则提出把 N/Q 分界下移,其依据是发现约 3 MaBP 冰碛,认为这是中国第四纪最老的冰期。此外,南京雨花台组中发现上新世植物化石,因而认为整个雨花台组应划入上新世。总的说来,中国第四纪下限问题的研究与 1958 年前相比有一定的进展,但亦未取得统一意见,目前倾向于 2.6 MaBP。

2. 第四纪分期

1932 年,国际第四纪研究联合会(INQUA)提出一个以古生物地层与古气候地层并举的第四纪地层划分方案。该方案的古生物地层学原则上应理解为包括海、陆相生物地层,古气候学则以从暖-冷的冰期旋回为原则。其中晚更新世至全新世部分,即包括晚更新世的末次间冰期、末次冰期和冰后期,一直沿用至今。

根据第四纪时期的气候特点、生物特征、人类文化等,把第四纪划分为两大时期,即更新世和全新世,其地层相应地称为更新统和全新统。更新世进一步划分为早更新世、中更新世和晚更新世三个时期,其地层相应地称为下更新统、中更新统和上更新统。各个时期的分界年龄目前还没有完全统一的意见,但除了第四纪下限年龄值的意见差别比较大,其他几个时期的分界年龄值是较为统一的。

诺贝尔奖得主保罗·克鲁芩于21世纪初提出"人类世"概念。其理论要点有：

（1）地球已经进入新的发展时期——"人类世"，在这个时期人类对地球和环境的影响并不亚于大自然本身的活动。

（2）"人类世"新的地质时期的提出，其目的是揭示人类活动正成为影响和改变地球的主导力量。

（3）今天的地球因为人类活动的影响，已经不再仅仅是自然的了，这个改变过程主要是从工业革命开始的，因此，"人类世"新地质年代应从工业革命起始。

从以上保罗·克鲁芩的理论要点不难看出，之所以要建立以"人类世"为名称的新地质年代概念，是因为人类的作用已经越来越大、越来越深入，从而广泛影响了地球演化，造成了地球表面的显著变化。特别是工业革命以来，人的主观活动已经扩展到世界的各个角落，人的作用几乎影响了所有自然过程。自18世纪末开始，人类活动作为主要的地质外营力，对地表形态起到深刻作用，对地球环境产生了重大影响，使地球演化改变原有速率，自然与人类的关系密不可分，并且共同影响地球未来。

六、第四纪沉积物和沉积环境

第四纪形成的松散岩石一般称为堆积物、沉积物或沉积层，如河流形成的冲积物或冲积层、洪流形成的洪积物或洪积层等。有的研究者认为，对无明显外动力搬运、分选和成层构造者才称为堆积物，如残积物、重力堆积物、地震堆积物、人工堆积物等。第四纪沉积物特征如下：

（1）岩性松散。第四纪沉积物一般形成不久或正在形成，成岩作用微弱，绝大部分岩性松散，少数半固结，绝少固结成岩。这一特点有利于将反映形成时的古气候、古环境信息保存下来，采矿、施工易于进行，但也因此易于发生灾害。对第四纪沉积物露头要及时摄影、测剖面和采样。

（2）成因多样。第四纪由于气候、外动力和地貌多种多样，由此形成多种多样成因的大陆沉积物和海洋沉积物。各种成因沉积物具有不同的岩性、岩相、结构、构造和物理化学性质与地震效应。因此，要求尽可能在野外对开挖出的原始剖面进行详细描述，并统计分析各种成因的堆积物。

（3）岩性、岩相变化快。即使同一种成因的陆相第四纪沉积物，由于形成时动力和地貌环境变化大，因此沉积物的岩性、岩相结构变化也大。这就要求在野外要尽可能沿岩层（或标志层）多追索研究，不能以点代面。第四纪海相沉积物则远较陆相沉积物岩性、岩相稳定。

（4）厚度差异大。剥蚀区第四纪陆相沉积物厚度一般不大，从几十厘米到十几米，堆积区（山前、盆地、平原、断裂谷地）也仅几十米、一百多米或几百米。沉积厚度大的、沉积连续的地区，采用钻探（或物探）可以获得丰富的第四纪资料。

（5）不同程度风化。陆相沉积物大多出露在地表，受到冷暖气候交替变化的影响，时代越老风化越深。研究地表不同时代沉积物的风化程度，对地层划分对比和工程建设都有好处。但要注意，同一时代沉积物地表和地下掩埋部分的风化程度不同。

（6）含有化石及古文化遗存。在有的第四纪陆相堆积物中，含有大型和小型哺乳动物化石、古人类化石、石器和陶器等。

根据基本的沉积环境，第四纪堆积物分为陆相堆积物、海相堆积物以及介于二者之间的海滨堆积物。按照形成第四纪堆积物的动力或过程,分为内力地质作用所形成的内力堆积物和外力地质作用形成的外力堆积物。内力堆积物和外力堆积物可以根据其动力作用的方式、岩性及岩相特征、堆积物本身所造成的地形和沉积环境,再进一步分为成因类型和成因类型组。第四纪堆积物的成因类型是指由一种地质作用所形成的沉积于一定地形环境内并造成一定地形形态的,在岩性、岩相以及所含生物残骸等方面具有一定特点的一种堆积物。地质作用具有某些共性的几个成因类型的堆积物构成一个成因类型组。在第四纪堆积物的成因类型中,根据其形成的地形和岩相特点,再分为一些形态岩相。不同成因类型的沉积物和不同成因类型组的沉积物在其物理、力学、工程属性方面具有较大的差异,在实际工程活动中应对其有更详细的研究和分析。

第二章 风化与重力作用地貌

第一节 风化作用及其过程

一、风化作用类型

1. 物理风化

温度变化、裂隙水的冻胀过程、干湿变化使岩石盐类的重结晶以及岩石中的一些矿物发生溶解,这些都可使岩石内部的应力状态发生变化,从而引起岩石崩裂破碎,这种类型的风化作用称为物理风化作用。

岩石表面温度变化是由于季节变化和昼夜交替而引起的。岩石是热的不良传导体,因而岩石温度变化只在表层较浅的深度内发生。当岩石温度变化时,岩石的表层热胀冷缩,不同深度这种胀缩程度不同,这样不同深度的岩石单元之间将具有相对剪切的趋势,长期发展下去,会使岩石表层在一定深度内破碎并产生剥落。另外,岩石是各种矿物的集合体,各种矿物的颗粒大小、颜色深浅和晶体结构都不相同,受气温变化影响,各种矿物的膨胀系数也不一样。在受热或变冷时,具有不同膨胀系数的各矿物之间也会产生相对剪切,从而促使矿物颗粒之间分裂,最终导致岩石风化成分散的砂粒。

工程活动面对的一般不是小体积的完整岩石,而是较大规模、内部含有较多裂隙等不连续面的岩体,一般把这些不连续面称为结构面。岩体的稳定状态绝大多数情况下并不是完整岩块的特征决定的,而是由各种结构面及其组合特征决定的。结构面包括各种成因的裂隙面和层面等,裂隙面的两侧岩石不连续,裂隙壁之间的黏聚力较小甚至完全没有黏聚力。同时,地下水等流体容易进入张开程度较高的结构面内,常导致结构面内聚集水分,当温度降低到 0 ℃时,水分便冻结成冰,体积膨胀,对围限它的岩石裂隙壁产生很大的压力。在该压力作用下,一方面使得裂隙在尖端处产生应力集中,从而使裂隙进一步扩展变长破坏岩石;另一方面裂隙壁两侧岩石受力可能超过其抗压强度而发生挤裂,两种过程都促使岩体变得更加破碎,并逐渐成碎屑状态。

在干旱区,岩石中盐类的重结晶作用也能破坏岩石。夜间,岩石从空气中吸收一部分水汽,水汽顺着毛细管渗透到岩石内部,溶解一些盐类;白天,在烈日烤晒下,水汽从岩石中蒸发,溶解在水汽中的盐类将重结晶,由于这种结晶过程是随着水的蒸发而进行的,在蒸发过程中含有盐类的溶液会逐渐聚集在各种结构面的"尖角"处,最终形成的结晶体也在这种尖角处生长扩大,因此所形成的结晶体对岩石产生的撑胀作用使得在尖角处产生应力集中,使岩体结构面扩展延长,最终结果也可使岩石崩裂而破碎。有些矿物可溶解于水,但不同的可溶解矿物的溶解度不一样,经过长期的溶解作用之后,易溶解矿物被水溶解,在岩石中形成孔隙,使岩石分解风化。

2. 化学风化

化学风化是水溶液以及空气中的氧和二氧化碳等对岩石的作用,使岩石的化学成分发生变化的过程。化学风化通过水化作用、水解作用、碳酸化作用和氧化作用等一系列化学变化来进行。

(1) 水化作用:是水分子与一些不含水的矿物相结合,改变原来矿物的分子结构,形成新矿物的过程。例如,硬石膏经水化作用形成石膏:

$$CaSO_4 + 2H_2O \longrightarrow CaSO_4 \cdot 2H_2O$$

水化作用可使矿物的硬度变小、密度减小或体积膨胀。硬石膏变成石膏后,体积膨胀60%,加速了岩石的裂解。

(2) 水解作用:是化合物与水反应而起的分解作用。由于水中有一部分水分子离解成 H^+ 和 OH^-,从而使水具有酸性或碱性,一些矿物溶于水后,其离子能和水中的 H^+ 或 OH^- 结合而形成新的矿物,如正长石水解成为高岭土:

$$K_2O \cdot Al_2O_3 \cdot 6SiO_2 + nH_2O \longrightarrow Al_2O_3 \cdot 2SiO_2 \cdot 2H_2O + 4SiO_2 \cdot mH_2O + 2KOH$$

上述过程中,正长石中的 K^+ 与水中的 OH^- 化合成易溶的 KOH,随水流失,而次生矿物高岭土则残留在原地。$SiO_2 \cdot mH_2O$ 为胶体,在温带条件下形成蛋白石而残留下来;在热带、亚热带气候条件下,它在碱性溶液中不能凝聚,与 KOH 的真溶液一起随水流失。高岭土在热带、亚热带气候条件下将进一步风化,SiO_2 析出形成铝土矿:

$$Al_2O_3 \cdot 2SiO_2 \cdot 2H_2O + nH_2O \longrightarrow Al_2O_3 \cdot nH_2O + 2SiO_2 \cdot 2H_2O$$

(3) 碳酸化作用:是指含有 CO_2 的水溶液对矿物的分解过程。石灰岩地区的碳酸化作用最为明显,石灰岩的主要矿物是方解石($CaCO_3$),它在纯水中溶解速度很慢,但在含碳酸的水溶液中能很快发生化学反应,生成溶于水的重碳酸钙[$Ca(HCO_3)_2$]。重碳酸钙的溶解度是碳酸钙的 30 倍,所以方解石能在含 CO_2 的水中快速分解:

$$CaCO_3 + H_2O + CO_2 \longrightarrow Ca(HCO_3)_2$$

可见,碳酸化作用对石灰岩的风化作用最明显。

(4) 氧化作用:是矿物与氧化合的反应过程。空气、水中或地下一定深度都有大量的游离氧,它对岩石产生氧化作用后,可使其中低价元素矿物转变为高价元素矿物。如黄铁矿经氧化后成为褐铁矿,在这一化学反应过程中,一部分硫酸盐随水流失,另外产生的硫酸可进一步促进岩石的风化作用。

$$2FeS_2 + 7O_2 + 2H_2O \longrightarrow 2FeSO_4 + 2H_2SO_4$$
$$12FeSO_4 + 3O_2 + 6H_2O \longrightarrow 4Fe_2(SO_4)_3 + 4Fe(OH)_3$$
$$Fe_2(SO_4)_3 + 6H_2O \longrightarrow 2Fe(OH)_3 + 3H_2SO_4$$

3. 生物风化

生物在其生长和死后分解过程中,对岩石所起的物理的和化学的风化作用,叫生物风化作用。

植物在生长过程中,其根系的生长对岩(土)体起楔子作用,对岩石挤胀而使其崩解。穴居动物的挖掘和穿凿活动会进一步加速岩石破碎。生物在新陈代谢过程中分泌出各种化合物,如碳酸、硝酸和各种有机酸,它们对岩石产生强烈的腐蚀作用。植物从土壤中吸收养分,分泌出来的各种酸是很好的溶剂,可以溶解某些矿物,对岩石起着破坏作用。微生物吸收空气中的氧、二氧化碳和硫化物制造的硝酸、碳酸和硫酸等无机酸,以及动植物腐殖质分泌的有机酸,都能腐蚀和分解岩石。

4. 卸荷风化

近地表的天然岩体中,水平方向的构造应力残留不明显,因此在近地表岩体的内部,其最大主应力多数在由岩体自重控制的竖直方向上,大多数岩石的天然泊松比比较小,受岩石泊松比控制,水平方向的应力一般较小,但都为压应力。人类工程活动中,为了控制工程的环境、场地的规模和位置、资源的开采等,往往需要对完整岩体进行开挖。例如,路线、渠道工程在经过山体时开挖坡脚或者隧道,采矿工程需要进行巷道建设或直接采出矿体等,这些过程使得本来连续的岩体在开挖的部位出现了临空面,使得岩体向临空面的变形增大,岩体内部原来相对均衡的应力分布被破坏,最大压应力在靠近临空面的位置逐渐转变为与临空面在方向上一致,最小压应力在靠近临空面的位置逐渐转变为与临空面垂直。由于临空面没有限制,在临空面后方的岩体实际上表现为受到拉张力影响,因此会逐步产生与临空面近似平行的拉张裂隙,这种裂隙是由于岩体开挖卸除了平衡其内部应力的岩体所导致的,因此称为卸荷裂隙。卸荷裂隙使得临空面附近的岩体产生明显的工程卸荷风化。

自然过程中,卸荷裂隙发育也较普遍。风化产物被重力、流水等营力搬运离开母岩,对其下伏基岩来讲,也是一种卸荷过程。河流受侵蚀基准面降低影响,向下侵蚀能力增强,可使得河谷两侧的谷坡出现向河谷方向的卸载。即使侵蚀基准面相对稳定,河流的侧向侵蚀与摆动也可以使凹岸岸坡不断后退,这一过程使得谷坡后侧的岩体不断暴露而承受卸荷影响。

各种风化作用在自然界并不是单独进行而是同时交替进行的。至于一个地区、一个时期以哪种作用为主,则取决于具体的气候条件,如高山高纬度地区以物理风化为主,湿热地区以化学风化为主,如果该地区植物繁密则生物风化作用亦占重要地位。工程卸荷风化在所有产生工程卸荷的岩体内都会发生,对岩体的风化破坏程度受卸荷规模和岩体自身抗拉强度的控制。

二、风化作用过程

1. 风化作用阶段

风化作用阶段是根据风化作用进行的强度和性质来划分的,不同风化作用阶段,物理风化与化学风化所起的作用不同,形成的产物也各具特点。

(1) 碎屑残积阶段

在风化的初期以物理风化为主。温差风化、冻胀作用、盐类结晶、生物挖掘、工程开挖等,使岩石在原地发生体积崩解,形成残留于原地的从块、砾到粉砂级岩屑,岩石化学成分基本不变,故称碎屑残积阶段。化学风化在此阶段居次要地位,仅形成少量的蛭石、伊利石、绿泥石等风化程度较低的黏土矿物。

(2) 钙质残积阶段

这一阶段是在物理风化作用基础上发生化学风化作用的早期阶段。除卤族元素容易析出流失外,铝硅酸盐矿物中的 K^+、Na^+、Ca^{2+}、Mg^{2+} 等碱金属和碱土金属阳离子逐步被极化水分子溶液中的 H^+ 置换,从矿物的晶格中离析出来,使溶液呈碱性。部分金属阳离子与

溶液中的 Cl^-、CO_3^{2-}、SO_4^{2-} 等结合形成氯化物、碳酸盐和硫酸盐。氯化物易溶于水,呈离子状态,随水流失而迁离风化地。但地表形成的碳酸盐和硫酸盐难溶解,以含钙矿物方解石、石膏等形态残留在风化壳中,使钙相对富集。故称这一阶段为钙质残积阶段或富钙阶段。

（3）硅铝残积阶段

在化学风化作用深入进行下,硅酸盐矿物晶体也被破坏,部分硅和铝从矿物中析出,溶液开始呈酸性。二氧化硅溶于水中形成硅酸真溶液或胶体溶液。硅酸胶粒带负电荷,不易凝聚沉淀,部分随水流失。但若与带正电荷胶体(如氢氧化铁)相遇产生电性中和,胶体微粒发生凝聚沉淀,形成凝胶,堆积在原地。纯二氧化硅的含水凝胶称为蛋白石,它是含水非晶质胶体矿物。蛋白石在地表条件下经过脱水转变为玉髓或粉末状二氧化硅(称粉石英)。铝硅酸盐矿物分解出的另一部分硅和铝在地表结合形成各种黏土矿物,其化学通式为 $Al_2O_3 \cdot mSiO_2 \cdot nH_2O$。随着水介质环境由弱碱性向酸性转变,在地表分别形成伊利石、蒙脱石与高岭石等黏土矿物。通常高岭石、蒙脱石形成于湿润气候条件,而伊利石则是较干冷气候条件下的产物。这一阶段通过硅酸和地表次生黏土矿物的形成,使硅、铝在风化碎屑中相对富集,故又称为富硅铝阶段或黏土形成阶段。

（4）铁铝残积阶段

长时间的化学风化作用进行到最后阶段,不但硅酸盐矿物全部被溶解带走或原地分解,而且硅铝残积阶段形成的表生黏土矿物也被进一步分解,可以迁移的元素均析出并随地下水流被带走。风化碎屑中主要形成大量 Fe^{3+}、Al^{3+} 及 SiO_2 胶体矿物,这些矿物在地表环境条件下能稳定存在,并大量残留在原地,使风化产物中铁、铝相对富集,形成富含高价铁的黏土,整体被染成红色,即红土。故此阶段又称为富铁铝阶段或红土形成阶段。

2. 风化作用的影响因素

从风化作用的英文单词"weathering"可以看出,这一概念本质上是指气候条件作用下,地表的岩石为适应各因素的影响而发生的变化过程。当然气候因素是最主要的外在影响因素,岩石的成分、构造等地质特征是最主要的内在影响因素。而地貌位置、地表特征等会影响内外因素的相互作用过程,也是不可忽略的影响因素。另外,风化作用是渐变过程的积累,其时间效应是显而易见的,因此即便是在同样的前述条件下,时间的长短对风化程度将起决定性的作用。

（1）气候因素

气候对风化的影响主要通过气温和降水量来实现。气温年较差和日较差大,有利于物理风化作用的进行。气温的高低对矿物的溶解度、水溶液的浓度和化学反应速度等有很大影响。降雨量的多寡除影响地面冲刷外,对化学风化和生物风化起重要作用,因此不同气候带的风化作用有明显差异(图 2-1)。

极地和高山地带,终年温度在 0 ℃以下,以冻融作用为主,化学作用缓慢,故长期处于物理风化阶段。干旱荒漠地带,日照强,温度日较差大,年降水量小于 250 mm,蒸发量大于降水量。在这种情况下,化学风化除氧化外,溶解和水化作用也有发生,但氯化物和硫酸盐不能全部被淋溶,故仍处于物理风化为主的阶段。半干旱草原地带,日照强,年降水量为 250～500 mm,蒸发量大于降水量,物理风化作用强,化学风化作用亦较活跃,氯化物和硫酸盐等大部分被淋溶,钙镁盐类则相对富集,形成钙积层,故处于富钙阶段。半湿润森林草原地带,年降水量为 500～750 mm,蒸发量与降水量大致相等,以化学风化为主,处于富钙或富硅铝

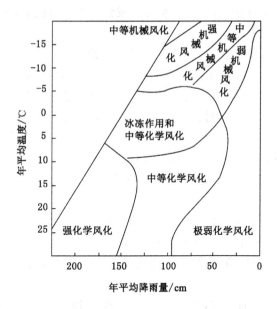

图 2-1 不同气候条件下盛行的风化作用类型

两阶段之间。温湿地带，年降水量为 750～1 000 mm，降水量大于蒸发量，处于化学风化为主的中期阶段，形成富硅铝残积物。湿热地带，年降水量大于 1 000 mm，终年高温，有利于化学风化作用迅速进行。高温加速水解作用，多雨增大化学风化效能，同时高温多雨使植物繁茂，各种有机酸及细菌作用活跃，生物风化作用也得到加强，长期处于富铝阶段，可发育很厚的(可达 200 m 以上)红色风化壳。

（2）地质因素

岩石的矿物成分、结构、构造都直接影响风化作用。岩石的抗风化能力取决于组成岩石的矿物成分，而各种矿物对化学风化的抵抗能力差别很大(表 2-1)。

表 2-1 造岩矿物对化学风化的相对稳定性

相对稳定性	造岩矿物
极稳定	石英
稳定	白云母、正长石、微斜长石、酸性斜长石
不大稳定	普通角闪石
不稳定	基性斜长石、碱性角闪石、黑云母、普通辉石、橄榄石、海绿石、方解石、白云石、石膏

硅酸盐类的造岩矿物风化过程如下：

钾长石→绢云母→水云母→高岭石；

辉石、角闪石→绿泥石→水绿泥石→蒙脱石→多水高岭石→高岭石；

黑云母→蛭石→蒙脱石→高岭石；

白云母→水云母→贝得石→蒙脱石→多水高岭石→高岭石；

石英(部分)→硅酸→石髓→次生石英。

在适宜的气候条件下,高岭石会进一步分解成铝土矿和石髓等,而辉石、角闪石、黑云母还会分解成褐铁矿和针铁矿等。

花岗岩含有较多的石英和长石,即含有较多的硅铝元素,而含钙量很少,可较快地进入硅铝化阶段,容易形成富含石英和高岭土的风化壳。玄武岩含钙多,因此碳酸盐化阶段较长,碳酸钙的白色薄膜可包裹岩石碎屑。橄榄石等超基性岩,含铁量高,易形成含褐铁矿和针铁矿等矿物的风化壳,此即残积铁矿,在一定的条件下还可形成残积镍矿。砂岩含硅多,可形成石英砂、蛋白石等风化壳。页岩、板岩为不含碳酸盐的黏土质岩石,会形成黏土风化壳。石灰岩、泥灰岩和白云岩等含碳酸盐的岩石,易受化学风化和溶解,当可溶解的碳酸钙被带走后,余下的杂质则会形成残积层,一般为黄色或红褐色塑性相当大的黏土,只有在其下部才有石灰岩碎屑。

岩石的矿物结构也影响风化作用,由粗粒结构矿物组成的岩石比细粒的容易风化。粒度差异大的比等粒矿物组成的岩石容易风化。致密等粒矿物组成的岩石,如花岗岩和玄武岩,具有三组相互直交的原生节理,易形成球状风化及层层剥离现象。

(3) 其他影响因素

坡度、高度和切割程度的不同,使风化的深度、厚度和强度有所差别。缓坡上的风化强度和深度比陡坡强。不同坡向和不同高度会通过温度、水湿条件差异间接地影响风化。地形切割程度不同,不仅会使地表和地下水的循环条件不一样,而且还会造成小气候差异,对化学和物理风化的进行有显著的影响。风化产物覆盖在新鲜岩石表面,可以起到一定的保护作用,坡形较陡时,风化产物在外营力条件下被不断剥蚀、搬运,使新鲜岩石暴露,则使得风化作用进一步进行。坡形较缓时,风化产物覆盖在新鲜基岩表面,可以有效地把地下水截留在坡内,也会促使化学风化的进行。人类工程活动中往往涉及大面积的挖方工程,一方面会使新鲜岩石暴露接受风化,另一方面往往也会改变岩石表面附近的应力状态,使得岩石内部新生卸荷裂隙,促进风化作用的发展。

第二节　风化作用产物

一、残积物

地表岩石经受风化作用发生物理破坏和化学成分改变后,残留在原地的堆积物称为残积物。风化作用使地球表面和接近地表的岩石圈遭受物理破坏和化学分解,有的仅在结构上发生变化,有的成分亦发生变化,其岩性与原来基岩相似,但又不完全相同。

残积物基本特征包括:

(1) 岩石成分、矿物成分、化学成分和下伏基岩有密切的联系。在沉积物中存在着风化过程中未经转变的下伏基岩碎块和矿物颗粒及其在风化过程中形成的风化矿物。风化程度越深,风化矿物越多,未经转变的矿物越少。在碎屑残积物中风化矿物很少,在富铁、铝残积物中几乎全部为风化矿物。

(2) 残积物中可以有巨大的岩块、极微细的黏土,未经搬运磨圆,未经分选,不具层理,但由于风化作用是由地表向下进行的,所以剖面的上部风化作用程度高,下部风化作用的历时短,风化程度较低。组成风化壳的残积物颗粒一般上部细、下部粗。

（3）残积物的结构等特征向下伏基岩逐渐过渡。在残积物层内,特别在层的下部,保留着经风化作用残留下来的岩石构造。在残积层的上部,化学风化矿物多,风化残留下来的岩石构造不明晰,或从根本上失去了原来的岩石构造;向下部去,风化矿物减少,岩石碎屑增多,风化残留的岩石构造逐渐明晰,最后过渡为未经风化的基岩或其他类型的松散堆积物。由上而下风化程度逐渐减弱,颗粒由细变粗。

（4）残积物分布在坡度较平缓的地形上。大部分残积物分布在平原、高原和平坦分水岭的顶部,以及平缓的丘陵斜坡上。在这些地方,剥蚀作用微弱,不管是物理风化的碎屑产物还是化学风化的分解产物,能够被较长时间地保留下来,风化作用能够较为充分地进行。在陡峭的斜坡上,岩石破碎物很快被剥蚀、搬运,往往没有残积物,或者只有很少的残积物。

（5）残积物的产状很复杂,有似层状、透镜状、鸡窝状、柱状、漏斗状等,残积物的产状取决于原始地形的形态,残积物的顶部较平坦,底部常常凹凸不平。

二、风化壳

风化壳是指由残积物构成的分布在陆地表面的不连续薄壳。风化壳的厚度变化较大,从几十厘米到数百米不等,这主要取决于气候、岩性、构造、地貌、发育时间等。在炎热湿润的气候条件下,风化壳的厚度很大,而在寒冷的气候区形成的风化壳就很薄。这是因为炎热湿润的气候条件可以促使化学风化长年强烈进行,其残积物多数属较细颗粒的黏土,而寒冷气候区只有寒冻风化进行,化学风化几乎完全停止,其残积物只是大块的寒冻风化碎石。气温和降水条件的差异,使不同气候区的风化壳厚度和结构有明显差异(图 2-2)。

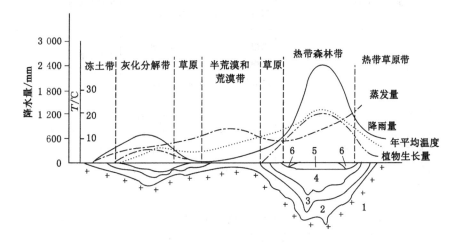

1—新鲜岩石;2—角砾带(化学变化少);3—水云母-蒙脱石-贝得石带;

4—高岭石带;5—铝土(Al_2O_3)带;6—$Fe_2O_3 + Al_2O_3$ 带。

图 2-2　各气候带风化壳特征示意图

由花岗岩、泥岩等经风化作用形成的风化壳比较厚,而且剖面结构也比较完整,而由石英岩、砾岩等母岩形成的风化壳比较薄,母岩为灰岩的风化壳剖面结构很不完整。这是因为花岗岩、泥岩等既容易遭受物理风化,也容易遭受化学风化,物理风化产生的残积物为颗粒粗大、透水性强的颗粒,一般在深部,而化学风化产生的残积物为颗粒细、透水性弱、工程性质受水影响大的黏性土,一般分布在表层或物理风化残积物的大块之间。因此,这类岩性的风化壳厚度大,且从未风化到全风化的各种风化程度都能在剖面上找到。石英岩、砾岩等抗物理风化和化学风化能力均较强,在不受构造等其他因素影响时,其内部裂隙不发育,风化作用也难以进入其岩体内部,因此风化壳较薄。灰岩的风化过程主要是化学风化,且其风化过程主要是化学溶蚀并经由地下水径流带走可溶成分,残留下来的是灰岩内的少量不可溶的杂质成分,因此在不受构造影响的条件下,其风化壳剖面一般都是以细颗粒的黏性土为主,缺乏粗大粒径的颗粒。

陡地形、较缓地形的风化壳薄。这是因为风化残积物的天然休止角一般都比母岩小很多,因此在地形较陡时,风化产物容易受重力影响,通过崩塌、蠕动等运动形式被搬离原位,只保留下天然休止角相对较大的部分残积物,因此风化壳较薄。

发育时间越长,风化壳的厚度就越大。风化过程是一个连续进行的过程,在其他外部影响因素一定的条件下,风化时间越长,风化程度和深度必然也就越大,风化壳也越厚。

1. 风化壳类型

主要风化壳的类型及特征见表 2-2。

表 2-2 主要风化壳的类型及特征

风化壳类型	风化过程	风化条件	主要风化矿物
碎屑风化壳	机械破坏产物,化学元素及其化合物微弱流失和堆积	低温风化条件:岩石微弱的化学破坏和微弱的生物化学破坏,土壤溶液呈各种程度的酸性	在风化过程中很少改变原来岩石的原生矿物
氯化物-硫酸盐风化壳	Na、Ca、Mg 的氯化物-硫酸盐发生堆积	高温和缺水的风化条件:碱性溶液向上移动占优势,在元素的移动和堆积中有机体的作用很弱	石盐、硝石、硬石膏、芒硝、蒙脱石、绢云母、次生石英
碳酸盐风化壳	H_2SiO_3、$Al(OH)_3$、$Fe(OH)_3$ 的混合物(硅铝矾土)形成,Ca、Mg、K 和部分 Na 堆积(主要是 $CaCO_3$ 的堆积)	中温、中湿向高温干旱过渡的风化条件:有机质、腐殖质酸积极作用,土壤水向上或向下移动,土壤溶液呈中性或弱碱性	方解石、赤铁矿、白云石、石膏、高岭石、蒙脱石、绢云母
黏土风化壳	H_2SiO_3、$Al(OH)_3$、$Fe(OH)_3$ 混合物(硅铝矾土)形成,SiO_2 堆积,Al_2O_3 和 Fe_2O_3 在下层淀积,Cl、Na、Ca、Mg、K 等元素流失	中温、中湿的风化条件:有机质、腐殖质淤积作用,溶液向下移动,土壤溶液呈弱酸性到强碱性	水云母、高岭石、蒙脱石、拜来石、绿高岭石、水铝矿、褐铁石、水化赤铁矿
富铁铝风化壳	SiO_2 及 Ca、Mg、Na、K 等元素流失,Al_2O_3、Fe_2O_3 堆积,铁矾土和铝矾土形成	高温潮湿的风化条件:大量元素和化合物流失、迁移,残留物形成,土壤溶液呈弱酸性、中性或弱碱性	水铝矿、硬锰矿、高岭石、绿高岭石、水赤铁矿、针铁矿、软锰矿

在寒冷的高纬、高山冻原带,以冻融风化为主,岩石物理风化速度较快,化学风化轻微,形成碎屑残积阶段型岩屑风化壳。这种风化壳以岩屑为主,上部强烈风化成含砾砂土或细粒砂土,下部变为粗角砾,最下部过渡为风化裂隙发育的基岩。粒间混生少许低级化学风化矿物。

干旱区或温带半干旱区荒漠草原带,基岩以温差风化为主,周期性的强烈热胀冷缩使岩石破碎成土状,化学风化早期析出的碱金属等元素与酸根结合,形成钙质残积阶段型残积物。这种风化壳以含细角砾的细粒土为主,颗粒周围聚集薄膜状或分散状碳酸钙(方解石),或在表层聚集碳酸钙、石膏和卤化物。分层不清,厚度不大。

湿润气候条件下,以化学风化为主,形成硅铝残积阶段型残积物。这一类残积物以形成多种黏土矿物为特征,并形成少量次生氧化铁和氢氧化铁矿物。以高岭土矿物为主,蒙脱石次之,被高价铁染成红色剖面,称红色高岭土风化壳。分层不很清楚,含氢氧化铁(褐铁矿)多时呈褐色、灰色。

湿热气候条件下,化学风化较彻底,硅酸盐矿物全部分解,转变为以次生铁、铝矿物和高岭石黏土矿物为主的砖红土风化壳。化学元素析出后除部分易迁移元素(K、Na、Ca、Mg)流失外,Fe、Al 及部分 Si 则形成氧化物、含水氧化物(水铝石、赤铁矿、褐铁矿等),呈皮壳状、豆状、透镜状、似薄层状和分散状等方式沉淀在风化产物中,形成铁铝残积阶段型红土残积物。这一类风化壳因高价铁而呈红色至砖红色,厚度几十米到上百米,风化时间长(可达几十万年)。分层清楚,SiO_2 含量从原岩的 $45\%\sim50\%$ 降至 $1\%\sim2\%$,Al_2O_3、Fe_2O_3 则从原岩的 $15\%\sim20\%$ 增至 $80\%\sim90\%$,反映明显的脱硅富铝特征。湿热气候带旱季地下水面下降,毛细作用把 Al_2O_3、Fe_2O_3 带到地表,常在顶部形成铁质铝土矿壳。

2. 典型风化壳分层

由于残积物具有各种特征随深度变化并过渡到基岩的特征,因此对于风化壳可以按风化程度随深度的变化进行分层。以典型的热带砖红土剖面为例,残积物一般分三部分(图 2-3):

(1)全风化带:主要是原岩全风化为高价铁染红的黏土,通常以高岭土为主。按土层颜色的深浅、均匀程度、矿物和化学成分、结构、原岩残留的结构构造及氧化铁锰沉淀物形态等又可进一步详细分层。

(2)半风化基岩带:又称腐岩,是地下水通过裂隙进入岩石一定深度,使岩石沿裂隙风化成泥质产物,裂隙间原生母岩的外观呈块、砾状,仅块、砾表面有轻度风化。

(3)未风化基岩带:保存原岩岩性、结构构造特征,但上部有从全风化带淋滤下来的碳酸盐、硫酸盐和硅质的渗滤物,是次生富集矿形成地带。

三、古风化壳和古土壤

在风化壳形成后,区域又重新接受沉积,从而把风化壳埋藏在地表以下,这种埋藏在地表以下的风化壳称为古风化壳。古风化壳在被埋藏以前,一般其上部都会遭受一定的侵蚀破坏,这会导致古风化壳不完整,一般只保留其下半部。古风化壳可能在切开的地质剖面中见到,也有可能在上覆沉积层受剥蚀的情况下而重新出露地表。从第四纪地质的角度看,沉积岩中的古风化壳代表着非常明显的沉积间断;从资源勘察的角度看,古风化壳往往蕴藏一些有价值的矿产资源,如铁、铝等;从水文地质的角度看,古风化壳由于颗粒相对破碎、细小,

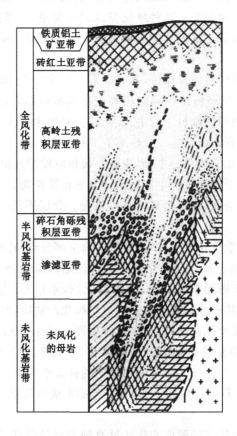

图 2-3　典型砖红土风化壳

又受到上覆沉积层的超载固结影响,一般透水性较差,能作为隔水层存在;从工程地质角度看,古风化壳难透水、颗粒细,在地下水进入古风化壳后,该层往往成为潜在的软弱面,容易引发沿该面的滑动。

　　风化壳形成的过程是漫长的,但在气候条件适宜的情况下,风化壳或基岩上可能生长植物。植物及其腐殖质可以有效地改变风化壳的原始物质成分,从而使风化壳含有有机化合物和有机矿物,实际上此时的风化壳就可以称为土壤,从风化壳、基岩或其他堆积物形成土壤的过程称为成土作用。土壤的形成过程要远远快于风化壳的形成过程。风化壳的形成一般至少需要上万年甚至上百万年的时间,而土壤的形成往往随气候条件的变化,可在短短几百年甚至几十年的时间内完成。因此,虽然土壤一般指示相对温暖湿润的环境,但其下伏的风化壳却可以是更大时间尺度上干、冷环境的产物。古土壤在地层里可以呈现韵律式的多层分布,这一现象可作为古环境研究的重要指示标志。我国在黄土-古土壤序列的研究中,为国际第四纪环境研究做出了重要贡献。古土壤层的淋滤作用发育程度很高时,在当时的潜水面位置附近容易形成由淋滤作用和淀积作用共同产生的含钙质淀积层,工程上一般称为姜石层。

第三节　块体运动与重力地貌

一、斜坡的发展演化

1.斜坡的坡形特点

斜坡是构成地形的基本要素,斜坡的发展演化是研究地形发展的基本问题。从斜坡地形发展演化的角度对斜坡进行分类,一般按斜坡剖面的形态将斜坡分为直线形坡、凸形坡、凹形坡、凸-凹形坡等(图 2-4)。

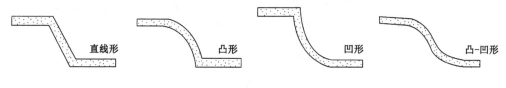

直线形　　　　凸形　　　　凹形　　　　凸-凹形

图 2-4　斜坡形态分类

每一斜坡的形成与发展,都与地质结构、构造运动等内动力因素以及风化作用、剥蚀作用、堆积作用、重力作用等外营力因素有关,其中风化作用和重力作用尤其重要。一般是风化和重力作用对斜坡的上部进行改造,并将风化产物由重力作用和流水等其他作用搬离坡顶,逐渐形成各种类型的斜坡。由于各类动力条件组合及其作用程度的差异,坡形是不断发展变化的。在构造上升运动地区,地势升高使流水的侵蚀切割加剧,河谷的深度增大,块体运动发育,谷坡高而陡峭,大部分形成断崖和凸坡。在构造下降运动地区,由于地势降低,流水的堆积作用明显,斜坡大部分由凹坡和直坡构成。在构造运动相对稳定的地区,产生均衡的斜坡。均衡的斜坡是凸坡在上、凹坡在下,斜坡的中部是直坡。由坚硬的岩层构成的斜坡,由于抗剥蚀能力强,多形成断崖、凸坡或直坡。由松软岩石、多裂隙的岩石和松软堆积物构成的斜坡,多为凹坡。

由内营力因素控制的如断层面、断层三角面等,一般构成直线形坡。直线形坡易于发生由外营力控制的各类地貌过程,从而使单纯的直线形坡难以稳定存在。由重力作用控制,主要在坡顶较缓段进行的如蠕动、流动等,一般形成凸形坡。主要导致坡体后退并把产物堆在坡脚的如崩塌、滑坡等,一般形成凹形坡。斜坡由直线形坡开始,在各种内外营力作用基本达到平衡状态时,一般形成凸-凹形坡,斜坡的顶部相对较缓,中部为较陡的直坡,下部接受重力或片流带来的堆积从而也较缓。若相对稳定的凸-凹形坡在坡脚处受到侵蚀营力的作用,则易于再次发展成凸形坡。

随着人类活动范围的急速扩大,人类的工程改造能力爆炸式增强,工程活动对边坡形状的改变也越来越多,这些活动有为了扩大坡前工程使用场地的挖脚式改造,也有为了增强坡体稳定程度的削顶式改造。工程活动对坡形的改造,会打断坡形在天然营力条件下的发展变化过程,平衡被破坏后,自然过程对坡形的改造往往不仅产生速度上的变化,而且更可能产生方向性的变化。斜坡的发展变化有缓慢进行的作用方式和阶段,也有快速进行的作用方式和阶段。当人类工程活动范围进入边坡发展变化范围时,两者之间的矛盾会突出表现出来。斜坡的发展,可能导致工程设施的毁坏、交通线的中断、河流被堵塞形成堰塞湖等,甚至进一步诱发的洪水、泥石流等灾害,严重威胁人民生命财产安全。因此,研究斜坡的形成发展过程,并针对其不同阶段采取不同的防治措施,具有非常重大的实践意义。

2. 斜坡发展模式

斜坡发展有两种不同的基本模式。一种模式为坡面接受剥蚀并保持与原有坡度一致持续后退,这样新形成的坡面只有在上半部分与原坡面平行,下半部分则持续变缓[图 2-5(a)]。斜坡的发展使保持原始坡面坡度的部分变得越来越短,而下部越来越长的坡面变得越来越缓而接近基准面。分水岭随坡面后退面积越来越小,但高度并不降低,直到多个方向的坡面都后退到分水岭时,其高程才开始降低,这种模式称为平行后退模式。另一种模式为较陡直的坡面在坡顶处形成凸形坡,而下部坡段发育为凹形,坡面接受剥蚀作用,使整个坡面高度同时下降[图 2-5(b)],但剥蚀作用在上部强烈、下部相对不强烈,则坡面逐渐变缓并趋于夷平,最后形成相对高差不大、微微起伏的准平原,这种模式称为平行下降模式。

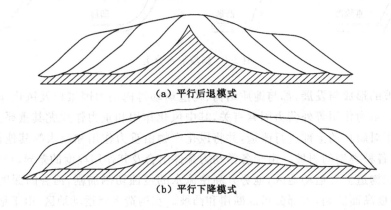

(a) 平行后退模式

(b) 平行下降模式

图 2-5　斜坡发展的两种基本模式

二、块体运动和地貌

斜坡的发展演化,一定是由坡面岩块、碎屑甚至是部分坡体发生沿坡由高向低的运动而导致的。位于斜坡上部被裂隙切割的岩层、风化壳或其他堆积物,主要在重力作用下沿斜坡向下运动的过程,叫作重力作用,也称为块体运动,形成的地貌称为重力地貌。实际上,斜坡上物质的运动总会有地表水或地下水的参与,重力作用是这些过程的主导营力,而不是唯一营力。当坡面物质或坡度等组合发生变化时,重力作用可能转变为辅助作用,而地表水和地下水可能转变为主导营力。因此,重力作用是在风化作用与剥蚀、搬运、堆积作用之间普遍存在的一种过程,将风化作用与后续外营力作用要素联系在一起。本章所介绍的斜坡和重力地貌,特指重力为主导营力的坡地过程和地貌类型。按照块体运动发生的环境、运动的过程、斜坡上的位置、地形及堆积物的特点等,一般可把块体运动分为崩塌、滑坡、泥流和蠕动等。

1. 崩塌

(1) 崩塌的概念

陡坡的上部岩体在强烈的风化作用下,变得破碎或被裂隙切割严重,在较陡裂隙处容易使部分岩体成为具有临空面的独立块体,此时在各种外来触发条件下,块体受重力作用,突然以高速脱离母岩翻滚坠落的急剧变形破坏现象,称为崩塌。

按崩塌发生的地貌部位和崩塌方式又可分为山崩、塌岸和散落。山崩是山岳地区常发生的一种大规模崩塌现象。山崩时,大块崩落石块和小颗粒散落岩屑是同时进行的,崩塌体能达数十万立方米。山崩常阻塞河流、毁坏森林和村镇。河岸、湖岸(库岸)或海岸的陡坡,由于河水、湖水或海水的冲蚀,或地下水的潜蚀作用以及冰冻作用,在岸坡的水面位置常被掏空,使岸坡上部物体失去支撑而发生崩塌,称为塌岸。散落是岩屑沿斜坡向下做滚动或跳跃式的连续运动。其特点是散落的岩屑连续地撞击斜坡坡面,并带有微弱的跳动和向下旋转运动,跳动可以是岩屑从某一高度崩落到下坡形成反跳,也可能是快速滚动的岩屑撞击不平整的坡面而跳起。

在崩塌作用下,沿斜坡崩落的石块和碎屑,在坡度平缓的坡麓地带堆积成半圆锥的地形,称为倒石堆,也有人称之为岩屑锥。倒石堆规模一般不大,其表面坡度一般较崩塌产生位置更缓,若倒石堆坡度过陡,其稳定性很差,容易发生进一步的碎屑和岩块的崩塌过程。稳定的倒石堆其坡角一方面取决于组成倒石堆的岩屑和石块的综合休止角,另一方面取决于堆积位置处原始地形的坡角。典型崩塌及其基本要素如图 2-6 所示。

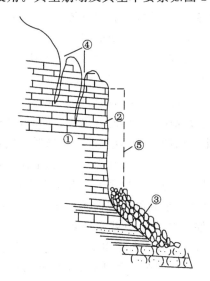

①—母体;②—破裂壁;③—锥形堆积体;④—拉裂缝;⑤—原地形。
图 2-6　典型崩塌及其基本要素

(2)崩塌形成的条件

导致崩塌形成的基本条件主要有地貌、地质和气候条件等。

在地貌条件下,斜坡的坡度对崩塌形成的影响最明显。一般说来,由松散堆积物组成的坡地,当坡度超过它的休止角时就可能发生崩塌。通常松散堆积物的休止角不大于 33°,其大小一方面由松散堆积物的粒度特征决定,另一方面由其含水特征决定。一般由越粗大的粒径组成的堆积物,休止角越大;含水越多的堆积物,休止角越小。但黏性土由于本身具有抗拉能力,其休止角在含水量较低时反倒很大,甚至超过干砂的休止角,达 40° 左右。而由坚硬岩石组成的斜坡,坡度一般要在 50°~60° 及以上时才可能出现崩塌。坚硬岩石本身具有抵抗拉力的能力,因此即使出现临空面,也需在岩石的抗拉强度被破坏后,岩块才处于自由状态,从而与松散堆积物类似,也即岩石斜坡的休止角可以认为是岩石抗拉强度和松散岩块摩擦强度的综合值。

除坡度外,坡地的相对高度也直接影响崩塌的规模。由松散堆积物组成的陡坡,相对高度超过 40～50 m 时有可能出现大型崩塌。而由坚硬岩石构成的斜坡,要出现大型崩塌则相对高度应比此大。崩塌发生的根本原因是崩塌体的下部支撑不足,松散堆积物的支撑能力较弱。坚硬完整岩石的支撑能力较强,在崩塌体的重量超过支撑能力后,崩塌才发生。可见陡坡必须具有足够的高度,这样支撑部分才能受到足够大的压力,才能促使崩塌形成。因此,大型崩塌主要发育在高山峡谷之中,如我国的云贵高原、四川盆地周边的山地、西北地区的几大山脉等地区。此外,陡峻的基岩海岸、湖岸以及河流的凹岸也是崩塌易出现的部位。

影响崩塌的地质条件主要为岩石的岩性和地质构造。不同的岩石坚硬程度和黏结程度不同,那么它们的休止角也不一样。在相同的坡度和坡高地貌条件下,泥岩、页岩等显然要比砂岩、石英岩、花岗岩等更易发生崩塌。因此,在自然界由坚硬岩石组成的斜坡就比较陡,而由软岩石构成的斜坡就比较缓。如果坡地是由软硬岩石相间构成的,而且岩层的倾角很小或水平,就为崩塌的发生创造了条件。相对软弱的岩层剥蚀快、硬层剥蚀慢,很容易形成硬层下缺失支撑的情况,此时硬层的悬空部分完全依靠自身的抗拉能力维持其稳定,在抗拉能力不足以抵消悬空部分的重量时,必然发生崩塌。

在地质构造条件中,断层、节理、劈理等对崩塌形成的影响最重要,一般称这些软弱位置为结构面。结构面的存在一方面降低了岩石的抗拉强度和支撑能力,使一些处在斜坡上的岩块变得不稳定;另一方面,结构面的倾向如和坡向一致,且倾角较大,或者几组结构面组成倾向坡外的楔形体,则可直接形成崩塌块体的分离面。同时,结构面的发育可有效地增加岩体的透水能力,从而加速风化作用和侵蚀作用,进一步降低岩块在斜坡上的稳定性。

不同结构的土体,具有不同的物理性质和力学性质,土体受形成过程的影响也具有不同的构造,其休止角和抵抗崩塌的能力差异也很大。黄土由于具有干密度小、干燥时强度大的特点,在西北干旱环境下可以维持很高的陡坡而不发生崩塌,但其竖向节理发育,在有地表水入渗时,强度会迅速降低,崩塌的发生也就在所难免。膨胀土由于含有较多的蒙脱石矿物,土体具有湿胀干缩的特点,在干燥条件下其强度很高,甚至比一些软岩的强度还大。但以膨胀土为主的地区却难以维持较陡的自然边坡,这是因为近地表的干湿循环可以使坡体内产生大量的裂缝,坡体在近地表附近较破碎,崩塌甚至滑坡等现象经常发生,坡面必然变缓。

气候对崩塌的影响表现在两个方面:① 适宜的气候条件可以加大风化作用的强度和速度,使更多的完整坚硬岩石转化为松散岩块和碎屑,可造成斜坡上岩块的不稳定。例如,在干旱半干旱地区,强烈的物理风化作用使岩石破碎;在寒冷气候区,强烈的冰劈作用使岩石的裂隙扩大,最终导致破碎;软硬岩层相间的斜坡,差异风化作用使软岩层形成缓坡或凹坡,而硬岩层形成陡坡或悬崖等情况。② 大气降水是重要的气候因素,也是崩塌形成的重要影响条件。降水在坡面产生流动,可以侵蚀坡面土体的结构;降水渗入岩(土)体,会增加岩(土)体的重量;渗入岩(土)体的降水可以减小岩(土)体的休止角;地下水的渗流又会产生静水压力和动水压力等。这些作用都可促使部分危岩体或堆积体不稳定而产生崩塌。因此一般在降水量较大时,崩塌发生的概率也大大增加(图 2-7)。

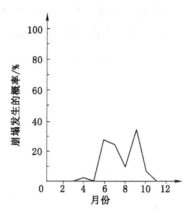

图 2-7　崩塌发生的概率与降水

崩塌的发生除了这些形成条件外,还有一些触发因素。地震是最常见的崩塌触发因素。地震活动产生的地震波传播到地壳表层,以面波的方式作用在地表地层和建筑物上,其本质是使地层内附加了一个水平方向的往复作用力。在斜坡地形处,这种往复作用力作用方向向坡外时,可以将其概括为水平向外的静力作用,对于处在临界平衡状态附近的危岩等,极易引发崩塌。

人类工程活动也常成为崩塌触发因素。松散堆积物组成的自然斜坡或危岩体,在工程活动中进行爆破工作时,爆破产生的振动波与地震波有类似作用,也可能对斜坡坡体增加一个向坡外的水平力,从而引起崩塌。在路线、渠道等工程施工过程中,有时需要对斜坡进行挖方改造,以确保工程的使用空间,这种挖方会导致挖方处坡面变陡,从而可能使部分已处于临界平衡状态附近的坡体产生崩塌甚至滑坡。工程活动有时会要求在整个坡体或坡体的部分位置进行削坡,削坡的目的一般是追求坡体的整体稳定。但在削坡工程设计不合理时,非常容易形成"剥山皮"现象,即将已自然稳定坡体的坡面结构破坏、植被完全挖除等。其结果是使得降水的坡面侵蚀及入渗等都加剧,可能引起次生的坡体不稳定,产生掉块、水土流失等现象。

（3）崩塌地貌和崩积物

崩塌的过程可以简化为从近竖直坡面开始的斜坡发育过程。

如图 2-8（a）所示,以具有近竖直临空面的斜坡为基坡,坡脚基底为近水平的地形,受风化作用和重力作用的共同影响,基坡坡顶首先破碎崩塌。如图 2-8（b）所示,基坡坡顶崩塌产生的石块和碎屑等会堆积在坡脚,形成倒石堆。倒石堆的表面坡度受下伏基底的影响,相对较陡。基坡上部岩体崩落,使坡面后退,并使基坡由近于竖直开始变缓,但相对于坡脚部位的倒石堆坡面仍然很陡。如图 2-8（c）所示,基坡坡顶的风化作用进一步深入,崩塌继续发育,崩落石块和岩屑到达坡脚处后,加积在已有的倒石堆上,以原倒石堆坡面为基底,加积的崩积物坡度会变缓。基坡则进一步后退,基坡坡面也进一步变缓,但基岩坡面仍比倒石堆坡面更陡,整个坡面表现为上陡下缓的凹形坡,基坡坡度变缓,崩塌发育速度减慢。如图 2-8（d）所示,随着崩塌作用进一步发展,基坡坡顶进一步变缓,倒石堆也进一步变缓,最终坡顶基岩坡面与坡脚倒石堆坡面坡度趋于一致,崩塌速度更为缓慢或趋于停止。此时的整体坡面坡度是由崩积物的休止角确定的。坡面形态实际上近似于倾斜的直线形坡。可见,在崩塌作用较发育的阶段,地貌形态表现为近竖直的坡面或上陡下缓的坡面;崩塌作用减弱或停止阶段,地貌形态表现为以崩积物休止角控制的倾斜近直线坡面。

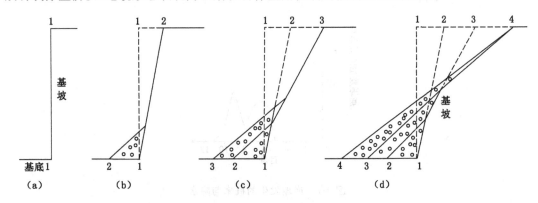

图 2-8　基坡后退与倒石堆发育示意图

组成倒石堆的崩积物由于其运动路径短,大多不足以产生分选,且其棱角大多明显,表现为大小混杂的堆积。其岩性和物质成分受基坡的控制,一般基坡越坚硬,崩积物越主要由粗大石块和碎屑构成,而细颗粒成分越少。但以较软弱的泥岩、页岩等为基坡的崩积物,碎屑中粗大石块很少,多数是片状、条状等较细岩屑,并且多含有较多的细颗粒黏土。岩性相对均质的基坡,其崩积物一般由较小的碎块组成,并在碎块间夹杂着细颗粒黏土等。岩性相对不均匀的基坡,如花岗岩基坡等,崩积物中往往存在巨大的岩块,岩块间充填物主要为较细的砾、砂等。

虽然崩积物表现为混杂堆积,但在崩塌作用的中后期,在坡面的粗糙程度一定的条件下,由于较大的块体一般具有较大的速度,较小的块体速度较慢,因此较大的岩块可以滚落到倒石堆较远的边缘处才停下来,而较小的碎屑大多在倒石堆的顶部附近即停止滚动堆积下来。尤其是在崩塌发育速度变慢后,崩落的碎屑多数是较小碎屑,只能堆积在倒石堆的顶部。因此,从剖面上看,崩积物在倒石堆的外侧和下部较粗大,向上、向内逐步变得较细。这样的剖面结构对于倒石堆的整体稳定是有利的,即下伏粗大颗粒具有较大的休止角,稳定性较好,可以维持较陡的坡度,上覆的细颗粒休止角减小,但倒石堆坡面也变缓,同时细颗粒具有一定的保水能力,可以促使坡面植被的生长,从而形成坡面的保护层。但由于具有下粗上细的结构,在坡面无植被的条件下,大气降水产生的片流对坡面的侵蚀作用也更加明显,使得水土保持难度进一步加大。倒石堆的规模一般不会很大,且大多数倒石堆都在后期的片流作用、洪流作用下进一步被改造,倒石堆本身难以成为有意义的含水体,一般不考虑其水文地质特征和影响。

2. 滑坡

(1) 滑坡的概念

滑坡的别名叫作地滑,我国一些地方形象地把滑坡称为走山,是指斜坡上的土体或岩体受河流冲刷、地下水活动、自然风化、地震及人工切坡等因素的影响,在重力的作用下沿着一定的软弱面或软弱带,整体地或分散地顺坡向下滑动的现象。

滑坡发生变形破坏的岩(土)体一般在上部的竖向运动分量较大,下部水平运动分量较大,整个坡体以水平位移为主,且始终沿着一个或几个软弱面滑动,滑坡的滑动过程可以在瞬间完成,也可能持续几年或更长时间。

（2）滑坡类型

根据滑坡的物质组成可划分为黄土滑坡、黏土滑坡、碎屑滑坡和基岩滑坡。

根据滑坡的岩层产状、岩性和构造等可划分为顺层滑坡、构造面滑坡和不整合面滑坡等。

根据滑坡体的厚度可划分为浅层滑坡(数米)、中层滑坡(数米至 20 m)和深层滑坡(数十米甚至更厚)。

根据滑坡的触发原因可划分为人工切坡滑坡、冲刷滑坡、超载滑坡、饱水滑坡、潜水滑坡和地震滑坡等。

按滑坡形成年代可划分为新滑坡、老滑坡和古滑坡。

按滑坡运动形式可划分为牵引滑坡和推动滑坡。

上述各种滑坡类型的划分都是根据某一单项指标来考虑的,实际上自然界的滑坡形成是多因素的,如由于地震触发的滑坡,可以在同一土层中形成滑坡,也可沿层面或断层面形成滑坡,因而只考虑一种因素来划分滑坡类型是不全面的。

（3）滑坡形成的条件

滑坡的形成受多种因素的影响,主要包括岩性、地质构造、地貌、气候、诱发条件等。

岩性是滑坡形成最基本的影响条件。滑坡主要发生在第四系松散层内,具有吸水软化性质的软弱岩层构成的基岩内也有可能产生滑坡。坚硬岩层一般只可能在松散层与基岩的接触面处滑动,或者沿岩层面、断层面等结构面滑动。

断层面、节理面、层面等由于面两侧的岩体性质差异或者面本身的特性,容易成为岩体中的软弱带。在这些面彼此连接贯通时,尤其是在地下水运动参与其中时,面上的抗剪强度会急剧降低,在重力沿面向下的分力影响下易于产生破坏,并促使贯通面以上岩(土)体沿面向下滑动。在这些面倾向斜坡的坡外,面的倾角小于坡角时,尤其容易发生。

地貌形态上,斜坡的上半段陡,一般大于 55°;中间段缓,一般在 20°～40°之间;下半段陡,可以造成边坡具有有效的临空面——这样的组合易于引起滑坡。斜坡上半段呈现圈椅状或马蹄状地形,甚至有部分坡面表现为反向倾斜,一般是滑坡已经开始发育的标志。

滑坡的活动,大多数情况下都与地表水和地下水的活动有关。降雨集中阶段,尤其是暴雨频发阶段,也是滑坡的多发阶段。降雨通过适当的地形条件和地质构造条件,对斜坡后壁和周边产生侵蚀和冲刷。渗入地下后,地下水增加滑面以上滑体的重量,使下滑力增加,同时对潜在的滑面产生软化、润滑作用。若在斜坡坡脚处成排出露泉水,表示滑动面已经整体贯通。

滑坡从临界平衡到产生滑动,一般都有触发因素。常见的触发因素包括地震、爆破、人工开挖坡脚等。地震、爆破等相当于对坡体施加了一个指向坡外的水平力;人工开挖坡脚使得坡体的抗滑段减小或消失,抗滑能力减弱;工程活动在坡顶进行时,若不恰当地在坡顶加载,会增大下滑力;对于坡前出露地下水的情况,若工程活动掩埋了泉眼,使地下水不能有效排出,也会成为滑坡的触发因素。

（4）滑坡地貌

一个发育完全的滑坡,一般具有下列要素(图 2-9):

① 滑坡体。滑坡体是斜坡上沿弧面滑动的块体。滑坡体的平面呈舌状,它的体积不一,大的可达数立方千米。滑坡体上的树木,因滑坡体旋转滑动而歪斜,这种歪斜的树木称

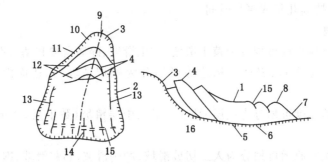

1—滑坡体;2—滑坡周界;3—滑坡壁;4—滑坡台阶;5—滑动面;6—滑动带;
7—滑坡舌;8—滑坡鼓丘;9—滑坡轴;10—破裂缘;11—封闭洼地;
12—拉张裂缝;13—剪切裂缝;14—扇形裂缝;15—鼓胀裂缝;16—滑坡床。

图 2-9   滑坡基本要素

为醉汉树。如果滑坡形成已有相当长的一段时间,歪斜的树干又会慢慢长成弯曲形,叫作马刀树。滑坡体和周围不动体在平面上的分界线称滑坡周界。滑坡体滑动速度最快的纵向线称滑坡轴线,它代表整个滑坡的滑动方向,一般位于推力最大、滑床凹槽最深(滑坡体最厚)的纵断面上,在平面上可为直线或曲线。

② 滑动面。滑动面是滑坡体与斜坡主体之间的滑动界面,又称主滑动面。滑动面大多是弧形的。滑动面上往往可以看到滑坡滑动时留下的磨光面和擦痕,在紧邻滑动面两侧土体中可见到拖曳构造现象。有时滑坡体下滑时,因各段滑动速度不同,在滑坡体内形成次一级的滑动面,称为分支滑动面。滑坡滑动时依附的下伏不动体称滑坡床,滑动面上部受滑动揉皱的地带,厚数厘米至数米,称为滑动带。

③ 滑坡壁。滑坡体在坡顶开始破裂的地方称为破裂缘,滑坡体后缘和不动体脱开的暴露在外面的分界面,是滑坡体向下滑动时在斜坡顶部形成的陡壁,称滑坡壁,又称破裂壁。它的相对高度表示垂直下滑的距离。滑坡壁在平面上呈弧线形。

④ 滑坡台阶。滑坡台阶是滑坡体下滑后在斜坡上形成的阶梯状地形。如果有好几个滑动面,则可形成多级滑坡台阶。滑坡台阶地面经常是向内坡倾斜,滑动时滑坡体与滑坡壁间拉开成沟槽,当相邻土楔形成反坡地形时,即成四周高、中间低的封闭洼地。有些规模较大的滑坡,在向内坡方向倾斜的滑坡台阶面上常形成小湖。

⑤ 滑坡鼓丘。滑坡鼓丘是滑坡过程中滑坡体的前端受到阻碍而鼓起的小丘,其内部常见到由滑坡推挤而成的一些小型褶皱或逆冲断层。由于滑坡体的前端形成了凸起的小丘,因此在滑坡体的中部相对低洼的部位能积水成湖。滑坡体的前缘形如舌状的部分称为滑坡舌。

⑥ 滑坡裂缝。滑坡裂缝是滑坡即将滑动时或滑动过程中形成的,分布在滑坡壁的后缘,多呈弧形。与滑坡壁方向大致平行的裂缝为拉张裂缝。拉张裂缝多是因滑坡体将要下滑或在下滑过程中的拉张作用形成的,故斜坡上环状拉张裂缝的出现是将要形成滑坡的征兆。通常将其最外一条拉张裂缝即滑坡周界的裂缝称为滑坡主裂缝。

滑坡体在滑动时,由于滑坡体不同部位的滑动速度不同,会形成一些和滑坡运动方向一致的剪切裂缝,常分布在滑坡体的中部和两侧,由剪切裂缝派生一些平行的拉张裂缝或挤压裂缝,形如羽状,称羽状裂缝。

位于滑坡体下部,当滑坡鼓丘隆起时,其顶部受拉张作用而形成裂缝,如滑坡体前端受阻碍但仍有强大的挤压作用,滑坡鼓丘部位就产生很强的挤压,形成一些挤压裂缝。这些拉张裂缝和挤压裂缝的方向是一致的,它们和滑坡的滑动方向垂直,都与滑坡鼓丘的形成过程有关,称为鼓胀裂缝。

位于滑坡体中下部,尤以滑舌部分为多,因滑坡体向外围扩散而形成,呈放射状张性或张剪性的裂缝,称放射状裂缝。

上述各种滑坡形态是识别滑坡和研究滑坡发展的重要标志。根据滑坡壁的分布和滑坡体的范围,可判断滑坡的存在和规模,滑坡壁的坡度越大,说明滑动面的深度也越大。也可根据滑坡壁的后期侵蚀破坏程度,判断滑坡发生的时间长短。在一些古滑坡体上,常见到一些树干弯曲的树木,这是由于滑坡后,滑坡体上的树木发生倾斜,树木继续生长,上部树干则是直立的。弯曲树干处同一年的树木年轮,靠中心部位圆圈宽度相等,而外部各圈层往往宽度不等,一侧宽一侧窄。从这些年轮变化特征的数目,可以推算出滑坡滑动时距今的年数。研究滑坡裂隙的性质和产状可以确定滑坡发生阶段,当斜坡上出现环状拉张裂缝时可能是滑坡发展的初期阶段。有时环状拉张裂缝先在斜坡上部出现,后在斜坡下方出现,这说明是推移式滑坡;反之,先在斜坡下方出现裂缝,后在斜坡上部出现裂缝,则是牵引式滑坡。如能对滑坡裂隙进行连续观测,还可了解滑坡体的受力性质、运动方向和运动速率等。

(5)滑坡发展阶段

滑坡的发展大致可分为三个阶段,即蠕动变形阶段、滑动阶段和停息阶段。

斜坡上岩(土)体的平衡状况受到破坏后,产生塑性变形,有些部位因滑坡阻力小于滑坡动力而产生微小滑动。随着变形的发展,斜坡上开始出现拉张裂缝。裂缝形成后,地表水下渗加强,变形进一步发展,滑坡两侧相继出现剪切裂缝,滑动面逐渐形成。这一阶段称蠕动变形阶段。

滑动面已形成,滑坡体向下滑动,滑坡前缘形成滑坡鼓丘,一些滑坡裂缝也相继出现,裂缝错距不断加大,在滑动面的下方出口处常有浑浊的地下水流出——这一阶段称滑动阶段。

滑坡体滑动后,不断受阻,能量消耗,滑坡体趋于稳定,称滑坡的停息阶段。滑坡停息以后,滑坡体在自重作用下,一些曾滑动的松散土石块逐渐压实,地表裂隙逐渐闭合,滑坡壁因崩塌而变缓,甚至生长植物,滑动时一些东倒西歪的树木又恢复正常生长,结果变成许多弯曲的马刀树。滑坡稳定后,如再遇到特强的触发因素,又能重新滑动。

(6)滑坡的识别

滑坡后壁在斜坡上通常表现为中间高、两侧低的圈椅状;有些推移式滑坡会在后壁前的斜坡上出现异常的反向倾斜台阶;在滑坡前的沟谷底部,坡脚会向对侧沟岸凸出,如谷底为河流,坡脚可能被侵蚀,但会遗留下难以搬运的大块孤石等。这种现象如果发生在河流的凹岸,几乎可以肯定斜坡是滑坡体。

滑坡在滑动过程中,可能出现多个滑面,滑坡体内部的滑动会导致坡面上出现多级的相对平缓甚至反倾的平台,与坡面的整体坡度和周边地形坡度差异明显。

在滑坡的周边,由于滑动剪切作用,岩(土)体一般较破碎,极大降低了抗侵蚀能力,地表水、地下水容易在此处出露、侵蚀形成沟谷,并且两侧的沟谷都以后壁最高点为源头,呈现"双沟同源"现象。

滑坡的后壁、周界常形成沟谷,后壁常出现擦痕和磨光面;滑坡前缘常受推挤而隆起呈舌状,其表面常出现多道纵横向裂缝;由于滑坡体表面多呈台阶式地形,且滑坡在滑动过程中一般会把原始地形的地下水径流通道破坏掉,地下水往往会在滑坡后壁或滑体裂缝内出露,从而使坡面低洼处积水。

滑坡体滑动后,由于滑坡体内部各部分之间有相对移动,原坡面上的建筑物、植被等都会受到影响而出现开裂、倾斜等现象。

滑坡体和滑床之间的软弱带一般不透水,在软弱带成为贯通的滑动面后,地下水被分割成了滑动面以上和滑动面以下两个独立的系统。滑动面以上滑坡体内的地下水向坡前渗流,通常会在坡前以成排出露的泉水形式排泄,一般把这种现象作为滑动面贯通的标志。

3. 其他块体运动地貌

(1) 蠕动

斜坡上的碎屑颗粒,主要受重力作用而出现的沿斜坡坡面缓慢向下运动的过程,称为蠕动。蠕动速度缓慢,肉眼不可见,但多年蠕动的运动量积累下来,会在坡面各类附着物上明显表现出变形。例如,电线杆表现为向坡下的歪斜,树木形成凸向坡下的马刀树等。

在热胀冷缩、冻结融化或含水量周期性变化等交替水热条件影响下,组成坡面的碎屑物质发生与坡面垂直方向的膨胀,然后发生沿竖直方向的收缩。

在坡面由无黏结力的粗颗粒碎屑组成时,在日照强烈的白天,颗粒受热膨胀,促使表层颗粒沿与坡面垂直的方向移动一小段距离;而入夜气温降低,颗粒收缩,表层颗粒与下层颗粒之间没有黏结力,因此无法回到原来的位置。只有沿近于竖直的方向下沉,经过这样一个循环以后,表层颗粒已经相对于原始位置向坡下移动了一段距离,累积下来就表现为蠕动(图2-10)。

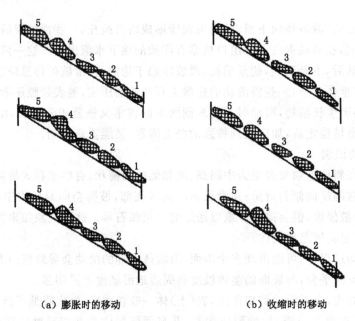

(a) 膨胀时的移动   (b) 收缩时的移动

图 2-10 无黏性土坡胀缩蠕动示意图

季节性冻土区冻土也可以发生蠕动。冻结季表层土先冻结，较深层土在后续的冻结过程中体积膨胀，表层已冻结土层会发生与坡面垂直的移动；融化季表层土先融化，其中的颗粒在重力作用下近于竖直地下沉，也不能回到冻结前的原处，这就是冻融蠕动(图 2-11)。

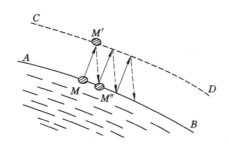

图 2-11　季节性冻土坡冻融蠕动示意图

有黏结力的细颗粒土，在干燥时土体体积小，在吸水后体积膨胀，坡面处的体积膨胀不仅使土层有垂直坡面向外的运动，也会使颗粒之间产生沿坡面的挤压，从而改变部分颗粒连接的角度，这两种情况都使得在土体失水干燥后颗粒难以向坡上回到原位，也发生顺坡向下的蠕动。

蠕动过程中，坡面以下一定深度内的碎屑都参与运动，但显然上层颗粒的蠕动是叠加在下层颗粒的蠕动之上的，同时上层颗粒的温差、含水量差等也在更大范围内变化，也就是说表层颗粒蠕动的速度最快，深层颗粒蠕动速度变慢，直至到达蠕动影响因素的最大作用深度而停止，这也是蠕动坡面上的附着物表现为向坡下倾斜的根本原因(图 2-12)。

图 2-12　坡面蠕动地面变形示意图

（2）泥流

斜坡上主要由细颗粒黏土组成的碎屑，颗粒之间有一定的黏结力，在碎屑层中含有水分时，水分不易从颗粒间流出，但可以使土体具有塑性。当土体被水饱和时，受重力作用，这部分具有塑性的土会产生沿着斜坡向下的移动，类似于稠度很大的泥浆流动，称为泥流。泥流的速度一般比蠕动要快，有时目视可见其移动，因此泥流具有一定的侵蚀能力，泥流相当于是坡面型泥石流的前期阶段。几次间歇性的泥流过程,可以形成几个层状排列的阶状地形,称为泥流阶地(图 2-13)。泥流阶地与河流阶地不同,没有二元结构,其内碎屑也没有分选和磨圆,不具层理。

图 2-13　泥流阶地

　　泥流既可能发生在炎热气候区,也可能发生在寒冷气候区。炎热气候区泥流常与暴雨有关,暴雨能增加细颗粒的饱和程度。但坡面的坡度也是控制因素,因为在过陡的坡面下,降水大多以地面流的形式流失,土层难以饱水,一般在坡度 20°～40°之间时,泥流最易发生。寒冷气候区的泥流发生在季节性冻土的融化季,表层冻土先融化,但下伏冻土尚未融化,表层冻土融化的水分难以渗入深部,使近地面的细颗粒饱和程度增加,从而产生沿坡面的剪切流动。

第四节　风化壳工程意义与边坡地质灾害

一、残积物与风化壳的工程意义

　　岩石的风化作用从表面向内发展,各种结构面有利于水热等条件的交换,也是风化作用易于发展的位置,这使得岩体除表面易被风化破碎之外,其结构面也容易受风化而使各种性质变差,如使裂隙张开程度增加、小裂隙数量增加、将风化形成的细颗粒黏土矿物充填在裂隙中等,从而改变近地表岩体的结构特征,使岩体完整程度变差,导致岩体的整体稳定程度变差。

　　实际工程中,工程岩体的失稳破坏主要是沿结构面发生的,工程设计应特别考虑岩体结构面的密集程度,而近地表结构面受风化作用影响,其弱化工程岩体稳定性的作用更加明显。工程中可根据岩体结构的改变程度来评价风化作用对岩体的弱化程度,可将岩石风化程度划分为未风化、微风化、中等风化、强风化、全风化五个基本级别,见表 2-3。若岩体结构完全破坏,已风化成土状,可称为残积土。

表 2-3　岩石按风化程度分类

风化程度	野外特征	风化程度参数指标	
		波速比	风化系数
未风化	岩质新鲜,偶见风化痕迹	0.9~1.0	0.9~1.0
微风化	结构基本未变,仅节理面有渲染或略有变色,有少量风化裂隙	0.8~0.9	0.8~0.9
中等风化	结构部分破坏,沿节理面有次生矿物,风化裂隙发育,岩体被切割成岩块,用镐难挖,干钻可以钻进	0.6~0.8	0.4~0.8
强风化	结构大部分被破坏,矿物成分显著变化,风化裂隙很发育,岩体破碎,用镐可挖,干钻不易钻进	0.4~0.6	<0.4
全风化	结构基本破坏,但尚可辨认,有残余结构强度,可用镐挖,干钻可钻进	0.2~0.4	—
残积土	组织结构全部破坏,已风化成土状,锹镐易挖掘,干钻易钻进,具有可塑性	<0.2	—

风化壳的工程性质与下伏的新鲜基岩差异很大,工程活动涉及的岩(土)体范围超过风化壳厚度时,相当于面对的是性质截然不同的地质体,因此在其各界面处是最易发生工程危害的位置。

在水利工程建设过程中,风化壳往往需要清理掉,工程宜直接坐落在新鲜基岩上,这主要有两个方面的原因:一是风化壳中岩体结构破坏严重,岩石整体性不好,承载能力较差,变形较强,这对水利工程是不利的,易于导致水工建筑物的变形和破坏;二是风化壳由于风化程度的差异,其均匀性较差,不仅容易引起不均匀变形,也易使其渗透特性差异较大,对水工建筑物的地基防渗等不利。

各类边坡工程中,坡面风化作用使岩体破碎,高陡边坡易于发生落石、崩塌等地质灾害。在挖方边坡处,易于将风化壳剖面暴露而产生临空面,由于风化壳与基岩性质上的差异,易于在界面处发生侵蚀、崩塌、滑动等。

隧道工程等的出入口位置,必然穿透风化壳进入新鲜基岩,两者之间存在性质的差异,因此在隧道出入口等位置应特别按相对松散的风化壳和相对完整的基岩分别设计支护方案。

黏土型风化壳的主要成分为黏性土,其透水性较差,工程活动中一般按隔水层对待,而碎屑型风化壳由于裂隙的存在,具有透水能力,工程活动中应注意防水。

风化壳一般浅层风化程度更高,容易形成透水性差的黏性土,深层风化程度低,一般表现为裂隙较多、颗粒粗大,因此透水性较好。表层黏性土受含水量的影响,工程性质差异大,其坡面更多表现为与地下水位、降水量、含水量之间的相关性,深层风化壳则相对稳定,若在特殊条件下形成高水头差,则可能引发其内细颗粒的流失。

二、崩塌灾害

参与崩塌过程的碎屑或岩块体积可以从小于 1 m³ 直到若干亿立方米。一定体积的崩塌对坡前居民点、工程设施、人民生命财产安全等可造成冲击、掩埋等灾害,同时若崩塌体堵塞江河形成堰塞湖,又容易引发洪水、泥石流等次生灾害。工程活动中,一般根据崩塌体的体积对崩塌的危害程度进行分级(表 2-4),并根据分级结果讨论工程对崩塌的应对措施。

表 2-4 崩塌灾害等级

灾害等级	特大型	大型	中型	小型
体积 $V/(10^4\ \mathrm{m}^3)$	$V \geqslant 100$	$100 > V \geqslant 10$	$10 > V \geqslant 1$	$V < 1$

1. 崩塌稳定性评价

对崩塌的应对措施主要包括绕避和治理两个方面。治理措施实施时,需要根据崩塌体的稳定程度和工程要求其应该达到的稳定程度来进行具体措施选择,因此需要对崩塌体的破坏方式和其稳定程度评价方法进行总结。崩塌体包括由风化产物或其他松散碎屑形成的堆积体和由结构面控制的危岩体。两者的稳定性受控因素不一致,产生崩塌的机理也不一致,因此评价其稳定性时使用的方法也不一样。风化碎屑的稳定性评价较简单,危岩体由于具有不同的破坏形式和运动启动方式,其稳定性评价方法也有区别。自然过程中的主要崩塌方式及其稳定性评价思路如下。

(1) 滑移式崩塌

由风化产物或其他松散碎屑形成的堆积体,其崩塌稳定性一般由其休止角控制。稳定性评价模型可以将其概括为直线型破坏,即崩塌碎屑的运动轨迹为直线。由于这种情况下崩塌碎屑主要是沿坡面向下以滑动、滚动等方式移动,促使其运动的力是碎屑自身重力沿坡面向下的分力,阻止其运动的力为坡面与碎屑间的摩擦力,因此可以利用这一对矛盾来判断碎屑的稳定程度。

在重力的作用下,斜坡上的块体是否发生运动,取决于块体的下滑力(T)与抗滑力(τ)的大小。前者是推动块体运动的动力,而后者是阻止块体运动的阻力。只有当下滑力大于抗滑力时,斜坡上块体才可能向下运动。斜坡上块体的下滑力(T)是斜坡上块体的重力沿坡面的分量(图 2-14),它受块体的密度、高度、坡度影响,其大小为:

$$T = G \cdot \sin\theta = \rho \cdot g \cdot h \cdot \sin\theta \tag{2-1}$$

式中 G——斜坡块体重量;

ρ——块体密度;

g——重力加速度;

h——坡高;

θ——坡角。

由式(2-1)可以看出,坡角的影响较大,坡面的坡角越陡,其下滑力就越大;斜坡上块体越重,其下滑力也越大。

抗滑力(τ)由斜坡块体内摩擦力和黏结力产生,其大小为:

$$\tau = N \cdot \tan\varphi + C \cdot A \tag{2-2}$$

式中 N——斜坡所受正压力,其大小为 $G \cdot \cos\theta$;

C——块体黏结力;

A——块体与坡面接触面积;

φ——块体内摩擦角。

由式(2-2)可以看出,内摩擦角越大、黏结力越大,抗滑力越大;块体的黏结力与块体的固结程度或

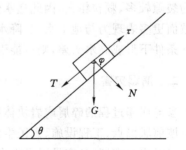

图 2-14 滑移式崩塌体受力示意图

成岩性有关,一般是块体固结越强、成岩性越好,其黏结力越大,而松散的土体黏结力小。因此,固结强或成岩性好的块体,其抗滑力大,松散堆积物的抗滑力小,易发生块体运动。

斜坡上的块体稳定性用稳定系数 K 来表示,其值为抗滑力与下滑力的比值:

$$K = \tau/T = (G \cdot \cos\theta \cdot \tan\varphi + C \cdot A)/(G \cdot \sin\theta) \tag{2-3}$$

当 $K > 1$ 时,块体稳定;当 $K < 1$ 时,块体不稳定,发生运动;当 $K = 1$ 时,块体处于极限平衡状态,一旦有外界的诱发力作用,块体可能发生运动。

如果斜坡上的块体为松散堆积物,那么块体的黏结力很小,近似等于零,斜坡上的土体、岩块等松散块体的稳定性系数为:

$$K = G \cdot \cos\theta \cdot \tan\varphi/(G \cdot \sin\theta) = \tan\varphi/\tan\theta \tag{2-4}$$

要使斜坡上的碎屑物质稳定、不向下运动,需要下滑力小于抗滑力,那么坡角就必须小于坡面物质的内摩擦角。如果斜坡上的松散堆积物处于极限平衡状态,则下滑力等于抗滑力,即坡角等于块体的内摩擦角。因此,块体的内摩擦角正好反映了块体沿斜坡下滑启动的坡角,把这个角度定为物质的休止角。对于那些没有黏结力的砂层或松散碎屑堆积层来说,内摩擦角和休止角是一致的。当斜坡的坡角 θ 小于堆积物内摩擦角 φ 时,斜坡上的物质是稳定的;当 $\theta = \varphi$ 时,斜坡上的物质处在稳定的临界状态。

松散堆积物内摩擦角(休止角)的大小受多种因素的影响,如物质颗粒的大小、形态、成分、含水量等。粗大、棱角状而密实的颗粒堆积物的休止角大,颗粒细小、圆形的颗粒堆积物的休止角小。在粒径、形态、成分相同的条件下,干的松散堆积物休止角较大,由其构成的斜坡较稳定;而湿的松散堆积物休止角较小,斜坡的稳定性降低。所以在其他条件相同的情况下,湿润地区的山坡坡度缓,而干旱地区的山坡坡度陡。另外,在雨季的时候,一些斜坡发生滑动、移动,是由于土体的含水量增加、造成休止角降低而引发的。

已成岩的岩石块体的休止角很大,几乎可以达到 $90°$,而影响其稳定的主要因素是岩层的黏结力。一般情况下,坚硬岩石的黏结力很大,不易发生移动。但是,如果在岩石中发育一些软弱的结构面,如节理面、断层面、劈理面等,它们将降低岩石的内摩擦角和黏结力,可导致块体运动。

(2) 倾倒式崩塌

倾倒式崩塌是指危岩体受控于近竖直及近水平的两组结构面,在破坏力作用下,危岩体可能产生绕水平结构面与临空面的交线向坡外旋转倾倒的崩塌方式(图 2-15)。

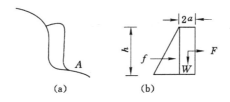

图 2-15 倾倒式崩塌模型

这种情况的破坏力包括两种可能:

① 近竖直裂隙内存在裂隙水时的静水压力,静水压力自裂隙内水位向下呈三角形分布,其作用点在这个分布三角形底边以上高度的三分之一位置,一般近竖向裂隙内积水

都按最高水位考虑,则静水压力的作用点是在近水平结构面以上危岩体高度的三分之一处。

② 如果考虑地震带来的影响,把地震作用概括为一个水平向坡外的静力,在地震烈度一致时,地震力的大小是由危岩体的重量决定的,因此其作用点在危岩体的重心处,如果把危岩体简化为矩形断面,则作用点在危岩体自水平结构面以上高度的一半位置。可以用下述模型来评价其稳定性:

$$K = \frac{Wa}{f \cdot \dfrac{h_0}{3} + F \cdot \dfrac{h}{2}} = \frac{Wa}{\dfrac{\gamma_w h_0^2}{2} \cdot \dfrac{h_0}{3} + F \cdot \dfrac{h}{2}} = \frac{6aW}{10h_0^3 + 3Fh} \tag{2-5}$$

式中　f——静水压力,kN;

　　　h_0——水位高,暴雨时等于岩体高,m;

　　　h——岩体高,m;

　　　γ_w——水的重度,取 10 kN/m³;

　　　W——崩塌体重力,kN;

　　　F——水平地震力,kN;

　　　a——转点至重力延长线的垂直距离,这里为崩塌体宽的一半,m。

(3) 鼓胀式崩塌

鼓胀式崩塌(图 2-16)是指危岩体由近竖向结构面和近水平向下伏软岩控制,在危岩体重力作用下,下伏软岩受压产生侧向鼓胀破坏,从而使上覆危岩体失去支撑而崩塌的方式。由于软岩多数透水性较差,在近竖直结构面内积水时,软岩易于饱水而被软化,其抗压能力进一步降低。因此,可以将上覆危岩自重产生的压力与下伏软岩的饱和单轴抗压强度这一对矛盾作为评价这种崩塌体稳定性的依据。

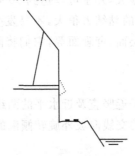

图 2-16　鼓胀式崩塌模型

$$k = \frac{R_{无}}{\dfrac{W}{A}} = \frac{AR_{无}}{W} \tag{2-6}$$

式中　W——上部岩体质量;

　　　A——上部岩体的底面积;

　　　$R_{无}$——下部软岩在天然状态下(雨季为饱水的)的无侧限抗压强度。

(4) 拉裂式崩塌

拉裂式崩塌是指近水平岩层软硬相间时,下伏软岩受风化作用剥蚀更快,从而使上覆硬岩层悬空,硬岩层悬空部分的重量超过层顶某点的抗拉能力时产生崩塌的方式。如图 2-17 所示,悬空部分的重量产生相对于 A 点的力矩,并表现为对 A 点的拉力,在该拉力超过 A 点处岩层的抗拉强度时,悬空部分将被沿 AC 面拉开而崩塌。

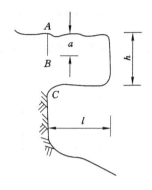

图 2-17　拉裂式崩塌受力模型

假如凸出的岩体长度为 l,岩体等厚,厚度为 h,宽度为 1 m(取单位宽度),岩石重度为 γ,此时可按下式进行危岩体稳定性计算:

$$[\sigma_{A拉}] = \frac{M}{W} \qquad (2\text{-}7)$$

$$M = \frac{l^2}{2}\gamma h \qquad (2\text{-}8)$$

$$W = \frac{h^2}{6} \qquad (2\text{-}9)$$

$$K = \frac{[\sigma_{拉}]}{[\sigma_{A拉}]} = \frac{h[\sigma_{拉}]}{3l^2\gamma} \qquad (2\text{-}10)$$

有时 AC 面上已经存在裂隙,且裂隙到达 B 点,深度为 a,则应该用 B 点的抗拉强度来进行验算。此时,危岩体的稳定性由 B 点处的拉力控制,由于危岩体自重和裂缝水平位置不变,B 点拉力受该点处抵抗矩控制。

$$W = \frac{(h-a)^2}{6} \qquad (2\text{-}11)$$

$$[\sigma_{B拉}] = \frac{M}{W} = \frac{3\gamma h l^2}{(h-a)^2} \qquad (2\text{-}12)$$

$$K = \frac{[\sigma_{拉}]}{[\sigma_{B拉}]} = \frac{(h-a)^2[\sigma_{拉}]}{3l^2\gamma h} \qquad (2\text{-}13)$$

式中　M——拉裂截面处弯矩;

　　　W——拉裂截面处抵抗矩;

　　　$[\sigma_{拉}]$——拉裂截面处抗拉强度;

　　　$[\sigma_{A拉}]$——无裂隙发育时,A 点处所受拉力;

　　　$[\sigma_{B拉}]$——裂隙深度为 a 时,B 点处所受拉力。

2. 崩塌灾害评价和治理

实际工程中,崩塌危岩体的稳定性系数即使大于 1,在工程进行和使用过程中,仍显安全性不足,因此工程师们针对具体崩塌类型和具体工程会设定一个稳定性系数应达到的最小值,称安全系数。只有在稳定性系数不小于安全系数时,崩塌危岩体相对于工程才是安全的。

崩塌危岩体稳定性达不到表 2-5 所列要求时,需要进行崩塌治理。

表 2-5　崩塌危岩体稳定程度等级

崩塌类型	不稳定	欠稳定	基本稳定	稳定
坠落式	$K<1.0$	$1.0{\leqslant}K<1.5$	$1.5{\leqslant}K<1.8$	$K{\geqslant}1.8$
倾倒式	$K<1.0$	$1.0{\leqslant}K<1.3$	$1.3{\leqslant}K<1.5$	$K{\geqslant}1.5$
滑塌式	$K<1.0$	$1.0{\leqslant}K<1.2$	$1.2{\leqslant}K<1.3$	$K{\geqslant}1.3$

崩塌的治理应以根治为原则,当不能清除或根治时,对中、小型崩塌可采取下列综合措施,其目的均是使治理后的崩塌体稳定性系数达到安全系数的要求:

① 遮挡:对小型崩塌,可修筑明洞、棚洞等遮挡建筑物使线路通过;对中小型崩塌,当线路工程或建筑物与坡脚有足够距离时,可在坡脚或半坡设置落石平台或挡石墙、拦石网。

② 支撑加固:对小型崩塌,在危岩的下部修筑支柱、支墙,亦可将易崩塌体用锚索、锚杆与斜坡稳定部分联固。

③ 镶补勾缝:对小型崩塌,对岩体中的空洞、裂缝,用片石填补或混凝土灌注。

④ 护面:对易风化的软弱岩层,可用沥青、砂浆或浆砌片石护面。

⑤ 排水:设排水工程以拦截疏导斜坡地表水和地下水。

⑥ 刷坡:在危石凸出的山嘴以及岩层表面风化破碎不稳定的山坡地段,可刷缓山坡。

三、滑坡灾害

滑坡体滑动可使原坡面上的建筑物、交通线及其他工程设施等倾斜、开裂甚至倒塌、垮落等;使坡前设施受推挤倾斜、倒塌甚至掩埋等。居民点的安全、交通线的安全、水体的安全等都受滑坡影响。对滑坡灾害的防治,需要有针对性地了解滑坡所处的发展阶段、稳定程度、可能的危害方式和危害范围等,并据此做出具体的应对方案。

1. 滑坡位移观测

位移观测是滑坡运动方式勘查、运动阶段确定、稳定性分析及预测预报等重要的数据来源。实践中,对滑坡表面的不同位置进行水平和竖向位移的观测,并据此绘制位移矢量图(图 2-18)以备后续分析使用。

简易观测(图 2-19)一般在滑坡体表面的裂缝两侧、被破坏建筑物的裂缝两侧或者滑坡前缘明显鼓胀的部位等处进行。一般在相对移动的两部分分别设立标尺或桩等标志,通过测量两侧标志的相对位移来代表滑体两部分之间的相对位移。

精密观测需对滑坡各个部分的运动特征进行观测。对范围不大、主轴位置明显的窄长滑坡,可设置十字交叉网[图 2-20(a)]进行观测;对范围不大但地形开阔的滑坡,可设置放射网[图 2-20(b)]进行观测;对地形复杂的大型滑坡,可设置任意方格网[图 2-20(c)]进行观测。

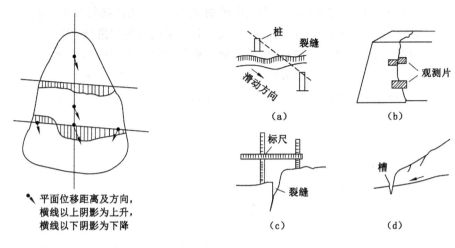

图 2-18　滑坡位移矢量图　　　　　　　　图 2-19　滑坡简易观测装置

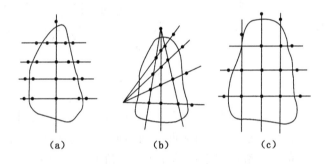

图 2-20　滑坡观测网布置

　　根据各观测桩移动或不移动、位移量和位移方向的不同,可确定滑坡的范围,或区分老滑坡上的局部移动,或从外貌上很像一个整体滑坡的滑坡群中区分出各单个滑坡。一般在滑坡群内,各滑坡在边缘位置的观测桩的位移方向是向各自的滑体偏移,且两滑体间的观测桩位移量较小(图 2-21)。

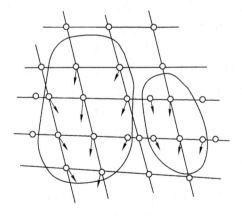

图 2-21　利用位移矢量图确定滑坡周界和主滑线

根据绘制的滑坡位移矢量图可确定滑坡的主滑线,即从位移矢量图中找出每一横断面上位移量、下沉量最大的点,连接这些点的线即为所求的滑坡主滑线(图 2-21)。

根据沿滑动方向断面上各观测桩的平面位移量计算各观测桩间单位长度的平均相对拉伸(或压缩)值 ε(mm/m),从而分析出各段受力的性质(拉、压)和相对大小。ε 为正值时受压,为负值时则受拉。为简便起见,可只对主轴断面进行计算分析,其结果可采用如图 2-22 所示的图形表示。

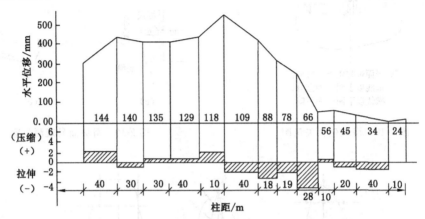

图 2-22　滑坡受力状态分析

当滑坡只有一个滑动面时,观测桩水平和竖向位移的合矢量与水平线的夹角 α 常和其下相应部分滑面倾角相近,用这一现象可判断滑面的形状。当观测桩升高时,α 角表示滑床向上翘的角度;反之,α 角表示滑床向下倾的角度。α 角的大小可利用位移观测值分析,即位移观测桩的竖向位移值与其水平位移值的比值可代表 α 角的正切。

2. 滑坡稳定性评价

目前对滑坡稳定性定量评价的方法主要包括极限平衡法、数值模拟法、可靠度分析法等。由于极限平衡法原理清晰、模型简单有效,在生产中也积累了大量的经验,因而成为最主要的方法,现行国家规范、行业规范等多采用该方法。

产生滑动的岩(土)体性质有差异,控制滑坡的软弱面不同,滑动面的形态和滑动面的力学属性就不同。在对滑坡稳定性进行定量评价时,应首先判断滑动面的形态。滑动面的形态可以概括为圆弧形、直线形、折线形三种。松散堆积体滑坡或者很破碎的岩体滑坡,一般可选择圆弧形滑面,采用各种条分法进行评价;竖向结构面发育,滑动面由倾斜的单一的裂隙面、层面等控制时,可选择直线形滑面进行评价;滑坡的各段滑面倾角有明显差异时,可选择折线形滑面进行评价。滑坡稳定性评价时,还应考虑不同的工况组合。一般对抗震设防区的评价至少要包括天然、暴雨、地震三种工况的组合。

(1)圆弧滑动条分法

假定破裂面为圆弧形,在坡肩画出与水平线成 36°的倾角线作为破裂圆弧的圆心轨迹线,然后绘出通过坡脚的圆弧,再用条分法求出条块的下滑力、法向力,根据不同情况选用下列各式求算稳定性系数 K_s(图 2-23)。对滑坡的稳定性评价需要让圆心在轨迹线上移动,找出稳定性系数最小的滑面来代表。

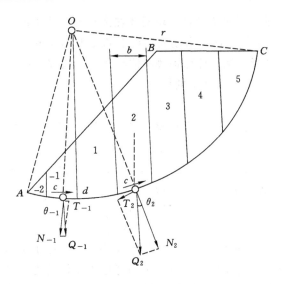

图 2-23　圆弧滑动条带法求算稳定性系数计算模型

$$K_s = \frac{\sum R_i}{\sum T_i} \tag{2-14}$$

$$\begin{cases} N_i = (Q_i + Q_{bi}) \cos \theta_i + P_{wi} \sin(\alpha_i - \theta_i) \\ T_i = (Q_i + Q_{bi}) \sin \theta_i + P_{wi} \cos(\alpha_i - \theta_i) \\ R_i = N_i \tan \varphi_i + c_i l_i \end{cases} \tag{2-15}$$

当圆弧滑动面的下端朝着土体内侧倾斜时,内倾部分所产生的下滑力起着抵抗总体下滑力的作用,所以应将 T 值分为 $T_滑$ 和 $T_抗$ 两部分。K_s 值则按下式计算:

$$K_s = \frac{\sum R_i}{\sum T_滑 - \sum T_抗} \tag{2-16}$$

当考虑地震作用力 F 时,K_s 值则按下式计算:

$$K_s = \frac{\sum [(N_i - N'_i) \tan \varphi_i + c_i l_i]}{\sum (T_i + T'_i)} \tag{2-17}$$

$$N'_i = F_i \sin \alpha_i \tag{2-18}$$

$$T'_i = F_i \cos \alpha_i \tag{2-19}$$

式中　K_s——边坡稳定性系数;

c_i——第 i 计算条块滑动面上岩(土)体的黏结强度标准值,kPa;

φ_i——第 i 计算条块滑动面上岩(土)体的内摩擦角标准值,(°);

l_i——第 i 计算条块滑动面长度,m;

θ_i、α_i——第 i 计算条块底面倾角和地下水位面倾角,(°);

Q_i——第 i 计算条块单位宽度岩(土)体自重,kN/m;

Q_{bi}——第 i 计算条块滑体地表建筑物(外加荷载)的单位宽度自重,kN/m;

P_{wi}——第 i 计算条块单位宽度的总渗透力,kN/m;

N_i——第 i 计算条块滑体在滑动面法线上的反力,kN/m;

N'_i——地震力垂直于第 i 计算条块滑体在滑动面法线上的分力，kN/m；

T_i——第 i 计算条块滑体在滑动面切线上的反力，kN/m；

T'_i——地震力平行于第 i 计算条块滑体在滑动面法线上的分力，kN/m；

R_i——第 i 计算条块滑动面上的抗力，kN/m；

（2）平面滑动法

假设破裂面为直线形，经过边坡上任意点 A（或坡脚）可引出无数条与水平线成 β 角的可能破裂的直线。按岩（土）体稳定性系数公式计算各破裂面的 K_s 值，岩（土）体稳定程度将以其中最小者来确定。具有最小的稳定性系数（K_{min}）的面称为临界面，此面和水平线所成之角 β 称为临界角。边坡稳定性系数可按下式计算：

$$K_s = \frac{\gamma V \cos \beta \tan \varphi + Ac}{\gamma V \sin \beta} \qquad (2\text{-}20)$$

若在坡体上还附加有其他的作用力，如静水压力、渗透压力、地震作用、附加荷载等，则岩坡分析更为复杂。这时，要相应地将各附加力考虑于楔体的力系平衡中。例如，当边坡存在张节理时，在暴雨情况下，由于张节理底部排水不畅，节理内可能临时充水到一定高度，沿张节理和滑动面产生静水压力，使滑动力增大，如图 2-24 所示。

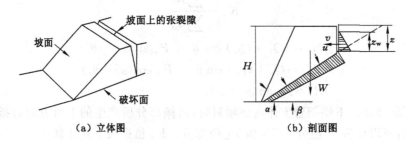

（a）立体图　　　（b）剖面图

图 2-24　坡面上有张裂隙的岩质边坡的平面破坏

此时，边坡稳定性系数可按下式计算：

$$K_s = \frac{(\gamma V \cos \beta - \mu - v \sin \beta)\tan \varphi + Ac}{\gamma V \sin \beta + v \cos \beta} \qquad (2\text{-}21)$$

$$A = (H - z)\csc \beta \qquad (2\text{-}22)$$

$$\mu = \frac{1}{2}\gamma_w z_w (H - z)\csc \beta \qquad (2\text{-}23)$$

$$v = \frac{1}{2}\gamma_w z_w^2 \qquad (2\text{-}24)$$

式中　γ——岩（土）体的重度，kN/m³；

γ_w——水的重度，kN/m³；

z——坡顶至滑坡面深度，m；

z_w——裂隙充水高度，m；

H——滑坡脚至坡顶的高度，m；

c——结构面的黏聚力，kPa；

φ——结构面的内摩擦角，(°)；

A——结构面的面积，m²；

V——岩（土）体的体积，m^3；

β——结构面的倾角，（°）；

α——坡角，（°）。

（3）折线滑动法

岩体组成的滑坡，通常其滑动面难以形成圆弧形，在整个轴线长度内，滑动面各位置的倾角又有差异。多数情况下，岩质滑坡的滑动面是由若干结构面相互交错连接构成的，同时一般各段滑动面的岩块与其他岩块之间也由结构面分割。在这种情况下，滑坡的整体稳定性受各结构面切割的岩块的稳定性影响，其滑动模型可以概括为下面的折线滑动面模型，相邻块之间存在相互作用，其整体稳定性应考虑块间作用的传递，如图 2-25 所示。

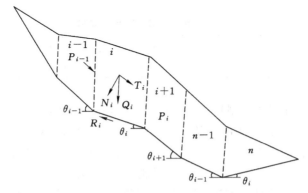

图 2-25　折线形滑面边坡稳定性系数计算模型

$$K_s = \frac{\sum_{i=1}^{n-1}\left(R_i \prod_{j=1}^{n-1} \psi_j\right) + R_N}{\sum_{i=1}^{n-1}\left(T_i \prod_{j=1}^{n-1} \psi_j\right) + T_N} \tag{2-25}$$

$$\prod_{j=i}^{n-i} \psi_j = \psi_i \psi_{i+1} \cdots \psi_{n-1} \tag{2-26}$$

$$\psi_i = \cos(\theta_i - \theta_{i+1}) - \sin(\theta_i - \theta_{i+1})\tan\varphi_{i+1} \tag{2-27}$$

式中　ψ_i——第 i 计算条块剩余下滑推力向第 $i+1$ 计算条块的传递系数；

其他符号意义同上。

折线滑动法为不平衡推力传递法，计算中应注意如下可能出现的问题：

① 当滑面形状不规则，局部凸起而使滑体较薄时，宜考虑从凸起部位剪出的可能性，可进行分段计算。

② 由于不平衡推力传递法的计算稳定性系数实际上是滑坡最前部条块的稳定性系数，若最前部条块划分过小，在后部传递力不大时，边坡稳定性系数将显著地受该条块形状和滑面角度影响而不能客观地反映边坡整体稳定状态。因此，在计算条块划分时，不宜将最下部条块分得太小。

③ 当滑体前部滑面较缓或出现反倾段时，自后部传递来的下滑力和抗滑力较小，前部条块下滑力可能出现负值而使边坡稳定性系数为负值，此时应视边坡为稳定状态；当最前部条块稳定性系数不能较好地反映边坡整体稳定性时，可采用倒数第二条块的稳定系数或最

前部两个条块稳定系数的平均值。

由于该方法采用了传递系数的显式解进行计算,最后计算获得的稳定性系数实际是考虑了上部所有块对最后一块作用的单块稳定性系数。这显然与我们需要考虑整个坡体稳定性的要求不符,因此,目前我国现行的部分规范里引入了考虑各块稳定性与整体稳定性一致的传递系数隐式解法,在此不做详述。

3. 滑坡的评价和防治

对滑坡稳定程度的评价,同样需要考虑具体滑坡和具体工程的需求,并不是稳定性系数大于1的滑坡就可认为处于稳定状态。一般根据工程的需要划分滑坡的稳定性级别,见表2-6。

表2-6　滑坡的稳定性程度分级

滑坡稳定性系数 K	$K<1.00$	$1.00{\leqslant}K<1.05$	$1.05{\leqslant}K<1.15$	$K{\geqslant}1.15$
滑坡稳定状态	不稳定	欠稳定	基本稳定	稳定

因此,滑坡防治一定是以将滑坡稳定性系数提高到1.15以上为目标。

防治滑坡应当贯彻"预防为主、防治结合、综合防治"的原则;对滑坡的整治,应针对引起滑坡的主导因素进行,原则上应一次根治、不留后患;对性质复杂、规模巨大、短期内不易查清或工程建设进度不允许完全查清后再整治的滑坡,应在保证建设工程安全的前提下做出全面整治规划,采用分期治理的方法,既使后期工程能获得必需的资料,又能争取到一定的建设时间,保证整个工程的安全和效益;对建设工程随时可能产生危害的滑坡,应先采用立即生效的工程措施,然后再做其他工程。一般情况下,对滑坡进行整治的时间,宜放在旱季。施工方法和程序应以避免造成滑坡产生新的滑动为原则。

滑坡治理方法包含三种基本类型:一是以对滑坡体的工程整治为主的方法;二是以对滑坡范围内的地表水和地下水整治为主的方法;三是在滑坡体前缘设置抗滑工程的整治方法。

对无向上及两侧发展可能的小型滑坡,可考虑将整个滑坡体挖除。在滑坡的主滑地段进行削坡减重可起到减小下滑力的作用,减重一般适用于滑坡床为上陡下缓、滑坡后壁及两侧有稳定的岩(土)体,不致因减重而引起滑坡向上和向两侧发展造成后患的情况。在滑坡的抗滑段和滑坡体外前缘堆填土石加重,能增大抗滑力而稳定滑坡体。但必须注意只能在抗滑段加重反压,不能用于主滑地段。填方时,必须做好地下排水工程,不能因填土堵塞原有地下水出口,而造成后患。

避免地表水汇入滑坡范围,可防止滑坡体饱水增加重量,也可防止地表水补给地下水使滑动面润滑。可在滑坡体周围修截水沟,滑坡体表面填塞裂缝,夯实松动地面,筑隔渗层,修排水沟等,但应注意排水沟、截水沟等的防渗。对滑坡体内的地下水,可修排水沟或渗沟、盲沟等,深层地下水则用盲洞、长水平孔、集水井等将水引至滑坡体外,也可在整个坡面植树,加大蒸发量,保证坡面干燥。

抗滑工程常采用重力式挡土墙、抗滑桩、预应力锚索、格构锚固等技术。如滑坡为多级滑动,在坡脚一级支挡工作量太大时,抗滑工程可分级布置。重力式挡土墙一般不宜高于8 m,抗滑桩应保证嵌入滑床足够的深度,预应力锚索应保证达到所设计的锁定锚固力要求,避免由于钢绞线松弛而被滑坡体剪断,同时应保证预应力钢绞线有效防腐,避免因钢绞线锈蚀而导致锚索强度降低甚至破断。

抗滑挡土墙常采用重力式挡土墙(图 2-26)。挡土墙一般设置于滑体的前缘。如滑坡为多级滑动,当总推力太大、在坡脚一级支挡工作量太大时,可分级支挡。重力式挡土墙适用于居民区,工业和厂矿区,以及航运、道路建设涉及的规模小、厚度薄的滑坡阻滑治理工程。挡土墙工程应布置在滑坡主滑地段的下部区域。当滑体长度大而厚度小时,宜沿滑坡倾向设置多级挡土墙。挡土墙墙高不宜超过 8 m,否则应采用特殊形式挡土墙,或每隔 4～5 m 设置厚度不小于 0.5 m、配比适量构造钢筋的混凝土构造层。墙后填料应选透水性较强的填料,当采用黏土作为填料时,宜掺入适量的石块且夯实,密实度不小于 85%。

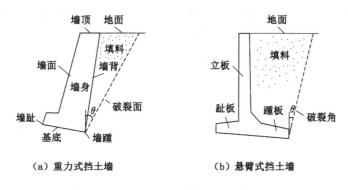

(a) 重力式挡土墙   (b) 悬臂式挡土墙

图 2-26 重力式和悬臂式挡土墙示意图

抗滑桩是防治工程中常采用的一种方法,适用于深层滑坡和各类非塑性流滑坡,对缺乏石料的地区和处理正在活动的滑坡更为适宜。采用抗滑桩对滑坡进行分段阻滑时,每段宜以单排布置为主,若弯矩过大,应采用预应力锚拉抗滑桩(图 2-27)。抗滑桩桩长宜小于 35 m。对于滑带埋深大于 25 m 的滑坡,采用抗滑桩阻滑时,应充分论证其可行性。抗滑桩间距(中对中)宜为 5～10 m。抗滑桩嵌固段应嵌入滑床,约为桩长的 1/5～1/3。为了防止滑体从桩间挤出,应在桩间设钢筋混凝土或浆砌块石拱形挡板。在重要建筑区,抗滑桩之间应用钢筋混凝土连系梁连接,以增强整体稳定性。抗滑桩截面形状以矩形为主,截面宽度一般为 1.5～2.5 m,截面长度一般为 2～4 m。当滑坡推力方向难以确定时,应采用圆形桩。

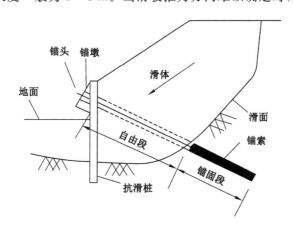

图 2-27 预应力锚拉抗滑桩示意图

预应力锚索是对滑坡体主动抗滑的一种装置。通过预应力的施加,增强滑带的法向应力和减少滑坡体下滑力,有效地增强滑坡体的稳定性。预应力锚索主要由锚固段、张拉段和外锚固段三部分构成。预应力锚索长度一般不超过 50 m,单索锚索设计吨位宜为 500～2 500 kN 级,一般不超过 3 000 kN 级。预应力锚索布置间距宜为 4～10 m,设计时应进行抗拔试验。

格构锚固技术是利用浆砌块石、现浇钢筋混凝土或预制预应力混凝土进行坡面防护,并利用锚杆或锚索固定的一种滑坡综合防护措施。格构技术应与美化环境结合。当滑坡稳定性好但前缘表层开挖失稳、出现坍滑时,可采用浆砌块石格构护坡并用锚杆固定。当滑坡稳定性差且滑坡体厚度不大时,宜用现浇钢筋混凝土格构＋锚杆(索)进行滑坡防护,应穿过滑带对滑坡阻滑。当滑坡稳定性差且滑坡体较厚、下滑力较大时,应采用混凝土格构＋预应力锚索进行滑坡防护,应穿过滑带对滑坡阻滑。

第三章　流水作用与地貌

第一节　流　水　作　用

一、流水作用概念

大气降水降落到地表后进入下渗和流动过程,同时伴随着对岩体和松散堆积物的侵蚀、搬运、堆积等作用,使得陆地表面形成了各种各样的由流水作用主导的地貌和沉积物。水流具有层流和紊流两种流态。层流是水质点彼此互相平行流动,互不干扰和混掺,是有规则的分层流动;紊流是水质点的不规则运动。当水流流速或水深增加时,层流就失去稳定性而产生漩涡运动,会使水质点互相混杂以及不同水层间的质点不断交换,运动方向也经常变化。不同水层间水质点的交换会消耗较多的能量,因此一般紊流发生后流速会降低。

同所有运动的物质一样,水流具有的能量可以用动能来描述。其大小与水量的多少和流速有关,即可以用式(3-1)表示:

$$E = \frac{1}{2}mv^2 \tag{3-1}$$

式中　E——水流的动能;

　　　m——流量;

　　　v——流速。

可见,水流动能的大小与流量的一次方和流速的二次方成正比。自然界的流水是在有高差存在的地面上由势能转化为动能而产生的流动,在这一转化过程中,随着流动路径的增加,转化的效率降低。也就是说,水的势能在转化为动能的过程中,流速并不是随着流动路径的增加而持续增加的,而是通过把能量作用在流床上产生了其他效果,这些效果就是流水所具有的侵蚀、搬运、沉积的能力。流水的动能主要消耗于克服与床面及水分子之间的摩擦,以及搬运流水所挟带的泥沙。如果流水的动能克服摩擦、搬运泥沙而有余力,则就会产生流水的侵蚀作用。如果流水的动能只能消耗于克服摩擦并保持前进而无余力搬运泥沙时,则产生流水的沉积作用。流水运动过程中的侵蚀、搬运和沉积作用,统称为流水作用。

二、流水作用类型

1. 侵蚀作用

流水破坏地表和攫取地表物质的作用,叫流水的侵蚀作用。流水能直接攫取松散泥沙颗粒的主要原因,是流水作用于泥沙时产生的推移力(拖曳力)和上举力,如果这些力的强度大于泥沙本身的重力(阻力),就会使泥沙脱离地表而发生位移,便产生了侵蚀。按侵蚀作用的作用方式不同可分为机械的冲刷作用和化学的溶蚀作用。按地表水的运动形式不同可分为坡面侵蚀和槽床侵蚀。坡面侵蚀又称片蚀,是片流在流动过程中比较均匀地冲刷整个坡面松散物质,使坡面降低、斜坡后退。因此,坡面侵蚀也称作片状侵蚀。由于片流是暂时性的,所以片状侵蚀也是暂时性的,但它分布非常广泛。

水流汇集于线状延伸的沟槽或河槽中流动而进行的侵蚀作用,称槽床侵蚀。它包括暂时性水流产生的沟谷流水侵蚀和河流产生的河谷流水侵蚀。槽床侵蚀按侵蚀方向不同可分为垂直侵蚀、溯源侵蚀和侧向侵蚀。垂直侵蚀又称下蚀,是水流垂直地面向下的侵蚀,其结果是加深沟床或河床。溯源侵蚀又称向源侵蚀,是不断向源头(即上游方向)进行的侵蚀,其结果是使沟谷或河谷长度增加。在溯源侵蚀过程中,常常以裂点(瀑布)后退的方式表现出来。侧向侵蚀指流水对沟谷和河谷两岸进行冲刷。任何一条自然河流,由于地表形态的起伏和岩性的差异,河床的发育总是有弯曲的。在弯曲处,流水由于惯性离心力的作用向圆周运动的弧外方向偏离,即偏向弯道的凹岸,促使水流冲击侵蚀凹岸。即使比较平直的河道,水流在地球自转偏向力的影响下,也可发生侧向侵蚀,北半球河流偏向右岸侵蚀,南半球河流偏向左岸侵蚀,其结果使谷坡后退、沟谷或河谷展宽。

2. 搬运作用

水流在运动过程中可以把地表风化物质和侵蚀下来的物质带走,其中一部分是以某些物质被溶解在水中而带走,一部分则是以机械的方式被流水挟带走。这种在流水作用下搬运地表物质的过程,称作流水的搬运作用。流水的搬运方式有推移、悬移和溶移(图3-1)。

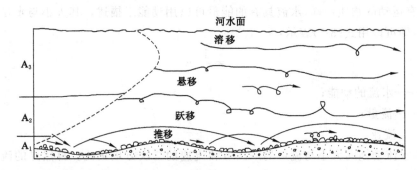

图 3-1 流水的搬运方式

(1)推移:通常指粒径粗的泥沙,在粒度上相当于砂一级或砾石级,在流水的迎面压力及上升力的作用下,沿河床底部滑动、滚动或跳跃。有的研究者把跳跃式运动的称为跃移。推移质(包括跃移质)的运动速度比其所在河流中的流水速度要缓慢。

(2)悬移:指较细小的泥沙,通常是细粉砂及黏土,当河流中紊流的上升流速大于它的沉速时,可以上升到距底床较高的位置而随水流以相同的速度向下游搬运。

(3)溶移:是指可溶性物质被水溶解,在河流中呈均匀的溶液状态而被搬运带走的过程。这是一种重要的搬运作用,但对河流的地貌没有显著的直接影响。被溶解搬运的物质在河谷中沉积的数量是极其少的,几乎全部被河水带到海洋中沉淀。

3. 沉积作用

流水挟带的泥沙,在坡度减小、流速减缓、水量减少和泥沙量增多等情况下,都会引起搬运能力减弱,由此可能导致发生的泥沙沉降堆积称为流水的堆积作用。

当泥沙的来量大于水流的挟沙力时,多余的泥沙就要沉积下来,泥沙沉积是在摩阻流速小于沉速时才会发生。图 3-2 所示为平均流速与不同粒径颗粒的搬运和沉积关系。图中侵蚀速度是指使床面上松散的、一定大小的泥沙颗粒进入运动的最低速度,即启动流速。侵蚀流速曲线实际上是一条宽的带,下沉速度曲线代表给定大小的泥沙颗粒脱离悬浮发生沉积的速度。

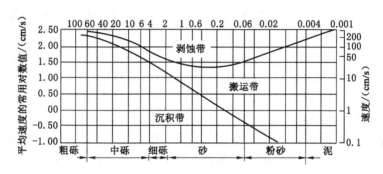

图 3-2　平均流速与不同粒径颗粒的搬运和沉积关系

根据两条曲线的相对位置,可以分出三个不同的区域。在侵蚀流速线(带)以上为侵蚀区,那里流水可以带走各种粒径的泥沙(包括上游来沙);在下沉速度线左方范围,那里水流速度既不足以带走床面泥沙,又不足以支持上游来沙继续在水中悬移,因此来沙迅速沉积,成为沉积区;在下沉速度和侵蚀速度带之间的范围是搬运区,流速不能侵蚀河底泥沙,但上游来沙却不至沉积下来,故成为过境泥沙搬运带。由图 3-2 还可以看出,直径 0.06～2.0 mm 的相当于砂一级的泥沙颗粒最易受侵蚀,它的启动速度最小,当流速为 12～15 cm/s 时即可被带走;小于 0.01 mm 粒径泥沙(粉砂、黏土)呈悬移状态,不易沉积。

流水的侵蚀、搬运和堆积作用总是同时进行的,是一个统一的过程,只是在不同地点、不同时间和不同条件下的作用性质和强度不同而已。所以,不能把侵蚀、搬运和堆积作用孤立起来进行机械的划分。

第二节　片流作用与地貌

一、片流的概念

大气降雨或冰雪融化后,在倾斜地面上所形成的薄层面状流水,称为片流。片流在大多数情况下是由无数细小的股流组成的,它们无固定流路,时分时合,沿坡面呈网状流动,故又称散流。

片流是暂时性水流,水流厚度薄,基本以层流为主,在流动过程中有一定的能量,所以同样产生侵蚀能力,称为片蚀作用。单位面积片流侵蚀能力弱,但片流覆盖面积较广,是地面流水破坏地面的初始形式,土壤的侵蚀大多都是由片流造成的。当片蚀作用发生在广阔的斜坡分布地区时,其侵蚀总量是很大的,尤其在由松散细粒沉积构成的斜坡上,常常造成严重的水土流失,如我国北方的黄土地区和南方的红土地区,这一点常常不被人们所注意。同时,它对地貌特别是微地貌的生成也起着巨大作用。

二、片流作用的影响因素

影响片流作用的自然因素主要有降雨量和降雨强度、地形、岩性、植被、人为因素等。

1. 降雨量和降雨强度

片流的侵蚀强度主要决定于降雨量和降雨强度,其中尤以降雨强度显著。单位时间内降雨量越大,片流流量越大,对斜坡冲刷破坏越强烈。坡面上的松散堆积物,尤其是细颗粒堆积物,在雨滴的冲击作用下,本身结构被破坏,分散出来的较小颗粒受冲击反弹而离开地面,以抛物线的形式向周围抛落,落在坡下方一定距离的颗粒要远多于落在坡上方的颗粒。降雨时,雨滴降落的最高速度可以达到 7～9 m/s,对地面产生巨大的冲击力。据测定,雨滴降落能使粒径小于 0.5 mm 的土颗粒离开原位被溅至距离地面 60 cm 以上的高度,水平方向上激溅的距离可以超过 1.5 m。倾斜坡面上的土壤颗粒受到雨滴冲击后,向下坡激溅的距离以及数量都大于向上坡激溅,在 10% 坡度的坡面上土粒受到雨滴冲击后,大约有 60%～70% 向下坡方向移动,只有 25%～40% 向上坡方向激溅。土粒向上坡或下坡激溅的距离与数量的差别,随着地形坡度加大而增加。雨滴冲击坡面的能量在整个斜坡上大致相等,随着降雨时间的增加,由上坡激溅来的土粒被搬运至下坡,此时雨滴冲击的能量有一部分需要消耗在再激溅由上坡溅来的土粒上,因此雨滴对下坡坡面的冲击作用相对减小。另外,下坡的坡面水层逐渐加厚,对坡面土粒起到了保护作用,雨滴对坡面的冲击作用也越来越小,甚至完全消失。所以,从整个坡面来说,上坡受到雨滴的冲击作用强、侵蚀强度大,下坡受到雨滴的冲击作用弱、侵蚀强度小。

2. 地形

一般来说,坡度增大会使水流速度加快、冲刷加强,但坡度增大的同时也使受水面积减小、水层减薄,冲刷能力又减弱。根据实际研究,当斜坡坡度为 40°～50° 时,水层厚度和流速的组合可以产生最强的冲刷作用。坡面缓于该坡度,薄薄的片流动能消耗于克服坡面摩擦使水流维持前进上,流速小,难以产生较大侵蚀;超过这一坡度,由于受水面积变小而影响流量,片流的总动能也减小,使冲刷作用减弱(图 3-3)。

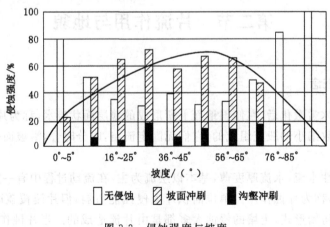

图 3-3 侵蚀强度与坡度

坡长和坡形对片流侵蚀作用也有影响。随着坡长增加、水层加厚,片流总动能增加,片蚀能力增强;但由于随坡长的增加,片流所携带的细颗粒也增加,这部分被搬运的颗粒消耗了片流的部分动能,又使片蚀能力降低。因此,片蚀作用的强度并不完全与坡长成正比。而坡地的形态则支配着坡地水流的集散。在整体坡度一致的情况下,相对聚水的坡面形态能够产生更厚的水层,具有更大的总动能,片蚀能力也更强。

3. 岩性

坡面组成物质的性质和结构不同,抗蚀能力也不一样。由弱岩组成的山坡,岩层容易风化与侵蚀。粗碎屑构成的风化壳比细碎屑风化壳抗蚀能力强。结构疏松但具有团粒结构的风化壳和土层,黏结能力好、透水性强,从而减少了地表径流和冲刷。结构疏松且由细颗粒组成的风化壳或土层,抗蚀力差、易被侵蚀,如黄土层。

4. 植被

乔木的树冠、草类和凋落物可拦截雨滴对坡面的直接打击,主要体现在以下三个方面:① 植被可以减小坡面径流量;② 植被可以控制坡面径流速度;③ 植被可以阻挡雨滴直接冲击地面。

雨滴在经植被拦截到达坡面碎屑物表面时,其速度和冲击能力都已不大。植被的凋落物层不仅可以进一步减小雨滴对地面的冲击、储存水分、增加地表水的下透率,还能阻滞地表径流、减小流速、有效降低片蚀作用、减少泥沙流失。植物的根茎能固结土层、拦阻径流,使土层得到保护。

5. 人为因素

管理失误、植被破坏、生态环境的严重失调是片流侵蚀发展加剧的主要人为因素。人类无节制地大量毁林开荒,常使植被受到毁灭性破坏;坡地农田采取落后的耕作方式,使地表疏松,坡度较陡;在开发矿山、修筑道路、刨土取石和进行工程建筑时,乱挖滥炸和废石砂土乱弃等,这些人为对地表的破坏常导致片流侵蚀快速向不可控的方向发展。

三、片流地貌与坡积物

1. 片流剥蚀地貌

在斜坡的上部,片流作用主要表现为片蚀作用。片蚀作用在斜坡上部形成片蚀坡,片蚀坡表面分布着细沟。由片蚀作用形成的片流地貌,称为片流剥蚀地貌。

对于在重力作用下处于动态平衡的斜坡来说,坡形一般表现为凸-凹形,即分水岭附近地势平坦,向斜坡下方出现缓坡,斜坡中段较陡,下段又较缓。这种平-缓-陡-缓的地形变化,使得片流的冲刷作用也据此可以划分出不同的作用强度带,一般可以分为冲刷作用带、过渡带和堆积作用带。

一般上部的平-缓地形有利于片蚀作用的发育,称为冲刷作用带(图 3-4)。冲刷作用带根据冲刷强度的不同,可分为微冲刷带、弱冲刷带和强冲刷带。微冲刷带位于坡顶分水岭附近,地面近于水平,片流流量小、水层薄、速度慢,片流只能侵蚀搬运少量的细颗粒碎屑,其效果不足以形成沟槽,但长期作用可使坡顶高度下降。弱冲刷带位于分水岭向坡下一定距离,该位置坡面开始变陡,片流流速增大,由于地面碎屑物质抗侵蚀能力的微小区别,部分易侵蚀位置逐渐变得比周围地面更低,片流开始在这些位置相对集中,水层厚度变厚,在斜坡表面表现为网状的股流,在股流中心轴线上侵蚀作用进一步增强,可形成几厘米深、呈树枝状分布的沟槽。随着坡面向下进一步变陡,水流流速加快,股流内的侵蚀更明显,沟槽进一步加深并逐步合并。在较陡的斜坡上,这些沟槽甚至呈现出近于平行排列的形式,形成的冲刷带称为强冲刷带。

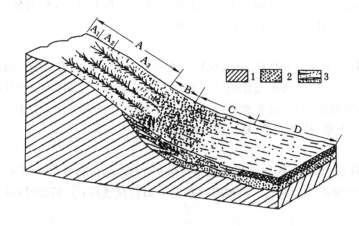

1—基岩;2—冲积物;3—坡积物;

A—冲刷带;A₁—微冲刷带;A₂—弱冲刷带;A₃—强冲刷带;B—过渡带;C,D—堆积带及坡积裙边缘带。

图 3-4　片流作用的分带

中段的较陡地形,本身受水面积减小,上段来水携带的泥沙又可吸收、消减雨滴的冲击作用,坡面的原生颗粒反倒不易被冲刷,但由于坡度较大,片流动能较大,也不易使携带的泥沙沉积下来,表现为该段坡面只起到过流的作用,既没有明显的冲刷,也没有明显的沉积,称为过渡带。斜坡下部的较缓地形,地势更为开阔,水流速度和厚度均减小,搬运能力减弱,携带的泥沙开始沉积,称为堆积作用带。

2.片流堆积地貌

(1)坡积裙

片流携带被其破坏的或已经存在于斜坡表面的细粒物质,沿斜坡表面向下搬运。由于流速降低、水量减小或消失,所携带的细粒物质被沉积下来。沉积物在斜坡表面的风化及其他作用下,粒度组分变小,成分产生变化。后来的片流又将被改变了的细粒物质向斜坡的更下部搬运,直到到达斜坡底部的平原。因此,片流作用在斜坡的下部主要是坡积作用。

坡积作用在斜坡的下部形成坡积物,坡积物围绕坡麓披盖,形成似裙裾形态的堆积地貌,称为坡积裙或坡积裾。沿坡前切向方向的坡积裙呈现明显的似裙子边缘的形态连续分布。沿斜坡自顶向下的纵向剖面,坡积裙形态呈现微凹的缓倾斜曲线,其上部坡度一般较大,向上过渡到残积物风化壳或直接覆盖在基岩上。下部坡度减缓,向下过渡到谷底或坡前的洪流堆积物、河流堆积物等或覆盖在其上部。

在坡积裙的不同部位,沉积韵律也不相同。裾顶部分以粗粒为主,间夹有含碎屑的亚砂土及亚黏土的透镜状薄层。在坡积裙的中部韵律清晰,成层性好,每一韵律层的底部通常均为断续的细角砾、碎石或粗砂透镜体,向上逐渐变细为含少量碎屑的亚砂土及亚黏土。坡积裙的边缘部分主要由层理极不明显的亚黏土组成。总的来说,坡积物具有弱的层理,多数是由一些透镜体构成,层理大体平行于坡向。

片蚀作用使斜坡上部的高度降低,坡积作用使斜坡下部的高度增大,二者联合作用的结果是斜坡变得平缓。

（2）坡积物

坡积物的成分比较简单（图 3-5）,主要取决于坡地的母岩成分,一般以细砂、粉砂和亚黏土为主,也含短距离内搬运的棱角状细角砾。在坡积物的沉积以及向坡下移动的过程中,受沉积作用和重力作用的影响,使得轻、重矿物发生分异,密度小的颗粒在上层,运动速度较快,搬运的距离也就更远,而密度较大的颗粒则下沉,运动较慢,搬运的距离较近,也就形成了轻、重矿物在水平以及垂直向上的分异。

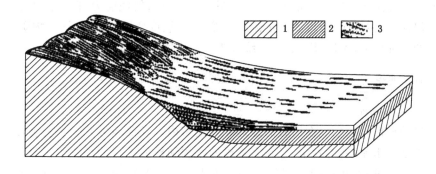

1—基岩;2—河流冲积物;3—坡积物及坡积裙。

图 3-5　坡积裙及坡积物结构

由于坡麓处坡度变缓,片流的运动速度也逐渐变慢,使得碎屑颗粒在沉积的过程中出现了水平和垂直方向上的差异。接近坡顶的部分主要以粗粒为主,夹细粒碎石砂土透镜体,宽度和厚度不大;中部主要以亚砂土和亚黏土为主,夹少量碎石透镜体,宽度和厚度最大;接近谷底底部主要为亚黏土,厚度不大,有时过渡为坡积-冲积层或坡积-湖积层。

坡积物的成分随斜坡上部的基岩和松散堆积物的类型而不同,如斜坡上部为砂岩,则在坡积物中富含石英、长石等矿物。由于坡积过程也是一个风化过程,所以在坡积物中既有基岩风化（次生）矿物,也有风化残留矿物。

坡积物的颜色随斜坡上部的基岩和松散堆积物的类型、气候环境、形成历史的不同而不同。坡积物主要由细粒物质（黏土、粉砂、砂等）构成,粒度也与斜坡上部的岩石及松散堆积物的类型、风化程度、坡积过程等有联系。如斜坡上部为黄土、泥灰岩等,则在斜坡的下部可形成坡积黄土和黏土层。

第三节　洪流作用与地貌

一、洪流的概念

洪流是指沿着冲沟流动的暂时性线状流水,是由片流汇聚而成的。洪流与片流之间没有一个明确的界限。洪流的流速较快,水质点的运动为紊流的形式,动力较大且破坏力较强。斜坡在片流侵蚀长期作用下,慢慢形成相对周围地形更低的细沟微地形。此时降水到达坡面后,除片流形式外,在网状分布的细沟内的水流也越来越多,其侵蚀能力也进一步增强,细沟可进一步加深、加宽并相互合并,最终形成坡面上明显低于周围地形的冲沟。到达坡面的大气降水可迅速汇入冲沟,并在较大沟床坡度的作用下形成速度很快、深度较大的流水。

这种冲沟在一年当中的绝大多数时间都是干枯无水的,但在暴雨或大量积雪迅速融化等条件下,沟内就会出现暂时性的、流态极不稳定的迅猛水流,一般称这种爆发性的水流为洪流,其中在平面基本稳定的沟谷中的洪流又可称为沟谷暴流。

洪流虽同片流同属暂时性水流,但其流深大、流速快,侵蚀能力、搬运能力更强,在斜坡上可形成侵蚀沟,在坡前、沟口处由于流深突然变浅、坡度变缓,可使其搬运物质迅速堆积下来。洪流的这种侵蚀、搬运、堆积过程,统称为洪流作用。

二、洪流地貌

1. 洪流侵蚀地貌

洪流侵蚀地形可以生成在所有的地形和气候带内。只要地形有一定的坡度,并有低凹处便于集中地表水流,就可发生,且在多暴雨的气候和松散土层的条件下最易形成,在干旱和半干旱区较常见,如在我国西北和华北的黄土地区。洪流侵蚀沟结合风化剥蚀,片状洗刷、滑坡、崩塌、土溜等作用,不断分割并夷平地形,对广阔的河间地区的改造有决定性的作用。

一般情况下,片流在斜坡的上部是主要的侵蚀方式,而斜坡的下部由于细沟的发育,洪流侵蚀开始变得明显,在片流侵蚀的基础上,进一步使细沟加深、加宽,并使其纵横剖面都发生变化。侵蚀沟是典型的洪流侵蚀地貌,侵蚀沟的发展会经历细沟、切沟、冲沟、坳沟几个阶段(图 3-6)。

(1)细沟阶段

斜坡上小股水流顺坡往下流动,形成宽度不足 0.5 m、深度 0.1～0.4 m、长度几米到几十米、在坡面上仍近乎网状分布的小沟,称细沟。细沟的沟床纵剖面与斜坡一致或基本一致,沟槽断面呈 V 形。虽坡面被切割成近网状或树枝状破坏,但一般可在人工填平后保持坡面和沟槽填土稳定,不致造成重大灾害。

(2)切沟阶段

在细沟的下半段,水流相对更深,下蚀能力更强,因此随洪流作用的进行,细沟逐步出现上下段纵坡面坡度的差异,上半段仍与坡面近于一致,而中间位置开始出现明显下切,使上下半段之间开始出现陡坎,此时侵蚀沟内的溯源侵蚀会加快。总体上,该阶段的沟深在 1 m 左右。沟宽也进一步增加,逐渐开始合并周围细沟,形成切沟。地形上的区别也开始明显,坡面上切沟已近于树枝状分布。

(3)冲沟阶段

切沟进一步发展使沟槽中间的陡坎向沟头推进,最终使沟床纵剖面整体呈下凹形态,与斜坡明显不一致,逐渐发育成成熟的冲沟。冲沟阶段的沟槽下蚀作用明显强于侧蚀作用,因此沟槽横断面仍表现为近 V 形,在局部较缓的沟壁上可以有部分洪流堆积物存在,但一般不稳定,不足以支持植被存在。在冲沟的两侧和沟头处,沟坡陡峭,常发生重力作用引起的

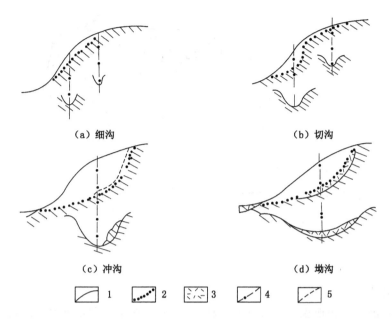

（a）细沟　　　　　　　　　　　（b）切沟

（c）冲沟　　　　　　　　　　　（d）坳沟

1　　　2　　　3　　　4　　　5

1—坡面地形线；2—沟底地形线；3—堆积物；4—剖面线；5—冲沟向源侵蚀部分。

图 3-6　洪流侵蚀地貌发育阶段

崩塌，这一过程又会加快冲沟侧向侵蚀和溯源侵蚀的速度，使冲沟展宽、加长过程加速进行。切沟的进一步合并使得冲沟在坡面整体上以近乎平行的形态展布。冲沟是侵蚀沟发展最快、破坏性最大的壮年阶段。

（4）坳沟阶段

冲沟进一步发展，当溯源侵蚀到达坡面分水岭附近时，由于水量的减少，侵蚀能力减弱，在重力崩塌作用下沟头逐渐形成相对稳定的较缓形态，冲沟两侧的沟坡也出现同样的过程，从而使沟坡顶部逐渐变缓，此时的沟床纵剖面仍表现为整体下凹，但沟头坡度明显减小。侧向侵蚀作用相对变得明显，使此阶段的冲沟侧向展宽过程加快，横断面逐渐形成 U 形，沟底的展宽可以明显减小洪流的流深，沟床内开始存在较大面积的洪流堆积，相对稳定的堆积物上可生长植被，该阶段称为坳沟阶段，是侵蚀沟发展的老年阶段。纵剖面塑造成下凹形，并被砂土、植物覆盖，横剖面成浅 U 形，称坳沟（死冲沟），侵蚀沟进入衰亡阶段。

2. 洪流堆积地貌

根据地貌的规模和形态，洪流堆积地貌主要有三种类型：冲出锥、洪积扇和洪积平原。

（1）冲出锥

在小型侵蚀沟的沟口处，洪流携带的碎屑会随着沟口处地形的展宽迅速堆积，其规模较小，一般不足 100 m^2，但坡角较大，可达 18°左右，这种微型地貌可称为冲出锥（图 3-7）。冲出锥是一种小型的洪积地貌，外形为锥状或扇形，分布在小冲沟口。严格来讲，在较长大斜坡坡底处的坡积裙，已不仅仅是片流堆积作用形成的，而是伴有坡面上侵蚀沟带来的洪流堆积。

冲出锥内的洪积物由于运动距离短，分选、磨圆都很差，使整个冲出锥地层性质没有明显的位置差异，因此冲出锥从锥顶到锥缘没有进一步分带的必要。冲出锥分布广泛，在任何气候条件下都可发育，没有地带性和气候指示意义。

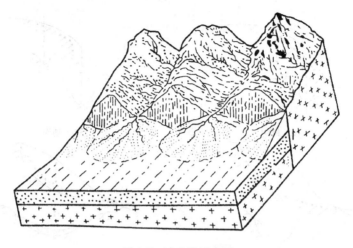

图 3-7　冲出锥示意图

（2）洪积扇

洪积扇是洪流堆积地貌中最常见的一种，主要分布在干旱和半干旱地区，在潮湿地区不太发育，因此具有一定的气候指示意义。大型侵蚀沟长度大、汇水面积大、洪流流深、搬运能力强，且其沟口一般位于出山口的位置，这些特征使沟口处的洪流堆积可以在更大范围、更长路径上发生，形成规模更大的堆积体。由于大型侵蚀沟沟口处的堆积地貌平面上由沟口向山前以近于扇形的形态展布，所以一般把这种地貌称为洪积扇。洪积扇的规模差异较大，但都远大于冲出锥，一般都在几十平方千米以上。

洪积扇形成过程中，洪流的路径长、展布面大，因此洪积物有一定的分选和磨圆，这也导致了洪积扇可在岩性和地貌上进行分带（图 3-8）。

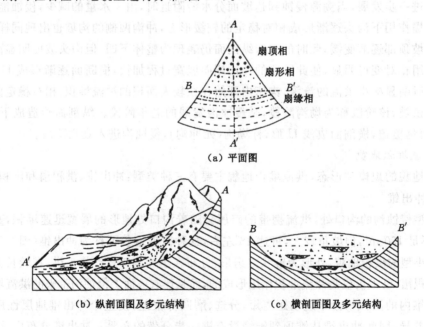

（a）平面图

（b）纵剖面图及多元结构　　　（c）横剖面图及多元结构

图 3-8　洪积扇的岩相分带及多元结构

洪积扇从扇顶到扇缘的地形剖面一般呈下凹曲线。洪积扇的顶部位于出山口处,该位置洪流的搬运能力突然减弱,但大量能悬移的颗粒难以沉积,大块的砾石可迅速沉积下来,这类碎屑的天然休止角大,在洪流堆积作用下可形成较陡的坡面,因此洪积扇的扇顶相堆积的是较粗大砾石为主的地层,其坡面较陡,可达10°以上,且扇顶相的洪积物可与坡面崩塌形成的崩积物及片流形成的坡积物相互穿插叠加。

从扇顶到扇缘,洪流的散布面积进一步增大,流深更加迅速地减小,搬运能力进一步减弱,按距离洪流出山口的距离远近,颗粒出现比较明显的大小分选。扇顶与扇缘之间的扇中部位,地面坡度明显小于扇顶坡度,一般在5°~10°。扇中是洪积扇的主体,整个洪积扇的地貌特点是由扇中的地貌特点决定的,因此扇中堆积相也称扇形相。洪流在扇中部位虽展开面积大,流面的不均匀性可以使扇形面在横向上有起伏,后期较小规模洪流容易在低洼处形成小型沟谷,历次洪流在扇面上的小型沟谷极不稳定,往往表现为干涸的辫状沟谷。小型沟槽内的沉积物的沉积动力一般较扇中相的整体沉积动力更大,因此槽内堆积物一般较粗。由于其搬运距离更长、磨光磨圆更好,且容易出现扁平面倾向上游的叠瓦状排列,因此这些小沟槽沉积导致洪积扇剖面上扇中相表现为较粗砾、砂的透镜体发育较多。扇中相洪积物的总厚度大,颗粒相对较粗,是地下水的主要赋存部位。

洪流到达扇缘位置,其流深减到最小,携带的细颗粒也产生堆积,地形上坡度进一步减缓,一般都在5°以下。扇中部位表面存在的细小沟槽到达扇缘时,逐渐变浅变细,因此扇缘相仍可能分布少量的砂质透镜体。总体上,扇缘堆积物为黏土和砂质黏土,这导致扇缘相透水能力差,扇中丰富的地下水径流至扇缘时,易于从地表溢出成泉,使扇缘相植被易于生长,甚至形成积水沼泽。有时洪积扇前缘发育河流,可使洪积物与河流冲积物形成交叉叠加堆积。干旱地区大型洪积扇的扇缘位置通常都是村镇遍布、人口密集的地区。

（3）洪积平原

如果大型山脉前多个大型侵蚀沟沟口的洪积扇互相连接,形成在山前面积达几百甚至上千平方千米的较平缓的倾斜地貌,可称为山前洪积平原。洪积平原的表面起伏不平,在洪积扇的轴部相对凸起,而在两个洪积扇之间比较低洼,称为扇间洼地,有时会积水形成沼泽,在干旱环境下则容易导致盐渍化的发生。

第四节　泥　石　流

一、泥石流的概念

不管是坡面片流还是沟谷洪流,其侵蚀携带泥沙碎屑的能力都随流深、流速的增加而增强,当这些洪流携带的碎屑物质很多时,其密度已经明显大于清水的密度,在流动过程中其侵蚀作用、搬运作用、堆积作用也与洪流产生了明显的区别。由于碎屑含量高,侵蚀能力远远强于清水,即使是巨大的石块,也有可能被搬运很远的距离,当这种洪流到达堆积区后,被淹没位置即使在洪水退去时仍会堆积大量碎屑,甚至会阻断河流。这类洪流虽然动力强,但一般作用过程短、危害范围有限,是一种泥沙、石块含量较高的洪流,称为泥石流。

泥石流是山地沟谷中含有大量松散碎屑的洪流,它常在暴雨或融雪时突然爆发,运动速度很快,历时短暂,在泥石流沟的源头常有滑坡或崩塌,在下游出山口堆积成泥石流堆积扇。

根据泥石流固体物质含量、诱发因素和流体性质可划分为多种不同类型。根据泥石流固体物质的质地和含量可划分为泥流、泥石流、水石流;根据泥石流形成的诱发因素可以划分为降雨型泥石流、融雪型泥石流、暴雨和融雪混合型泥石流、溃决型泥石流和地震型泥石流;根据泥石流流体性质划分为稀性泥石流、黏性泥石流和过渡性泥石流。

二、泥石流的发育

泥石流的发育包括形成、流动、堆积三个基本过程,典型泥石流沟包含形成区、流通区和堆积区(图3-9)。

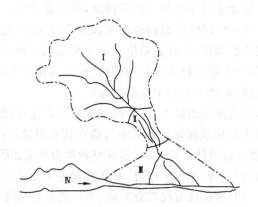

Ⅰ—形成区;Ⅱ—流通区;Ⅲ—堆积区;Ⅳ—湖泊。

图 3-9　典型泥石流流域示意图

1. 泥石流的形成

泥石流是碎屑含量很高的特殊洪流,因此丰富的碎屑物质是其最基本的条件。在构造发育的山区,新构造运动使岩层破碎,崩塌、滑坡等规模大、数量多、频率高,可提供丰富的松散碎屑产物。结构疏松、节理发育的岩(土)体,抗风化能力弱,易于形成较厚的风化壳,也可提供大量松散碎屑。

松散碎屑在干燥条件下,受重力影响可形成崩塌,但在坡度变缓后,崩塌基本停止。当大量的水分与碎屑物质充分混合后,在松散碎屑中的水不能及时排出,迅速增加土体重量,使其与下垫面之间的摩擦减小,从而使碎屑堆积产生新的运动。因此短时、大量的补给水是泥石流形成的另一个必要条件。强度较大的暴雨、冰雪的强烈消融、高山湖泊或水库等的突然溃决等,均可提供短时间内的大量补给水源。

饱水的松散碎屑在重力驱动下运动,因此地形上的陡峭坡度是促使这一运动的另一必要条件。泥石流沟上游形成区的地形多为三面环山、一面出口的瓢状或漏斗状,地形比较开阔,周围山高坡陡,地形便于水和碎屑物质的集中。中游流通区的地形多为狭窄陡深的峡谷,沟床纵坡坡度大,使泥石流得以迅猛直泄。下游堆积区的地形多为开阔、平坦的山前平原或河谷阶地,便于碎屑物质的堆积。

上述三种基本条件缺一不可,只有三种条件同时具备,才有可能产生泥石流。

2. 泥石流的流动

在上述基本形成条件的作用下,饱水碎屑物质受重力作用开始流动。受碎屑物质来源的影响,颗粒粗细程度差异较大。在黄土区、红土区,松散碎屑主要是细颗粒,在饱水启动后,流体具有非牛顿流体的特征。这类泥石流流体含大量黏性土,黏性大,固体物质约占40%～60%,最高达80%。水不是搬运介质而是组成物质,石块呈悬浮状态,一般称其为黏性泥石流。在主要由岩质崩塌、滑坡风化壳组成的松散碎屑区,颗粒粗大,细颗粒含量较少,碎屑饱水启动后细颗粒往往起到润滑沟床的作用,泥石流流体是典型的固液两相牛顿流。水为主要成分,黏性土含量少,固体物质约占10%～40%,有很大的分散性,水是搬运介质,石块以滚动或跳跃方式向前推进,一般称其为稀性泥石流。

黏性泥石流的固体成分中,小于 2 mm 的颗粒粒径可以占到高达 98%,且粒度均匀。稀性泥石流固体成分中,主要为大于 2 mm 的粗颗粒,且粒度很不均匀。因此,黏性泥石流的流动主要以非牛顿剪切流的形式发生,其饱和重度较大,可达 1.6 t/m³ 以上。稀性泥石流的流动则是依靠其中的细颗粒在沟槽或坡面上先行产生薄层堆积并润滑,粗大颗粒与沟床或坡面之间的摩擦系数减小才能发生流动,其流体密度一般为 1.3～1.6 t/m³。稀性泥石流启动较黏性泥石流更为困难,因此黏性泥石流区一般在较缓的坡度下即可产生流动,稀性泥石流区则至少要 10% 以上的坡度才可能发生。

黏性泥石流呈伪一相层状流,有时呈整体运动,无垂直交换,浆体浓稠,浮托力大,流体具有明显的铺床减阻作用和阵型运动,流体直进性强,弯道爬高明显,浆体与石块掺混好,石块无易出、易纳特性,沿程冲、淤变化小,黏附性能好,沿流程有残留物,石块呈悬浮状态。稀性泥石流紊动强烈,固液两相做不等速运动,有垂直交换,有股流和散流现象,泥石流体中固体物质易出、易纳,表现为冲、淤变化大,无泥浆残留现象,石块以滚动或跳跃方式向前推进。

在泥石流沟谷的中游段,两侧谷坡陡峭,流动过程的下蚀作用远大于侧蚀作用,使沟谷断面一般呈明显的 V 形。在沟壁上有时可见明显的泥石流流体冲击、摩擦而形成的痕迹。但中游流通区在地层由软硬相间岩层组成时,可形成宽窄相间的、平面形状类似"糖葫芦"的沟谷,一般是硬岩限制了泥石流的下蚀速度,导致其上的软岩产生的侧向侵蚀大于下蚀,从而在软岩段展宽,硬岩段形成陡坎或跌水。

3. 泥石流的堆积

当碎屑物质主要位于较陡坡面上,且坡前沟槽不明显发育时,泥石流活动范围一般只局限在坡面和坡前较小的范围,斜坡面上可在多个部位产生浅层松散碎屑沿下伏不透水界面的下滑流动,在坡面上可呈现梳形流场,并在坡前形成小型的类似坡积裙的堆积。这类坡面泥石流产生的堆积物,在条件发生改变时可以成为后续沟谷泥石流的松散物质源。当坡前沟槽发育明显、坡前堆积难以稳定存在、流域汇水面积足够时,沟槽内可产生沟谷型泥石流。沟谷型泥石流有明显的形成区、流通区和堆积区,松散碎屑比坡面型泥石流运动距离更长、破坏性更大,对流经处的沟床造成严重的竖向和侧向侵蚀,引起流经沟床两岸的塌岸。其堆积体也可以到达更远的下游地段,在流动过程中一般有更多的碎屑物质参与,堆积体规模更大。

泥石流的堆积主要发生在下游出山口处,这里是泥石流的停积场所。由于泥石流的性质不同,它的作用也不同。一般来说,黏性层流泥石流的停积场所以淤积为主,也有一些冲刷;稀性紊流泥石流出山后,则以冲刷为主。不同性质泥石流的地貌特征和堆积物结构也有差异。黏性泥石流堆积物呈无分选泥砾混杂堆积,平面上呈舌状,仍能保留流动时的结构特征,沉积物内部无明显层理,但剖面上可明显分辨不同场次泥石流的沉积层面,沉积物内部有气泡,有时可见泥球,沉积物渗水性弱,泥石流过后易干涸。稀性泥石流堆积物有一定分选性,平面上呈龙头状堆积和侧堤式条带状堆积,沉积物以粗粒物质为主,在弯道处可见典型的泥石流"凹岸淤、凸岸冲"现象。

三、泥石流地貌

泥石流沟流域,上游以侵蚀为主,中游以搬运为主,下游以堆积为主。

1. 上游流域

泥石流的沟谷源头和上游是泥石流固体物质的供给地,也是水流汇集的区域。斜坡上的大量风化碎屑或其他成因的松散堆积物,很容易被冲刷到沟谷中,被沟谷中的流水搬运到下游。上游的沟谷泥石流侵蚀速度很快,如云南东川蒋家沟上游沟谷每年平均蚀深 2~3 m,最大可达 8 m;西藏古乡沟上游发育在古冰碛层中的泥石流,仅十年时间上游沟谷溯源就推进了 500 m 以上,下切深度达 140~180 m。

2. 中游流域

泥石流通过的沟谷中游段一般是峡谷,峡谷谷床顺直,谷壁陡而平滑,其上常有被泥石流磨蚀的磨光面和撞击的条痕,有时还保留着泥石流发生时的泥痕。在黏性泥石流中,接近沟床底部的泥浆均匀地附在沟床上,而原先粗糙的沟床变得平滑。例如,峡谷的岩性软硬不同,则谷型呈现宽窄相间、弯曲多折,并有跌水发育,在窄口或弯道的谷坡上,残留有少量的泥石流物质。

3. 下游流域

泥石流的下游流域主要以堆积地貌为主,其主要类型主要有四类:沟谷堆积体、舌状堆积体、锥形堆积体和扇形堆积体。

(1) 沟谷堆积体

沟谷堆积体主要指泥石流沟道内所堆积的砾石体,如泥石流心滩、泥石流堤及沟床堆积等。现代泥石流主沟道内巨大砾石组成的心滩,有的长数十米、宽十余米、高不足 10 m,滩体上游部分巨砾的长轴与扁平面倾向基本一致,倾向心滩两侧的沟道上游,下游部分巨砾则主要倾向下游;有时沟床内泥石流体呈长条状分布,多发育在沟侧,长度大的可达百米,为泥石流侧脊堤堆积。由于高速流动的泥石流沿沟床停积,砾石长轴与扁平面较一致并倾向上游,长轴以小于 45°的角度与主流线相交,呈线条形排列;当巨大砾石阻塞了狭窄的沟道,原主沟道分流或改道,则沿巨砾下游的新沟道一侧极易形成次一级粒径的砾石叠瓦组构,扁平面倾向下游。

(2) 舌状堆积体

在一些现代黏性泥石流分布区,暴雨后往往见到从山谷支沟里一股股泥石流舌状体堆在沟口,有的直接停积于山麓沟口,或者叠置于大扇形体的上方。舌状堆积体规模不一,面积约数十平方米至数百平方米,但其形体边界十分明显,与下伏地面交角多大于 40°。舌状堆积体上有围绕主流方向、向下游凸出的多级弧形阶梯及陡坎。陡坎两侧向上游收敛,阶梯相对高度与阶梯面中部的宽度向下游逐级增大。舌状堆积体上较大的砾石多集中分布于每个弧形阶梯边缘,各阶梯的中后缘颗粒变小,以弧形舌前端的粒径最大。这说明在泥石流运动中,大粒径的砾石被浆体托浮、推移至最前部,舌状堆积体的阶梯是逐次推移而成的。砾石长轴在弧形两侧多近于平行流向,并倾向上游,但倾角较小。向弧形中部,砾石长轴与流向的交角逐渐增大,至中部以与流向垂直者为多,但亦有长轴与扁平面倾向上游、倾角近于90°的。这与舌状堆积体前部泥石流速度快、砾石受到推挤作用有关,致使砾石呈高角度翘起。砾石扁平面多数倾向上游,从两侧至中部,扁平面倾向与流向的夹角由小变大,中部砾石扁平面与流向近于垂直。

（3）锥形堆积体

在山区陡坡段(坡度大于30°)的坡面上方,由于有大量松散物质存在,当暴雨来临时将其沿坡面沟道冲刷至坡麓,形成泥石流锥形体。锥体面积一般不超过数十平方米,锥面纵坡度大于20°,其上弧形阶梯不十分明显,锥体与下伏面交角较小。锥边呈扇形,砾石于锥形两侧分别沿坡倾向下游。

（4）扇形堆积体

较大规模的泥石流爆发时,大量碎屑物质沿较长的河谷至出山口后,由于坡面开阔、平缓,往往形成扇形堆积体。扇形体有的堆积于河流阶地面上,也有的堆积于老扇形体上,有的出露于江河面上,也有的沉溺于江河面下。扇形体的纵横剖面均为凸形,中上部坡面较陡峭(有时大于10°),边缘十分平缓,一般只有几度。扇面轴部常发育有主沟道,泥石流爆发凶猛,流体溢出沟道流向低平处。这样长期加积,加上沟道迁移,逐渐形成山前的泥石流扇形体。当泥石流溢出沟道两侧时,形成沟道两岸的泥石流侧脊堤。侧堤溃决,堤外堆积成泥石流决口扇。泥石流扇形体常沿江河两岸山麓地带分布。此外,即使是同一山口,也有不同高度、宽度的扇形地多级分布,反映了不同时代的泥石流堆积。

第五节　河流地貌与沉积物

河流是指具有固定水道的常年性线状流水,水沿着一定的路径流动,最后流入海洋或封闭的内陆湖泊。河流接受大气降水、地下水以及冰雪融水补给,常年保持一定的水流量。河流的水量是经常变化的,它直接受到流域降水状况的影响。如果大气降水充足,水源较为稳定,河流中的水量就大,在雨季或冰雪融化的时候,很可能造成洪水横溢,但在水源枯竭时,有些河流也会出现无水断流的情况,形成间歇性河流。

河流的水流在流动过程中对河床和两岸进行侵蚀,形成各种河谷地貌,被侵蚀的物质沿河谷向下游搬运并堆积,形成河漫滩、冲积扇和三角洲等堆积地貌。由河流作用形成的地貌,称为河流地貌。

一般情况下,把河流沉积物称为冲积物。从上游到下游,从河床到河漫滩,河流的沉积环境差别很大,形成的冲积物特征也不同,所以冲积物依据沉积环境的不同可划为多种类型。冲积物的岩性特征是野外辨别冲积物的重要特征,也是恢复古河流特征的重要信息。从山区河流到平原河流、从河床到泛滥平原,沉积环境会发生很大变化,形成的冲积物特征也各不相同,但是某些共性的、具有标志性的特征可以作为冲积物鉴定的标志。

河流的流水作用决定了河流地貌类型和冲积物特征,其中横向环流对河流的侵蚀、搬运和堆积有决定性的影响。横向环流指河流局部水流方向与整体水流方向成大角度交角的环流,其根本成因是河流横断面上向下游的流速大小存在差异导致的,根据造成流速差异的原因不同,横向环流包含单向环流和双向环流两种基本类型(图3-10)。

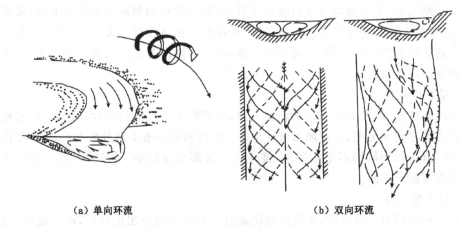

(a) 单向环流　　　　　　　　　(b) 双向环流

图 3-10　河流的横向环流

弯曲河道易于表现为单向环流,主要是由弯道水流离心力的影响所致。在弯道不同部位的水面流速不一致,靠近凹岸处流速大,凸岸处流速小,因而在弯道靠近河面水流则由凸岸流向凹岸,凹岸水流沿河床底部向凸部排挤,以维持水流的连续性,这样才使整个河床内的水流构成连续螺旋状前进的横向环流系统。

顺直或微弯河道双向环流更易表现出来。河床横断面上,两侧受河床和两岸阻力影响流速小,中部流速大。洪水期上游来水充足,水流会集中在流速较大的中部,水面呈上凸形,表层水流从河床中部流向两岸并构成连续螺旋状前进的两个横向环流系统。这种类型的横向环流系统可以掏蚀两岸,在河床中部发生堆积。枯水期,上游来水不足,中部比两侧流失速度更快,水面呈现向下凹形,两岸表层水流流向河床中部,构成表层汇聚、底部辐散的双向环流。这种环流能够进一步侵蚀河床中部,在两岸形成浅滩堆积。

一、河谷与河床

河谷是河水沿着地表流动的线状谷底,是河流以其本身的动力和挟带的砂石侵蚀地表形成的。河谷的形态众多,从河谷的横剖面来看,可分为谷底和谷坡两个部分。谷底包括河床和河漫滩,谷坡是河谷两侧的岸坡,常有阶地发育。谷坡和谷底的交界处称为谷坡麓,谷坡与原始山坡或地面的交界处称为谷肩或谷缘。从河流的纵剖面来看,上游河谷狭窄,多瀑布;中游河谷较宽,发育河漫滩和阶地;下游河床坡度较小,河谷宽浅,多形成曲流和汊河,河口段形成三角洲和三角湾。

各不相同的地区和河段的河谷形态有很大差别。在横剖面上,河谷的形态从上游到下游总体而言由 V 形向碟形发展。在河谷的深度上,从上游到下游的变化是由浅到深再到浅。在纵剖面上,从上游到下游谷底的纵比降由大到小。

1. 河谷的发展阶段

河谷是河流长期侵蚀陆地表面带来的结果,自然界的河谷是随着河水对谷底的侵蚀作用,由浅至深、由短到长、由窄到宽逐渐发展而来的。由于河流的侵蚀作用具有不同的特性,在不同的发展阶段所形成的河谷形态也不同,根据河谷的形态特征,可将河谷分为 V 形谷、河漫滩型河谷、成型河谷(图 3-11)。

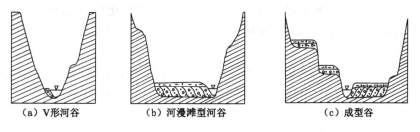

（a）V形河谷　　　（b）河漫滩型河谷　　　（c）成型谷

图 3-11　河谷的发展阶段

（1）V 形河谷

V 形河谷是一种河流发育早期的形态。在河流发育初期或上游,河流的下蚀作用比侧蚀作用强,河床快速下切,导致河谷的加深速度大于其侧扩速度,形成窄深、谷坡陡直的河谷,即 V 形河谷。其横断面呈 V 形,河床纵比降大,岩槛和瀑布发育,水流湍急。V 形河谷根据其不同的发育阶段可分为隘谷、障谷和峡谷(图 3-12)。隘谷是 V 形河谷发育的最初期,谷坡陡直或近于直立,河谷非常窄,谷宽与谷底相近,河床占据了整个谷底。这种河谷形成于新构造运动强烈隆升区。障谷是在隘谷的基础上发展而来的,谷坡还是较为陡直,但谷底略有拓宽,出现窄小的砾石滩或小的基岩台地,也形成于新构造运动强烈隆升区。峡谷是障谷进一步发展而形成的,峡谷与隘谷和障谷的区别是谷底出现了稳定的砾石滩和岩滩,谷坡上发育侵蚀阶地,谷坡坡度变小,横剖面为典型的 V 形,峡谷主要发育在新构造运动比较强烈的地方。

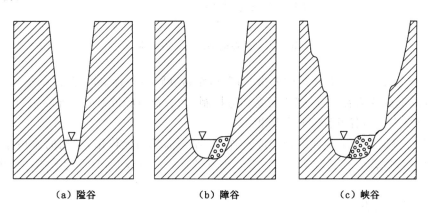

（a）隘谷　　　　（b）障谷　　　　（c）峡谷

图 3-12　V 形河谷发育过程

（2）河漫滩型河谷

新构造运动经历一段时间的稳定,在河流的侧蚀作用下,谷底逐渐变宽,并形成宽阔稳定的河漫滩,同时向源侵蚀作用使河床中的岩槛减少或降低,纵比降也变小,这就形成了河漫滩型河谷。在这一阶段,谷坡变缓,山岭降低,如果是在河流的下游,分水岭则成为低矮的岗丘。

（3）成型河谷

河谷进入第三个发育阶段是在河漫滩型河谷形成之后。由于种种原因,侵蚀基准面下降,河流的下蚀作用变强,河床下切,前期形成的河漫滩被相对抬升至谷坡成为阶地,这样就形成了成型河谷。之后会发生多次的构造稳定和上升阶段的交替,河漫滩不断转换成阶地,形成具有多级阶地的成型河谷。成型河谷是河流中下游常见的河谷形态。

2. 河谷成因的类型

影响河谷形成的主要因素是水流的侵蚀,同时一些其他的因素也会对河谷的形成有一定的影响,根据河谷成因类型可以将河谷分为侵蚀谷、构造谷和多成因谷。

(1)侵蚀谷是凭借河流自身的侵蚀作用,不受构造、地形等因素的影响而形成的。当组成河谷的岩性有软硬差异时,其河谷形态会发生变化(图 3-13)。如果软硬相同的岩层是水平的,那么河谷的横剖面是陡崖与平台相间的;如果岩层是倾斜的,那么沿河谷纵向是宽窄相间的,一般在软岩性区,谷宽、河床坡度缓、河道弯曲,而在硬岩性区,谷窄、河床坡度陡、河道直。

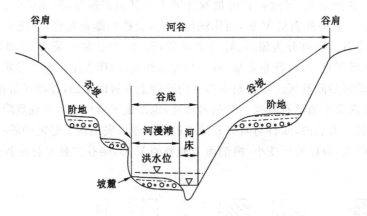

图 3-13 河谷横剖面及河谷要素

(2)构造谷是河流沿着构造软弱带(节理密集带、断层带、背斜轴部)或构造洼地(向斜、地堑等)侵蚀形成的河谷,其形态明显受构造控制,如沿着断层带形成窄深的谷地。实际上,自然环境中很多的河谷发育都和断层相关。

(3)有些谷地经历了多种外力的改造作用,如先前的河流作用,后期的冰川作用,再后来的风力作用,这就形成了多成因谷。多成因谷的形态比较复杂,且保存有不同成因的谷底形态。

3. 河床及其类型

河流改造河谷是从河床开始的,通过河床的下切和水平迁移,河谷的形态发生变化。在不同的地区或同一河流的不同段,河床的形态、地貌特点、河床的纵剖面等方面都不相同,反映了河床形成的影响因素及河床发展阶段的差异。

(1)河床的平面形态

河床的分类主要根据河床的平面形态和弯曲度。

河床的弯曲度(S)为:S=河床长度(l)/河谷长度(L)。该值越大,河床越弯曲;该值越小(最小值为 1),河床则越直。根据该值把河床分为顺直河床、弯曲河床、汊河型河床和游荡型河床。

① 顺直河床的弯曲度小于 1.5,河床沿岸平直,两侧的边滩犬牙交错。在平水期,浅滩和深槽相间出现,沿河两相邻浅滩间距离约为河宽的 10 倍。这类河床一般发育于河流的中上游。

② 弯曲河床也称为曲流,河床的弯曲度大于 1.5,弯段与直段相间,任意两相邻浅滩间的距离为河宽的 5～7 倍。这类河床主要发育在河流的中下游地区。曲流可分为自由曲流和深切曲流(图 3-14)。自由曲流形成于构造运动稳定或下沉区的宽广冲积平原,在河流的侧蚀作用下,河流不受河谷的约束,能较自由地迂回摆动,可以形成极度弯曲的形态。深切曲流形成于构造运动的抬升区,可以分为嵌入曲流和内生曲流。嵌入曲流是在地壳强烈上升时,曲流保持圆形切入基岩形成的,而内生曲流是在曲流下切过程中还进行侧蚀,曲流更加弯曲,曲流颈变得越来越窄,在洪水期水流冲断曲流颈而裁弯取直,被废弃的曲流环绕的孤立小丘称为离堆山。

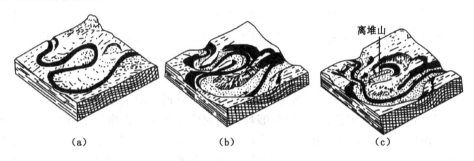

图 3-14 自由曲流和深切曲流

③ 汉河型河床(图 3-15)宽窄变化大,窄处只有单一的水槽,而宽段水槽中发育有沙洲或心滩,使河床分汊,有分两支、三支或更多,称为汉河型河床。沙洲和心滩形成后,河道分汊,弯曲度加大,过水横断面减小,流速加快,河流对河岸的侵蚀作用加强,可造成塌岸等地质灾害,尤其在洪水季节,还可发生洪泛。这类河床多发育在河谷由窄变宽的河段,或是流出山口进入平原区处。

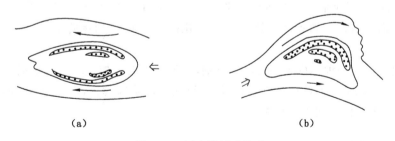

图 3-15 河床纵剖面类型

④ 游荡型河床(图 3-16)是危及人类生命财产安全最严重的一种河床。河宽水浅,却没有明显的深槽和浅滩,沙洲和心滩变化快,河道非常不稳定,所以称为游荡型河床。这种河床与河漫滩和阶地高差不大,甚至由于淤积高出河边地而成为地上悬河。在平水期,众多沙滩裸露,水道密集交织成网,甚至没有明显的主河道。在洪水期,汪洋一片,甚至溢出河床造成洪水泛滥,导致严重灾害。这种河床多发育在平原区,上游来沙量比较丰富,淤积速度比

较快,比如我国黄河的不少河段就属于这种类型。

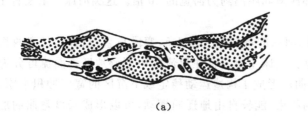

图 3-16 游荡型河床示意图

各种类型河床的发育受岩性、地貌、地质构造等因素的影响,如在坚硬岩石构成的山区多发育顺直型河床和弯曲河床,而在由第四系松散沉积物构成的平原区,汉河型河床和游荡型河床是主要类型。就一条河流而言,上游多为顺直河床和弯曲河床,而下游的汉河型河床和游荡型河床发育。实际上,一条河流是由多种不同类型的河段连接而成的,其连接点称为节头。

(2)河床的纵剖面

河床纵剖面,亦称为河谷纵剖面,是从河流的源头到河口沿主流线所作的剖面。取横坐标为水平距离,纵坐标为海拔高程,把足够数量的河床底部高程投影到坐标系中就可以得到一幅河床纵剖面图。由于河流出口与源头的海拔高差远小于河长,因此河床纵剖面的横坐标和纵坐标可取不同的比例尺。河床纵剖面的形态能反映河流的发育特点。通常情况下,小河的简单,大河的较为复杂,尤其是穿过不同大地构造单元的河流就更加复杂,凹凸起伏比较大,可以形成多个台阶。根据总体特征的不同,河床纵剖面可以分为凹形、凹-凸型和不规则形(图 3-17)。

① 凹形纵剖面是河床纵剖面发育的最终形态,即河流的平衡剖面。如果构造运动稳定,河口侵蚀基准面不变,在河流的侵蚀作用下,河床上的岩槛和裂点消失,上游河床变陡,下游变平缓,形成下凹光滑的抛物线形,这时河流的侵蚀和沉积达到平衡。

② 凹-凸形纵剖面是从凹形演化而来的。当达到了或接近凹形河床纵剖面后,由于河口侵蚀基准面的下降,导致近河口处的下蚀作用最先加强,使河床降低,河床纵剖面出现了凹-凸形。

③ 不规则形是一种不稳定型的河床纵剖面,河床上有岩槛、裂点等,是正在发展中的河流。由于河口侵蚀基准面的周期性变化、河床纵向上地质构造和岩性的差异等,自然环境中大多数河流的纵剖面都属于这种类型。

二、山地河流地貌

在山地和丘陵地带,山间河谷的形态主要由地质因素决定。河流的走向主要受构造线所制约。由于复杂的地质构造和坚硬岩层的影响,河床的演变不是单纯的由水流和泥沙因素所控制。变化复杂的河谷地形使水内环流不断受到破坏和干扰,增加了紊流和涡流的作用。甚至在一些情况下,环流几乎完全解体,形成一种沿着河床迅速变化的极端复杂的紊流和涡流体系。

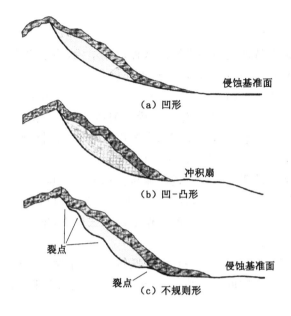

图 3-17 河床纵剖面类型

1. 山地河谷的形态特征

(1) 宽谷和峡谷

宽谷和峡谷沿河交替分布,是山间河谷形态的主要特征之一。在岩性比较坚硬的河段一般形成峡谷,河谷紧束,边坡陡峭,谷内的河漫滩和阶地堆积不发育,甚至河床堆积物也不多。在岩性比较松软的河段则往往发育较开阔的宽谷,有河漫滩和阶地分布。另外,新构造运动上升强烈的地区常形成峡谷;反之,穿过向斜、地堑等构造就会形成宽谷。如果上升具有间歇性,在宽谷内也可形成多层阶地,峡谷内常常也可产生与阶地相对应的谷肩。

(2) 不对称河谷

山区的不对称河谷主要是由于地质因素所控制的。如果河谷一侧的岩性较坚硬,另一侧较松软,由于侵蚀差异,河谷易于向松软岩岸冲刷扩展,将形成不对称河谷。如果河流沿断层线或褶皱构造流动,接近断层上升盘或背斜的一侧将形成陡岸,接近下降盘或向斜的一侧形成缓岸,使河谷形态不对称。发育在单斜岩层地区的河流,也可以造成不对称河谷的形成。

2. 深切曲流

深切曲流具有蜿蜒曲折的河曲形式,是新构造运动上升的证据。深切曲流切穿曲流颈以后,可造成离堆山和废弃河曲。如果河流继续下切,使得废河床日益抬升,则称为高位废弃河曲。深切曲流在发展中,侧蚀与下切常紧密结合进行。因此,由于其侧蚀移动而生成的边滩,往往可以随着河床下切而成为阶地,称为曲流阶地。曲流阶地在两岸分布不对称、形状不规则、高度不相等,同一级阶地沿河延伸不远,只生成在局部地段。

深切曲流的发育可分两个阶段。首先是自由曲流发育阶段,在地面形成蜿蜒曲折的河谷,之后因为地壳抬升,河流沿着原来的河床下切,使原生的曲流形态嵌入基岩之中,便发展成为深切曲流。所以,深切曲流反映新构造运动从下降或相对稳定转化为大面积上升的发展特征。

3. 山地河床地貌

山地河床地形的最大特征是不平整性。这种地貌单元,除了水力学成因的深槽和浅滩外,还到处分布着岩槛、石滩与壶穴,使河底显得起伏不平。

深槽与浅滩是河床中常见的一种地貌,两者相间出现。深槽多发于河床的凹岸,水流缓慢,河床底部基岩裸露,水深不一,与河流的规模和河段有关,几米到几十米不等;浅滩多发育于河湾之间的直段,水流浅而急,河床底部多沉积砾石。在深槽处,常有单向环流的作用,不断地将河床物质侵蚀搬运走,是建造码头的良好地形。

岩槛是横卧于河床上的坚硬岩石经过河流侵蚀而成的陡坎。岩槛可被水淹没,也可露出水面,形成水流湍急的险滩。如果岩槛的高差大于水深,就可形成瀑布,河水直冲岩槛底部形成深塘,同时部分河水向后旋转冲蚀岩槛下部形成壁龛,壁龛的扩大导致岩槛上部崩塌,使岩槛向上游移动,最终消失。

壶穴是发育在河床底部基岩上的一种下凹圆坑,是河水携带砂砾在垂直涡流的作用下不断磨蚀床底而形成的。壶穴的直径为 $1\sim7\ \text{m}$,深 $1\ \text{m}$ 至几十米。在河湾和深槽处,壶穴比较发育。

边滩又称点坝或滨河床浅滩,主要发育在河流的凸岸,是河床中最常见的一种地貌。在河流单向环流的作用下,砂砾在河床的凸岸发生堆积,慢慢扩大形成边滩。边滩的规模一般不大,略微高出河流的平水位,主要由砂、砾构成,黏土类沉积很少。在洪水期,在河床的边上形成一道沙堤,随着洪水期与平水期的交替和河湾向下游的移动,在凸岸形成一系列的向下游收敛、向上游撒开的弓形沙堤,形如"帚状",称为迂回扇。在平直的河床中,通过双向环流也可形成边滩。

心滩是形成于河床中被河道包围的砂质或砂砾堆积体,在枯水期露出水面,在洪水期可以被淹没。心滩的形成原因有两种,一种是由双向环流沉积而成,另一种是由于河床宽度的变化(由窄变宽)形成。心滩形成后,位于河水面以下,并在洪水期可缓慢向下游移动。当心滩增大和加高,并长期露出水面,即使在洪水期也不能淹没,就形成了江心洲。江心洲出现之后,河流分汊,河流对两岸的侵蚀作用加强,可能会造成塌岸等现象。

三、平原河流地貌

平原往往为新构造运动下沉的地区。平原地区河流多以堆积作用为主,河流在其自身堆积的松散冲积层中发育,水流得以自由摆动以塑成适应其水力和泥沙条件的河床形态。因此,较少生成干扰性的紊流和涡流,河水基本上以正常的环流方式向下游做螺旋形的运行,由此而产生的地貌形态和沉积物也有规律地分布,水力和泥沙条件是控制河床演变的主要因素。

在冲积平原上,河床演变过程十分迅速,往往经过一次汛期甚至在几天之内河形就有很大的变化。这种变化对生产建设的影响极其明显,具有更直接和更现实的意义。不同河型的演变规律不同,对生产建设的影响也不同。依据河流的平面形态和演变形式,可以划分为弯曲型、微弯型、游荡型和汊道型四个基本类型。同一条河流的上下游各段可以是由多种不同类型的河流所组成。

1. 弯曲型河流地貌

（1）冲积物和二元结构

河谷塑造的同时也形成了冲积物，冲积物的堆积过程与河谷塑造过程是不可分割的，在这一过程中，横向环流起到了巨大的作用。

在弯曲段，表层含沙未饱和的水流在离心力的影响下向凹岸集中，对边岸冲刷，掏蚀岸壁的下部，使其不断崩塌后退，从而不断增加底层水流的含沙量，水流横向沿河底流动至凸岸，并携带泥沙在河底和凸岸沉积，形成水下浅滩。这些堆积物都生成在河床环境内，均属冲积物的河床相，由粗粒的推移质所构成。

随着河谷的继续延伸与加宽，凸岸边缘的水下浅滩逐渐在平水期露出水面成为河漫滩。洪水期在河漫滩上的水深和流速都比较小，再加上植被的影响，更加降低了洪水的流速，较细的悬移质就有可能沉积下来，开始形成河漫滩相的冲积物，覆盖在粗粒的河床相冲积物的上面，形成冲积物的二元结构。二元结构是在洪水期和平水期有规律的交替作用下水内横向环流的产物，是冲积物区别于其他成因堆积物的主要标志之一。

（2）水下沙坡

挟沙底流在运动时，水流流速具有脉动现象。脉动式推移的结果便会产生垂直水流方向的波浪式堆积物，称为沙坡。这些堆积物具有规律性的斜层理。斜层理与沙坡的陡坡均倾向下游，上部颗粒细、下部颗粒粗，倾角一般在 30°左右。沙坡的规模不一，常见的沙坡坡高和坡长仅数十厘米，巨大的可高达几十厘米至数米不等，且其上有次一级的小沙坡生成，称为水下沙脊。河床的形态与水下沙脊的形态形成有密切的关系，如在窄深河床中出现平行带状沙脊；宽浅河床中出现新月形沙脊；介于二者之间的河床中常出现犬牙交错状沙脊等。

（3）河漫滩和自然堤

河漫滩（图 3-18）在枯水期出露水面，洪水期则在水面以下，滩面缓倾向河床，因此洪水期河漫滩上的水流流速有由河床向谷坡方向递减的趋势，冲积物的粒径向着谷坡的距离越近越细小。当河床逐渐远离河漫滩时，河漫滩堆积较细的物质，并可能出现正常发育的土壤。当河床移近河漫滩，即堆积粗粒物质，且可能造成土壤的埋藏。

自然堤是洪水溢出河床在两岸淤积生成的垅状地形，多发生在多沙性河流下游的冲积平原上。当洪水溢出河床，由于流速减缓，大量泥沙迅速沉积，便可生成沿河分布、向外微倾斜的自然堤。其上生长植物以后，增加了地面的粗糙率，在后期洪水泛滥时更有利于悬移质沉积，使自然堤逐日增高。

在弯曲河段，由于横向环流加强，洪水期水流可将水底沙脊推移向凸岸河漫滩边沿，生成类似自然堤的弧形沙堤。当河床侧向移动、凸岸不断延伸时，多条弧形沙堤常成组呈扇形散开，称为迂回扇。在河心沙洲的头部和两侧，也能生成类似的沙堤。

（4）顺直段地貌

影响河床冲积物与地貌发育的水内环流，在顺直段与弯曲段有很大的不同，顺直段的洪水期表面流速向两岸分散，平水期则向河心主流线集中。在洪水期，中央主流线的流速和过水流量都较大，造成了断面的水面平凸，使表流流向两岸。含沙量较小的表流遇岸壁下折，进行侵蚀，使两岸崩塌，通过底流把泥沙冲带到河心。最后，河心含沙量较大的上升水流无力再携带它们，便在河底大量堆积拖曳物质，从而形成了河心浅滩。平水期则与此相反，表

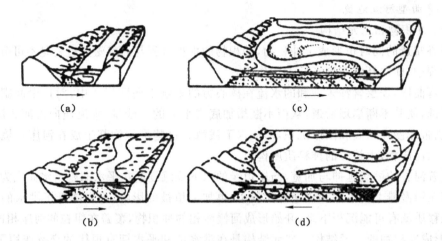

(a)

(c)

(b)

(d)

图 3-18　河漫滩的形成与发展

面流速向主流线集中,在河心产生含沙量较小的下降水流,对洪水期形成的心滩进行侵蚀,并把冲刷的泥沙带到岸滨堆积。但是,洪水期在心滩上的沉积量总是大于平水期的侵蚀量,所以心滩总是在不断地发育着,当其出露水面就成为沙洲。

2. 微弯型河流地貌

微弯型河流与弯曲型河流的区别在于其河形虽有一定程度的弯曲,水内环流虽然亦能造成凹岸冲刷和凸岸堆积的现象,但是其河床的可冲动性远大于河岸的可冲动性,即边滩向下游移动的速度远大于凹岸后退的速度。凹岸受到一些冲刷以后,很快就为上游推移下来的边滩所掩护,使弯道不至于发展得太大,不能演变成为蜿蜒曲折的形态。由于边滩不断向下游移动,其冲刷岸和堆积岸、深槽和浅滩的位置都很不稳定,不利于引水口、码头和航标等的设置。

3. 游荡型河流地貌

游荡型河流的河道宽浅,江心多浅滩和沙洲,水流散乱,旱道和废河床密布,主槽位置极不稳定,河漫滩上多纵横交错的串沟。但是就河道总的平面形态而言,则比较顺直,没有显著的弯道。游荡型河流的两侧常有堰堤式的自然堤沿河分布,其河床常高于两侧的平原地面。当洪水漫溢出河槽,泛滥水流可以流得很远,直至河间洼地。

游荡型河流的河床多高出于两侧的地面,一旦决口,如不能及时堵塞决口,就会改变流路,不能复归故道,黄河历次改道就是这样造成的。决口以后,从决口点向外有沙质扇状堆积,同时由于新的下游河床的位置降低及地方侵蚀基准面的变化,会引起上游河床内向源侵蚀的加强。

游荡型河流的变形强度极大,变形速度很快,给引水、航运和修建桥梁等工程都造成很大困扰,所以游荡型河流的整治是一个很严峻的问题。

4. 汊道型河流地貌

汊道型河流的平面形态与游荡型相似,河身较宽,具有沙洲和心滩,水流分汊。但是其演变过程不如游荡型迅速,河形比较稳定。在较大的河流中常有汊道型的河段生成,如长江下游即有许多这种典型河段分布。某些冲积扇河流具有不易冲动的砂砾质洲滩,也是汊道型河流。汊道多形成于狭窄段进入宽阔段、河流汇合处或其他容易发生大量沉积的地方。

在这里,心滩和沙洲的发展使水流分汊。水流切割边滩,使其与河岸分离也能形成汊道,如在长江下游,有许多坚硬的岩石伸入江中,成为控制河床演变的节点,其下游的河床突然放宽,就容易生成心滩和沙洲。

在一般情况下,沙洲的头部受冲刷,尾部淤积,使其不断缓慢下移。汊道型的心滩和沙洲的形成过程及其冲积物的特征,与弯曲型的顺直段相似。汊道型河流的洪水期和平水期的主流线常不一致。洪水期主流线流过一条汊道,平水期又流过另一汊道,因此汊道才能较长期地稳定存在。

四、河流阶地

1. 河流阶地的概念

位于洪水位以上,古河谷所构成的沿河平台,称为河流阶地。河流阶地以冲积、洪积阶地最为常见。其他成因的堆积物,包括冰川、冰水和湖相堆积物等,也能组成阶地。阶地高出河床和河漫滩,一般的常年性洪水不能淹没。但是,气候变化的幅度很大时,往往几十年或百年一遇的特大洪水仍能短暂浸漫最低的阶地。

阶地包括阶面、阶坡、阶地前沿、阶地后沿、阶地坡脚,有时还有基座。基座一般由坚硬的基岩构成,也可能是较老的松散沉积层(图 3-19)。

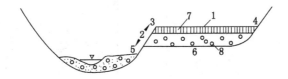

1—阶面;2—阶坡;3—阶地前缘;4—阶地后缘;5—阶地坡脚;6—基座;7—河漫滩相;8—河床相。

图 3-19　阶地的组成

2. 阶地的成因

阶地是河流在谷底范围内间歇性下切的产物,引起间歇性下切的原因很多,侵蚀基准面下降是导致阶地形成的根本原因。引起侵蚀基准面下降的原因有构造运动和气候变化,因此河流阶地在成因上可以分为构造阶地、气候阶地和曲流河阶地。

(1)构造阶地:是指由构造运动引起的河流地质作用的改变而形成的阶地,这是最常见的一种河流阶地,也是河流阶地的主要研究对象。目前,我们在河谷中见到的阶地绝大多数属于这种类型。一个地区的构造运动最重要的表现是其间歇性,上升(下降)与稳定阶段交替出现,而且存在多次这样的旋回,因此一个地区的河流阶地常发育为多级。

(2)气候阶地:是由于气候变化所引起的侵蚀基准面变化而形成的阶地。当冰期到来时,海平面下降首先引起河流出口处的下蚀作用加强,河床下切,进而形成阶地,并向上游发展。在山岳冰川作用区,冰期和间冰期的交替导致冰雪融水的变化,使冰前河流的水量变化和下蚀能力改变,也可形成阶地,如冰水阶地。这类阶地在河床两侧比较对称,对新构造运动的研究意义不大,是气候变化的良好记录。

(3)曲流河阶地:是指在地壳运动持续缓慢抬升的背景下,河曲在侧向迁徙过程中形成表面倾斜的河漫滩,然后河曲又往回迁徙,切割侵蚀原来的河漫滩,使其成为阶地。其特点是河床两侧的阶地级数不对称,交替出现。

3. 阶地的分类

根据阶地的形态和物质构成,可将阶地分为三大类:侵蚀阶地、堆积阶地、基座阶地。其中,堆积阶地又可细分为嵌入阶地、内叠阶地、上叠阶地和掩埋阶地。如图 3-20 所示。

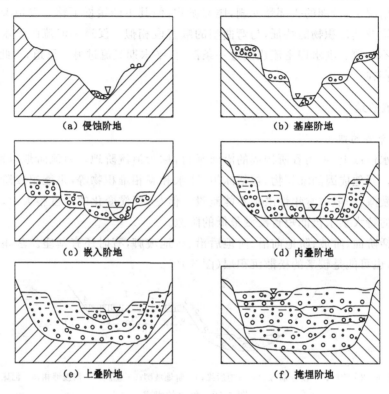

图 3-20　阶地的类型

侵蚀阶地的阶面和阶坡都由基岩构成,但阶地的阶梯状形态与基岩的岩性和地质构造无关。有时在阶面上有少量的河流砾石沉积,但很少形成沉积层。侵蚀阶地分布的位置都比较高,常常是河谷的上部。它发育在河流的上游或新构造运动强烈抬升区,表示河流强烈的下蚀作用。

基座阶地的阶地面为河流沉积物,而阶坡的上部为河流沉积物,下部为基座。基座既可以是基岩,也可以是比沉积层更早的第四纪沉积物,两者由明显的侵蚀面分开。基座阶地主要分布在河流的中上游或新构造运动上升比较强烈的地区。

堆积阶地又称冲积阶地,这类阶地的阶面和阶坡都由河流的沉积物构成,没有基座的出露。其中,嵌入阶地的新老阶地的沉积物呈嵌入切割关系,晚阶地的阶面高于早阶地的基座面,新阶地的切割深度大于老阶地的切割深度。该种阶地发育在新构造运动的上升区,但上升的强度不及前面两种情况。在河流的中下游常见该类型的阶地。

内叠阶地的新老阶地也呈切割关系,但它们的切割深度几乎在同一平面上,新阶地叠置在老阶地的内侧,这类阶地主要发育在新构造运动比较稳定但略有上升的地区,常见于河流的下游或盆地中。

上叠阶地中不同时代的阶地沉积物呈上叠切割关系,新阶地的切割深度小于老阶地的切割深度。该类阶地发育在新构造运动有上升和下降的地区,当形成沉积物时,地壳运动下降,而切割形成阶地时,地壳上升,但上升的幅度小。该类型的阶地常见于河流的下游地区。

掩埋阶地中新阶地沉积物覆盖了老阶地沉积物,主要发育在新构造运动的下降区。在被掩埋阶地形成时地壳有上升运动,在掩埋的过程中地壳运动是下降的。该类型的阶地常见于河流的下游地区。

在一段河谷中,可以出现多种类型的阶地,如侵蚀阶地、基座阶地、嵌入阶地等,其分布规律大体上是从低到高依次为嵌入阶地、基座阶地、侵蚀阶地。在河床两侧的谷坡上,阶地分布可以对称,也可以不对称,这受到河流的摆动、新构造运动的掀斜运动、原始地面的倾斜、气候等因素影响。

五、冲积平原

1. 冲积平原的概念

冲积平原是河流沉积作用形成的一种大型平坦的组合地貌,主要分布在河流流出山口进入平原、盆地或大型谷底的地带。冲积平原上的河流,河道宽浅,两岸泛滥堆积带常高于河间地,形成天然堤,天然堤溃决后使河流改道,在低洼的地区又常常积水成湖或为沼泽。

如果发育在盆地中,冲积平原从山麓到盆地中心依次为洪积扇、冲积扇、阶地、湖积平原等。如果发育在与海相邻的平原区,其地貌从山麓到滨海依次为洪积扇、冲积扇、阶地、湖沼沉积平原、滨海平原。冲积平原中一种很重要的地貌单元是冲积扇,它是河流出口沉积形成的扇状地貌。与洪积扇不同的是,冲积扇的轴部有常年流水(河流),其扇面的坡度小,沉积物的粒度偏低,规模一般都比较大。冲积扇中的地下水比较丰富,可作为重要用水来源。

2. 冲积平原的类型

冲积平原根据地貌部位和作用营力可分为山前平原、中部平原和滨海平原三部分,如图 3-21 所示。

(1)山前平原位于山前地带,由于河流出山入平原,河流比降急剧减小而发生大量堆积,形成洪(冲)积扇,各条河流的洪(冲)积扇连接而成洪积-冲积倾斜平原。

(2)中部平原是冲积平原的主体,组成中部平原的沉积物主要是冲积物,其中常夹有湖积物、风积物甚至海相堆积物。中部平原坡度较缓,河流分汊,水流流速小,带来的物质较细。洪水时期,河水往往溢出河谷,大量悬浮物也随洪水一起溢出。首先在河谷的两侧堆积成天然堤,天然堤随每次洪水上涨而不断增高。如果天然堤不被破坏,河床也将继续淤高,最后甚至高于河道之间的冲积平原,形成地上河。在河道之间的低地,常形成湖泊或沼泽。有时,天然堤被洪水冲溃,河流沿决口处改道,形成很大范围的决口扇。洪水退后,决口扇上的砂粒被风吹扬,形成风成沙丘和沙地,如我国豫东地区的大面积沙地和沙丘就是黄河南岸多次决口带来的砂粒再经风的作用形成的。冲积平原上的河流经常改道,在平原上留下了许多古河道的遗迹,并常保留一些沙堤、沙坝、迂回扇、牛轭湖、决口扇和洼地等地貌。由于地壳的不断沉降,被埋葬的古河道中储存着丰富的地下水,是浅层地下水的主要含水层,因此研究冲积平原古河道的分布规律对开发地下水资源有重要意义。

(3)滨海平原是由河流和海洋共同作用形成的,其沉积物颗粒很细。因为有周期性的海潮侵入陆地,所以形成海积层和冲积层的相互叠压现象。在滨海平原常有大面积湖沼和海岸沙堤或贝壳堤、潟湖、沙嘴等地貌。

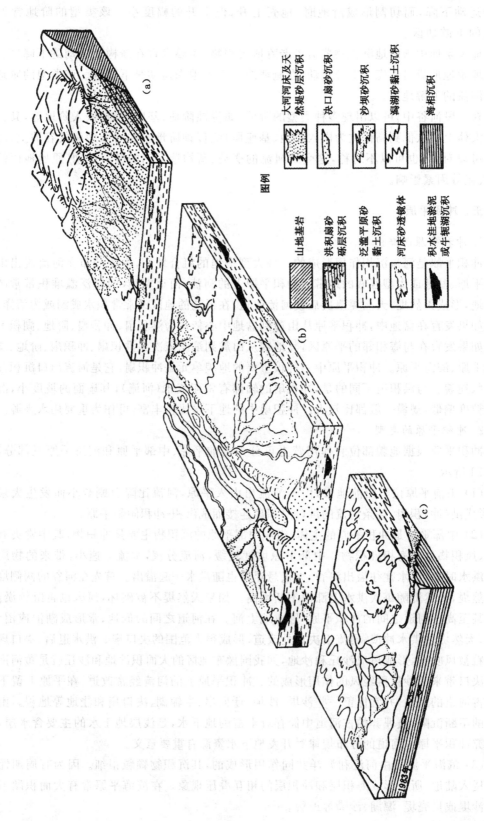

图3-21 冲积平原的类型

图例

大河河床及天然堤砂沉积 洪积扇砂砾层沉积 山地基岩
决口扇砂沉积 泛滥平原砂黏土沉积 洪积扇砂砾层沉积
砂坝砂沉积 河床砂透镜体 泛滥平原砂黏土沉积
潟湖砂黏土沉积 积水洼地淤泥或牛轭湖沉积 河床砂透镜体
海相沉积 积水洼地淤泥或牛轭湖沉积

1983年

上述堆积平原多在沉降区形成。在相对稳定区,河谷不断摆动展宽,形成侵蚀型的冲积平原。侵蚀型的冲积平原沉积物较薄,主要由河床相和河漫滩相沉积物组成。

3. 冲积平原的沉积结构

冲积平原的结构和不同地貌部位的河流发育过程有关。山前平原主要是较粗颗粒的洪积物和河流冲积物。中部平原以河流堆积物为主,由于中部平原的河流常有变化,故在结构上较为复杂,当构造下沉且河流摆动范围不大时,河流沉积的砂层叠加起来,形成厚层河床沉积砂体,横向过渡为河间地湖沼沉积。如果河流改道,放弃原来的河床,在地势较低的河间地形成新河床,剖面中就形成一些孤立分散的河床砂体沉积。决口扇在平面上成舌状分布,在剖面中呈透镜体状。中部平原沉积层中常有海相夹层,这是短期海侵作用形成的。滨海平原是由海相和河流相共同组成的,不同类型的沉积物呈水平相变。如果陆源物质增多或海面下降,陆地向海方向增长,河流相沉积在海相之上;如果陆源物质减少或海面上升,海水伸向陆地,海相沉积又超覆在河流相沉积之上。

六、三角洲

1. 三角洲的概念

河流流入海洋、湖泊或其他河流时,因流速降低,所携带泥沙大量沉积,逐渐发展成冲积平原,这类冲积平原从平面上看像三角形,顶部指向上游,底边为其外缘,所以叫三角洲。

三角洲的形成是因为河口区的堆积作用超过了侵蚀作用。一般含沙量高的河流在河口地区易发生堆积。河口附近的海岸侵蚀、搬运能力较小,河流带来的泥沙将沉积下来,有利于三角洲的形成。河口外海滨区水深较浅,坡度平缓,对波浪起到消能作用,另一方面浅滩出露水面,也有利于河流泥沙的堆积。

2. 近海三角洲的沉积结构

近海三角洲(图 3-22)是在河流和海洋共同作用下形成和发展的,按照地貌特征可划分为三个沉积单元,即顶组沉积、前组沉积和底组沉积。

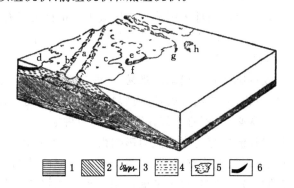

1—三角洲底组海洋沉积;2—三角洲前组沉积;3—水下三角洲顶组沉积;
4—水上三角洲沼泽沉积;5—水上三角洲河床沉积;6—水上三角洲湖泊沉积;
a—汊河床;b—天然堤;c—河间地沼泽;d—小湖泊;e—海湾;f—沙嘴;g—汊河口水下沙嘴;h—汊河口水下沙坝。

图 3-22　近海三角洲沉积结构

顶组沉积层是由水上三角洲平原沉积和水下三角洲平原沉积共同组成的。水上三角洲平原发育汊河道及其间的湖泊与沼泽,因而有汊河道沉积、湖沼沉积和洪水期的泛滥平原沉积等。水下三角洲平原是三角洲的前缘部分,三角洲向海增长的过程中,有一部分汉河道延伸到水下,还发育一些沙嘴和沙坝,汉河道之间有海湾,因而水下三角洲沉积除汉河道及沙坝、沙嘴沉积外还有海湾沉积。汉河道、沙嘴、沙坝和海湾沉积物在剖面呈透镜体状。

前组沉积层主要是入海河流的悬浮物质被带到水下三角洲的前坡沉积,多为粉砂和黏土,沉积物含水分较多,常呈塑性状态,故能在其自身重力影响下发生顺坡滑动,沉积层中常形成各种弯曲和揉皱。

底组沉积层主要是三角洲外缘的海洋沉积,沉积物为粒度很细的黏土,具水平层理,含有孔虫等海洋生物化石。

以上不同沉积层之间的界限是不规则的,这是三角洲在形成过程中的河流与海洋作用变化所致。有时河流作用占据优势,陆源物质可以伸入海中较远的地方,有时海洋作用占据优势,海洋沉积物又可以超覆于河流沉积之上。

在三角洲形成的过程中,由于沉积了许多有机物质,经过了长期的地质作用能形成石油和天然气,因此三角洲往往成为石油和天然气的产地。

第六节　流水作用与工程

一、片流与水土保持

水土保持是指对自然因素和人为活动造成水土流失所采取的预防和治理措施,是保护、改良和合理利用水土资源,建立良好生态环境的工作。片流侵蚀由于分布广泛,其总体侵蚀量大,是干旱半干旱坡地地区最主要的水土流失方式,也是沟谷暴流、泥石流等水土流失方式的物质来源,因此控制住片流侵蚀作用,对水土保持工程意义重大。

片流侵蚀作用区的天然降水量和降水强度是重要的影响因素,但难以人为控制和改变,可通过改变降水对地面颗粒启动条件来影响其作用效果。植被可以有效地减少降水对坡面颗粒的冲击力,因此尽量绿化坡面,进行造林种草等措施可以减小强降水条件对坡面的冲击作用,从而使片流减弱,水土流失减少。

坡面颗粒的黏结程度也影响到其启动的难易,一般黏性土具有一定的结构强度,但在人为耕作条件下,表面土层疏松,其结构被破坏,更容易遭受降水冲击而流失。因此,干旱半干旱区坡地退耕还林工作非常必要,不宜大规模开发坡地为耕地。

斜坡的坡度和坡长对片流的综合侵蚀能力影响很大,坡度在 $40°\sim50°$ 间时,片蚀能力最强,可考虑使用工程方式进行坡度修整,使其尽量处在较缓或较陡的范围内。坡长越长,片流水层越厚,可以携带的颗粒也越多,也可考虑使用工程方式将长坡分段,并把片流水分段排走。工程上将 $40°\sim50°$ 的长坡改造为分段阶梯地形的方法,对控制片蚀作用、防止水土流失作用非常明显。一方面分段阶梯地形在每一级阶梯内都设计了近水平和近竖直两种坡度,并且两种坡度均可以有效减少片流侵蚀。另一方面整个长坡被分成了若干个独立的短坡,如能配合各个阶梯的地面排水工程,则可大大减少片流侵蚀的面积。

片流作用之所以造成的水土流失严重,还在于其虽然水层薄,但分布面积极广,若能把天然降水尽量集中到抗侵蚀能力强的沟道内,则可避免过大的坡面上分布片流,这种思路在地质灾害防治中经常使用，也就是"水土分离"的原则。因此，在片流侵蚀区，修建合理的集水、排水工程，使降水可迅速进入人为沟道排走，就可有效减少坡面片流侵蚀。

二、洪积扇的工程意义

在干旱半干旱区的山前地带，洪积扇规模较大，且多个洪积扇常连接形成大规模的山前洪积平原，这种山前洪积平原的主体是各洪积扇的扇缘部位，其土质疏松肥沃、水资源丰富，是干旱半干旱区难得的优质居民点，因此洪积平原上的工程活动也就更加普遍，洪积扇的形成过程、堆积特点、地下水特征等都对工程有着重要影响和决定意义。

干旱半干旱区洪积平原的水资源主要由山地冰雪融化补给，由于洪积扇的特殊结构，在冰融水出山口后通常迅速转入以地下径流为主，扇中部位颗粒粗大、渗透性大，地下水埋藏相对较深、更新快。而进入扇缘后，颗粒变细、渗透性差，地下水位上升，流动性变差，这也是扇缘相通常也称滞水相的原因。扇缘相地下水的排泄转变为以竖向排泄为主，也即通过泉的方式出露或主要依靠浅层地下水的蒸发排泄。浅层地下水蒸发强烈但缺乏竖向渗入补给，会使地下水中的盐分逐渐累积至浅层地表，造成盐渍化，因此盐渍土成为了干旱半干旱区工程活动面对的典型特殊土。

扇缘土层主要为黏土和部分砂质黏土，这类土由于形成的动力条件差，其密实程度较差，土体疏松多孔，具有较大的压缩性。工程建设中，除要求地基土的承载能力要满足要求外，更需注重地基土受附加压力后的压缩变形特征，如压缩变形过大或者不同部位压缩变形差异过大，都会使上部结构破坏，使工程出现危险或失败。扇缘土层的高压缩性本身即是不利的，而扇缘位置特殊的水文地质条件，使其在实践中发生由于超采地下水而引起地下水位大面积下降的可能性很大。疏松多孔、高压缩性的地层，在地下水位大面积下降后，地层的重量产生的有效压力增加，可使土层产生幅度更大、持续时间更长的压缩变形，这种危害是长期的，并且难以恢复和治理。

洪积扇上较大规模的人类活动，使洪积扇前缘出露的泉水、地下水等被高强度开采利用，对下游的地表水、地下水的补给会大大减少。这一过程一方面会加剧扇缘位置的盐渍化过程，另一方面可使下游地下水位降低、地表水消失、绿洲退化、沙漠推进，可形成可怕的环境灾害。

三、泥石流灾害

1. 泥石流的危害方式

泥石流爆发突然、来势凶猛、冲击力强、冲淤变幅大，对流通区和堆积区的危害更为明显。其主要的危害方式包括冲毁、淤埋和堵塞。

泥石流的流速很高，一般达每秒10余米，并挟带大量巨型块石，流动过程中产生巨大冲刷、撞击能力。尤其在弯道处，由于惯性力大，前进遇障碍阻挡时，可冲击爬高、翻越障碍而过，且凹岸泥石流面的超高显著，常使障碍物背面和凹岸坡成为潜在危险地带。泥石流冲进乡村、城镇，可摧毁房屋、工厂、企事业单位及其他场所设施；冲到道路、桥涵前，可摧毁路基、桥涵等设施，致使交通中断；还可引起正在运行的火车、汽车颠覆，造成重大的人身伤亡事故；冲到水利水电工程位置，可冲毁水电站、引水渠道及过沟建筑物等。

淤埋是泥石流堆积区一种常见灾害形式，可使区内所有设施破坏淤埋。可直接淹埋车站、铁路、公路，引起交通中断；淤埋水电站尾水渠，淤积水库，造成水利工程失效；淤埋矿山坑道，致使矿山报废等。

泥石流汇入下游河流时，常形成"堆石坝"，发生堵河阻水事件。轻者，使河床淤积抬高，形成险滩；阻塞严重者，形成堰塞湖，使房屋、耕地淹没，并在岸边诱发滑坡、崩塌灾害。当堆石坝溃决时，常使下游遭受洪水或次生泥石流灾害。

2. 泥石流灾害评价

泥石流灾害与崩塌灾害和滑坡灾害不同，难以使用稳定性系数和安全系数的概念，但为制订合理的泥石流灾害处置方案，必须对泥石流对工程的危害程度进行评价。高频率爆发泥石流和低频率爆发泥石流的危害方式是有区别的，同时泥石流的危害程度又受沟道面积、堆积区面积、流量等因素的影响。因此，实际工程中一般按照爆发频率和规模对泥石流进行分级评价，用以合理选择处理方案（表 3-1）。

表 3-1　泥石流的工程分类和特征

类别	泥石流特征	流域特征	亚类	严重程度	流域面积/km²	固体物质一次冲出量/(10⁴ m³)	流量/(m³/s)	堆积区面积/km²
I 高频率泥石流沟谷	基本上每年均有泥石流发生。固体物质主要来源于沟谷的滑坡、崩塌。爆发雨强小于 2～4 mm/10 min。除岩性因素外，滑坡、崩塌严重的沟谷多发生黏性泥石流，规模大，反之，多发生稀性泥石流，规模小	多位于强烈抬升区，岩层破碎，风化强烈，山体稳定性差。泥石流堆积新鲜，无植被或仅有稀疏草丛。黏性泥石流沟中下游沟床坡度大于 4%	I_1	严重	>5	>5	>100	>1
			I_2	中等	1～5	1～5	30～100	<1
			I_3	轻微	<1	<1	<30	
II 低频率泥石流沟谷	爆发周期一般在 10 年以上。固体物质主要来源于沟床，泥石流发生时"揭床"现象明显。暴雨时坡面产生的浅层滑坡往往是激发泥石流形成的重要因素。爆发雨强一般大于 4 mm/10 min，规模一般较大，性质有黏有稀	山体稳定性相对较好，无大型活动性滑坡、崩塌。沟床和扇形地上巨砾遍布。植被较好，沟床内灌木丛密布，扇形地多已辟为农田。黏性泥石流沟中下游沟床坡度小于 4%	II_1	严重	>10	>5	>100	>1
			II_2	中等	1～10	1～5	30～100	<1
			II_3	轻微	<1	<1	<30	

3. 泥石流防治

(1) 重要参数获取

合理评价泥石流并制订最优处置方案，需要多个重要参数，如流体密度、流速、流量等。

泥石流流体密度可使用称量法获取,取泥石流物质加水调制,请当时目睹者鉴别,选取与当时泥石流流体状态相近似的混合物测定其密度。也可以使用体积比法获取泥石流密度,通过调查访问,估算当时泥石流流体中固体物质和水的体积比,再按下式计算其密度:

$$\rho_{\mathrm{m}} = \frac{(d_{\mathrm{s}}f+1)\rho_{\mathrm{w}}}{f+1} \tag{3-2}$$

式中 ρ_{m}——泥石流流体密度,t/m³;

ρ_{w}——水的密度,t/m³;

d_{s}——固体颗粒相对密度,一般取 2.4~2.7;

f——固体物质体积和水的体积之比,以小数计。

泥石流流速由泥石流流体的水力半径、水力比降、所含固体物质成分特征、沟道的粗糙程度等因素决定,各泥石流常发地区一般根据经验建立地区性经验公式,其基本形式如下:

$$v_{\mathrm{m}} = \frac{K}{\alpha}R_{\mathrm{m}}^{A}i^{B} \tag{3-3}$$

式中 v_{m}——泥石流断面平均流速,m/s;

R_{m}——泥石流流体水力半径,m,可近似取其泥位深度;

i——泥石流流面纵坡比降(小数形式);

K——沟床糙率系数;

α——阻力系数;

A、B——经验系数。

$$\alpha = \sqrt{\varphi \cdot d_{\mathrm{s}} + 1} \tag{3-4}$$
$$\varphi = (\rho_{\mathrm{m}} - \rho_{\mathrm{w}})(\rho_{\mathrm{s}} - \rho_{\mathrm{m}}) \tag{3-5}$$
$$\rho_{\mathrm{s}} = d_{\mathrm{s}} \cdot \rho_{\mathrm{w}} \tag{3-6}$$

式中 φ——泥石流泥沙修正系数;

ρ_{m}、ρ_{w}、ρ_{s}——泥石流流体密度、清水密度、泥石流中固体物质密度,t/m³。

其中,α 值是由泥石流所含固体物质的成分影响的,固体物质的含量和粒径大小都是影响因素,黏性泥石流由于是非牛顿流体,可忽略该因素的影响,但稀性泥石流必须考虑,见表3-2。

表3-2 α 取值查询表

d_{s}	$\rho_{\mathrm{m}}/(\mathrm{t/m^3})$													
	1.0	1.1	1.2	1.3	1.4	1.5	1.6	1.7	1.8	1.9	2	2.1	2.2	2.3
2.4	1.0	1.09	1.18	1.29	1.40	1.53	1.67	1.84	2.05	2.31	2.64	3.13	3.92	5.68
2.5	1.0	1.08	1.18	1.28	1.38	1.50	1.63	1.79	1.96	2.18	2.45	2.81	3.32	4.15
2.6	1.0	1.08	1.17	1.26	1.37	1.48	1.60	1.74	1.90	2.08	2.31	2.55	2.96	3.50
2.7	1.0	1.08	1.17	1.26	1.35	1.46	1.57	1.70	1.84	2.01	2.21	2.44	2.74	3.13

泥石流峰值流量可采用形态调查法,按断面面积与泥石流平均流速计算峰值流量,是流量计算最简单的方法,公式如下:

$$Q_m = F_m \cdot v_m \tag{3-7}$$

式中 Q_m——泥石流断面峰值流量，m^3/s；

F_m——泥石流过流断面面积，m^2；

v_m——泥石流断面平均流速，m/s。

也可按配方法计算峰值流量，即根据泥石流流体中水和固体物质的比例，用在一定设计标准下可能出现的洪水流量加上按比例所需的固体物质体积配合而成的泥石流流量，按以下公式计算：

$$Q_m = Q_w(1+C) \tag{3-8}$$

式中 Q_m——设计泥石流流量，m^3/s；

Q_w——设计清水流量，m^3/s；

C——泥石流修正系数。

其中，泥石流修正系数按各地区具体地质条件有不同的经验取值方法。

（2）预防措施

预防措施从控制泥石流灾害的形成条件入手，可采用如下措施：① 水土保持措施，如植树造林、种植草皮、退耕还林，以稳固土壤不受冲刷，不使流失；② 坡面治理措施，包括削坡、挡土、排水等，以防止或减少坡面岩（土）体和水参与泥石流的形成；③ 沟道整治措施，包括固床工程，如拦沙坝、护坡脚、护底铺砌等；④ 调控工程，如改变或改善流路、引水输沙、调控洪水等，以防止或减少沟底岩（土）体的破坏。

（3）治理措施

针对特定泥石流沟或为了保护特定对象，应采用具体的治理措施，包括：① 拦截措施，在泥石流沟中修筑各种形式的拦渣坝，如拦沙坝、石笼坝、格栅坝及停淤场等，用以拦截或停积泥石流中的泥沙、石块等固体物质，减轻泥石流的动力作用。② 滞流措施，在泥石流沟中修筑各种位于拦渣坝下游的低矮拦挡坝（谷坊），当泥石流漫过拦渣坝顶时，拦蓄泥沙、石块等固体物质，减小泥石流的规模；固定泥石流沟床，防止沟床下切和拦渣坝体坍塌、破坏；减缓纵坡坡度，减小泥石流流速。③ 排导措施，在下游堆积区修筑排洪道、急流槽、导流堤等设施，以固定沟槽、约束水流、改善沟床平面等。④ 跨越措施，桥梁适用于跨越流通区的泥石流沟或者堆积区的稳定自然沟槽；隧道适用于穿过规模大、危害严重的大型或多条泥石流沟；泥石流地区不宜采用涵洞，在活跃的泥石流沟槽中禁止采用涵洞。

四、冲淤平衡问题

1. 冲淤平衡概念

自然界的一切事物总是不停地在发生、发展和消亡着，因此，永远不变的平衡是没有的。这里所指的平衡，都是暂时的平衡。河渠的冲淤平衡问题，主要是研究来水的含沙量与渠段的挟沙能力能否相互适应的问题。

之所以会发生淤积，是因为壅水改变了水流条件，降低了水流的挟沙能力。淤积或冲刷都是调整水流挟沙能力，使河槽适应来水来沙要求的一种手段。淤积总是朝着不淤积的方向发展，冲刷总是朝着不冲刷的方向发展。输沙不平衡引起了冲淤，冲淤是为了达到不冲不淤的平衡状态。这就是冲淤发展的平衡趋向性规律，是冲淤发展中的一个基本规律。

冲淤平衡的河段或渠段，既有冲刷又有淤积。但是在一定时期内，它的冲刷量约等于淤积量。因此，尽管有冲有淤，但从总的情况来看，河渠仍能保持平衡状态。

我国西北的黄土河流，夏季水浑，冬季水清，来水的含沙量变化很大，而且最大含沙量不淤速度常大于最小含沙量不冲速度，即 $v_{1H(max)} > v_{1K(min)}$。在设计流速 $v_{(1)}$ 时，如果以夏季不淤为标准，即 $v_{(1)} \geqslant v_{1H(max)}$，到了冬季，由于 $v_{(1)} > v_{1K(min)}$，就会引起冲刷；同样，若以冬季不冲为标准，即 $v_{(1)} \leqslant v_{1K(min)}$，到了夏季，也必然会发生淤积。要解决这个矛盾，只有设法使夏季的淤积量能够正好等于冬季的冲刷量，以使其保持冲淤平衡。这样，设计流速 $v_{(1)}$ 小于 $v_{1H(max)}$，同时又大于 $v_{1K(min)}$，即 $v_{1H(max)} > v_{(1)} > v_{1K(min)}$，如图 3-23 所示。

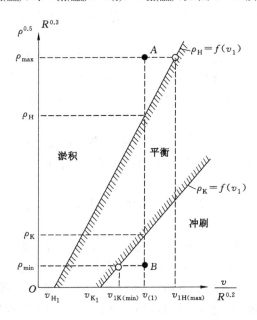

图 3-23　冲淤平衡与流速的关系

天然河流的河槽，都是经过了千百年的冲淤，在水沙（包括水流挟带的沙和组成河床边界的沙）的相互作用下塑造出来的。有的河槽在总体上已达到了水沙的矛盾统一，即达到了动态的平衡状态。有的河槽还没有完全达到平衡，还在继续的塑造过程中，但发展过程甚为缓慢，已接近于平衡状态。因为每一条河流的具体水沙条件总是在不断的变化之中，河槽也总是处在不断冲淤调整过程中。但这种调整，不是朝着一个方向发展的，在一个较长的时期里，这种调整的结果不是累积的而是可以互相抵消的，这就是相对的状态。在河流上修建了水库，会破坏这种平衡，因而河槽必须大加调整，以便在新的条件下重新建立平衡。因此，可以说水库的淤积就是河槽的再造床过程，每一座水库的淤积都遵循着平衡趋向性的发展规律。不过对大多数水库来讲，淤积发展比较慢，短时期内还显现不出这个规律性来，而且常常因为其他条件的改变，如泄流规模的扩建、运用方式的改变、人为因素对来水来沙条件的改变等，使这个规律没有充分地展开。

冲刷同淤积一样，同是调整河槽使之达到平衡的一种手段。冲刷也总是向着不冲刷转化的，所以冲刷的发展也同样具有平衡趋向性的规律。淤积只能使河槽向增加挟沙能力的方向调整，而冲刷可以使河槽朝着降低挟沙能力方向调整。在塑造平衡河槽的过程中需要淤积也需要冲刷，二者缺一不可，才能在各种变化中都能使河槽朝着平衡的方向发展。冲淤发展过程具有共同的基本规律,即平衡趋向性。两者从不同的方面都向平衡状态发展,但同时冲淤发展又有各自的特征。冲刷使水流集中,冲刷河宽与冲刷时的流量有密切的关系,所以冲刷作用集中在河槽以内。滩地除了坍塌之外,不能通过冲刷降低滩面高程。而淤积却不同,水到哪里,哪里就会发生淤积。特别是大量淤积的多沙河流,只要水流漫滩,淤积就涉及全断面。所谓的"淤积一大片、冲刷一条线",就形象地概括了冲淤发展的这个不同特性。

2. 水库下泄清水对下游河道的影响

水库下泄清水对下游河道的影响主要表现为冲刷,通过冲刷建立新的平衡。

(1)含沙量的变化

下泄清水时期,下游河道的含沙量会有显著的降低。影响下游含沙量变化的主要原因,除出库水流含沙量减少以外,就是沿途补给条件及水流挟沙能力的变化。建库前,下游水流中有大量的冲泄质。建库后,经水库的拦淤,下游沿途又无足够的补给,故显著减少。

(2)河床粗化现象

在河床的冲刷过程中,河床质中较细的颗粒逐渐被冲走,因此河床组成逐渐变粗,这就是河床粗化现象。河床粗化对水流挟沙能力的迅速降低有重大影响。河床粗化现象大体上有三类情况:

① 当水库下泄清水以后,卵石层或岩屑锥因表层泥沙的流失开始露出,当地的河床下切也会随之受到抑制。

② 建库前大洪水时,卵石可以运动,但建库以后,因水库的调蓄作用,洪峰流量减小,卵石就难以冲动,随河床下切而聚集在河床表面。当粗颗粒聚集到一定比例后,便起到抗冲作用,形成抗冲保护层,限制河床冲刷下切,原系砂卵石河床,清水冲刷、河床质粗化后,粒径大于 5 mm 的粗颗粒就不能为水流所带动,形成了抗冲层。由于床面粗化、糙率加大,挟沙能力也就降低了。

③ 多指细砂河流,河床组成较细,上下层比较一致。虽然全部泥沙都有可能流失,但是因为水流对粗细颗粒的挟沙能力不同,所以在冲刷过程中,细颗粒被带走的多,久而久之河床仍然会出现粗化。

(3)断面形态和纵比降的调整

河床冲刷包括纵向下切和横向展宽两个方面,从而使断面形态发生变化,纵比降重新调整。水流的纵向侵蚀作用将使断面趋向于窄深,宽深比减小。但若主流发生横向摆动,则将造成滩岸的坍塌,主槽展宽。在水库下泄清水冲刷时,两种因素都起作用。

在河床断面变化调整的同时,纵比降也会相应地调整。随冲刷的发展,纵比降将随之减缓,使挟沙能力降低,冲刷减弱,趋于平衡。但在河床形成抗冲的保护层以后,河床冲刷幅度较小,加上冲刷距离很长,比降调平不甚明显。有时,河床粗化、加大阻力的影响起到了调平比降、降低挟沙能力的作用。有的河段,在建库以后,比降不但未调平,反有增陡的现象,这是因为河床表层以下有一层较陡的卵石层,当卵石层露头后,会促使比降变陡。

(4)河型的转换

水库下泄清水,甚至可能使下游河段由一种河型转变为另一种河型。河型的转换需要长时间的作用才能完成,因此在实际中只能看出一种大体趋势。如水库下游的游荡型河道,因清水的长期下泄、河床冲刷下切、泥沙可动性逐渐减弱等原因,从长期发展趋势来看,游荡强度将减弱,河道向稳定方向发展,慢慢地转化为弯曲型河型。

3. 水库下泄浑水对下游河道的影响

如果水库下游是峡谷河道或冲刷河段,水库下泄浑水不致引起显著的影响。但如果下游是堆积性的游荡型河道,则会使河床演变发生较大变化。这种变化主要体现在以下两个方面:

(1)淤积在横向部位的变化。建库前,大洪水漫滩后,可起淤滩刷槽的作用。建库后,削平了洪峰,小水又带了大沙,既减少了漫滩的机会,又增加了主槽的淤积,使滩槽高差减小,水流更加散乱。

(2)淤积在纵向部位的变化。水库下泄的洪水,洪峰流量减小,少量的水流携带了大量的泥沙,使得淤积集中在下游河道的上段,即靠近水库的河段,所以纵向淤积部位就向上移动。

虽然水库的滞洪调节作用所改变的水沙条件会对下游河道产生不利的影响,但这种情况不是不可避免的。如发展引洪淤灌、引洪放淤等措施,既可发展农业生产,又可减少进入下游河道的泥沙,减轻或避免不利影响。又如改进水库的调度运用方式,也可以改善水沙条件。

五、流水沉积物渗透变形

流水具有对颗粒的分选性,流水沉积物按分选程度的不同,其粒径组成变化较大,一般沉积水动力条件越强,越容易形成粗颗粒土堆积;沉积水动力越弱,越容易形成细颗粒土堆积;水动力条件变化幅度越大,沉积物级配越好;水动力条件越单一,沉积物级配越差。第四纪流水沉积物大多在地下水位以下,地下水存在渗流时,容易导致土体的结构破坏产生渗透变形。

渗透变形主要包括流土、管涌、接触冲刷和接触流失等形式。流土和管涌主要出现在单一土层地基中。接触冲刷和接触流失多出现在多层结构地基中。除分散性黏性土外,黏性土的渗透变形形式主要是流土。砂土的渗透变形形式则以管涌为主。

1. 流土

流土是指在向上渗流作用下局部土体表面的隆起、顶穿或粗颗粒群同时浮动而流失的现象,多发生于表层由黏性土与其他细粒土组成的土体或较均匀的粉细砂层中。流土发展结果是使基础发生滑移或不均匀下沉、基坑坍塌、基础悬浮等。

一般情况下,渗流力越大越容易形成流土,土体越松散越容易形成流土。当土的渗透系数 k 较小、排水条件不通畅时,易形成流沙。砂土孔隙度 n 越大,越易形成流沙。

颗粒大小分布曲线上至少有一个以上粒径组的颗粒含量小于或等于 3% 的土,称为级配不连续的土。以该粒组在颗粒大小分布曲线上形成的平缓段最大粒径和最小粒径的平均值或最小粒径作为粗、细颗粒的区分粒径 d,相应于该粒径的颗粒含量为细粒含量 P。当区分粒径不明显时,为连续级配土。连续级配的土,粗、细颗粒的区分粒径可按下式计算:

$$d = \sqrt{d_{70}d_{10}} \tag{3-9}$$

不均匀系数小于等于 5 的土可判为流土。对于不均匀系数大于 5 的不连续级配土,当 $P \geqslant 35\%$ 时,可判为流土;当 $25\% \leqslant P < 35\%$ 时,可判为过渡型。

判别基坑坡脚或基坑四角的坡脚及其附近土体是否处于"稳定"。一般用流土临界水力比降 J_{cr} 除以安全系数 F_s($F_s = 1.2 \sim 2.0$,对于特别重要的工程也可取 2.5)得到允许水力比降 $J_{允许}$,与该处土体渗流作用下的实际水力比降 J 比较,若 $J \leqslant J_{允许}$ 则不产生流土。

流土的临界水力比降 J_{cr} 计算公式为:

$$J_{cr} = \frac{\gamma'}{\gamma_w} = (d_s - 1)(1 - n) \tag{3-10}$$

式中　J_{cr}——土的临界水力比降;

　　　d_s——土的颗粒密度与水的密度之比;

　　　n——土的孔隙率,%;

　　　γ'、γ_w——土体本身的有效重度和水的重度。

2. 管涌

管涌是指在渗流作用下土体中的细颗粒在粗颗粒形成的孔隙中发生移动并被带出,逐渐形成管形通道,从而掏空地基或坝体,使地基或斜坡产生变形、失稳的现象。管涌通常是由于工程活动而引起的,但在有地下水出露的斜坡、岸边或有地下水溢出的地带也有发生。

管涌多发生在非黏性土中,其特征是:颗粒大小差别较大,往往缺少中间粒径,磨圆度较好,孔隙直径大且互相连通,细粒含量较少,不能全部充满孔隙。颗粒多由比重较小的矿物构成,易随水流移动,有较大的和良好的渗透水流出路径等。

当土由粗颗粒(粒径为 D)和细颗粒(粒径为 d)组成,其 $D/d > 10$ 时可判为管涌;土的不均匀系数 $d_{60}/d_{10} > 10$ 时可判为管涌;两种互相接触土层渗透系数之比 $k_1/k_2 > 2 \sim 3$ 时可判为管涌;对于不均匀系数大于 5 的无黏性土级配不连续时,土中细颗粒土含量 $P < 25\%$ 可判为管涌。

根据实践经验,管涌破坏的临界水力比降与土中细颗粒含量、渗透系数的关系如图 3-24、图 3-25 所示。利用该图判断时,当土中细粒含量大于 35% 时,由于趋向于流土破坏,应同时进行流土可能性的破坏评价。

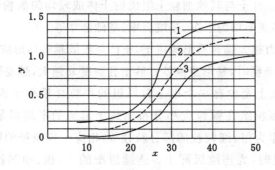

图 3-24　管涌临界水力比降与细颗粒含量的关系

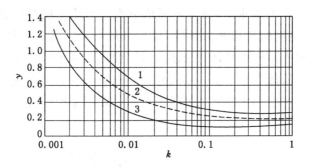

图 3-25　管涌水力比降与渗透系数的关系

管涌型或过渡型临界水力比降宜采用下式计算：

$$J_{cr} = 2.2(d_s - 1)(1 - n)^2 \frac{d_5}{d_{20}} \tag{3-11}$$

3. 渗透变形的防治

土的渗透变形是堤坝、基坑和边坡失稳的主要原因之一，设计时应予以足够的重视。防止渗透变形的措施包括：采用不透水材料或者完全阻断土中的渗流路径，或者增加渗透路径，减少水力坡降；也可在渗流出溢处布置减压、压重或反滤层防止流土和管涌的发生。基本措施是"上游挡、下游排"。

对堤坝及其地基的渗透变形防治，垂直防渗可用黏土、混凝土、塑性混凝土、自凝灰浆和土工膜等材料，既可以作为坝体和堤身的防渗体，也可作为透水地基的防渗体。水平铺盖防渗层一般使用黏土铺筑，要求土料的渗透系数 $k < 10^{-5}$ cm/s，铺盖厚度 $0.5 \sim 1.0$ m，允许垂直水力坡降 $4 \sim 6$。也可用土工膜做水平防渗铺盖。在堤防中，上游设置水平铺盖，下游铺设压盖重，压重采用透水堆石，一方面可在上游减少渗流水量，另一方面可在下游减小水力梯度。对于上层相对不透水、下层透水的双层地基，为防止堤坝背水坡脚处上层土下部受较大的向上水力坡降而发生流土，可用透水材料做成减压井，通过反滤层使下层中水安全排出，降低土的水力坡降。为避免堤坝的背水坡渗流出溢处发生渗透变形，可采用棱柱式排水、褥垫式排水或贴坡式排水，均可使出溢点水里坡度降低，避免沿坡渗流引起的冲刷。如图 3-26 所示。

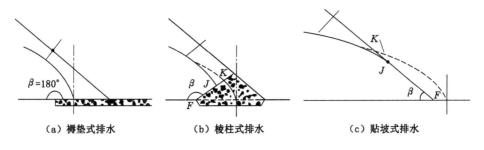

（a）褥垫式排水　　　（b）棱柱式排水　　　（c）贴坡式排水

图 3-26　堤坝背水坡脚排水

　　基坑渗透变形的防治措施与堤坝相似,如图 3-27 所示。当透水层厚度不大时,可以将垂直防渗体插入下面不透水层,完全阻断地下水。当透水层厚度较大时,可以做成悬挂式垂直防渗,减少基底的溢出水力坡降,也可采用高压喷射注浆法形成水平隔渗层防止地下水引起基底流土。用透水材料如砂砾石铺设在坑底形成压渗盖重,也可有效地防止坑底的流土破坏。压渗盖重是由一层或几层不同粒径的材料组成的反滤层,一方面要求渗透水不会在滤层产生过大的水头损失,另一方面能保护坑底土,不使细颗粒流失或堵塞在滤层孔隙中。

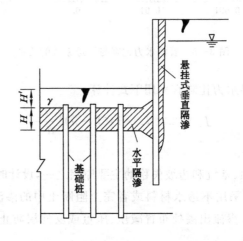

图 3-27　基坑的竖向隔渗和水平封底隔渗

第四章　风成地貌和干旱区工程

风力对地表物质的侵蚀、搬运和堆积过程中所成的地貌,称为风成地貌。主要分布在干旱和半干旱地区,特别是其中的沙漠地带,那里日照强,昼夜气温剧变,物理风化盛行;降水少,变率大,且又集中,蒸发强烈,年蒸发量常数倍、数十倍于降水量;地表径流贫乏,流水作用微弱;植被稀疏矮小,疏松的沙质地表裸露,特别是风大而频繁。所以,风就成为塑造地貌的主要营力,风成地貌特别发育。

第一节　风　成　地　貌

一、风沙作用

风和风沙流对地表物质所发生的侵蚀、搬运和堆积作用,称为风沙作用。

1. 风沙流

含沙的气流称为风沙流。从流体力学角度来看,它是一种气-固两相流。风沙流运动是一种贴近地面的沙子搬运现象,其搬运的沙量绝大部分是在近地面的气流层中通过的。风沙流是风力作用的一种特殊的运动介质,是很多风力剥蚀地貌形成的重要动力。风沙流中的砂粒含量和粒径虽受风速的影响,但始终具有从地面向上含量递减的规律(图 4-1),而且砂粒主要集中在距地面 50 cm 范围内(表 4-1),且很活跃。

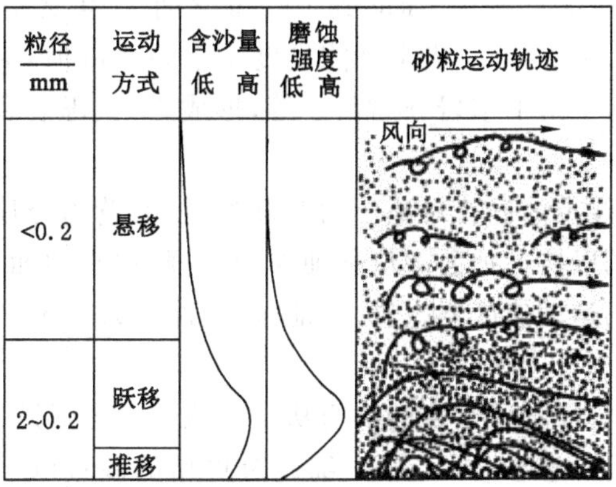

粒径 mm	运动方式	含沙量 低　高	磨蚀强度 低　高	砂粒运动轨迹
<0.2	悬移			风向
2~0.2	跃移			
	推移			

图 4-1　风沙流砂粒含量剖面图

表 4-1　不同高度气流层内搬运的沙量

风速/(m/s)	9.8							5				
高度/cm	0~10	10~20	20~30	30~40	40~50	50~60	60~70	3.6	3.6~7.2	7.2~10.8	10.8~14.4	14.46~32.4
含沙量/%	79.32	12.30	4.79	1.50	0.95	0.74	0.40	43.0	31.0	16.1	6.5	3.4

注：据兹纳门斯基等资料编，转自杨景春，1985。

2. 风蚀作用

风的剥蚀作用简称风蚀作用，就是风以自身的动力和挟带的砂粒对地面岩石进行破坏并将其剥离原地的过程，是纯机械的破坏。风蚀作用以吹蚀作用和磨蚀作用两种方式不断破坏地表，形成各种剥蚀地貌。

吹蚀作用是指风以自身的动力将地面的沙尘扬起带走，使地面下凹的过程。风速及运动形式对吹蚀作用影响较大，风速大于 4 m/s 时，可扬起 0.25 mm 粒径的砂粒（表 4-2）；大于 5 m/s 时，可将粉砂垂直抬升到 3 000 m 的高空，龙卷风更容易扬起地面上的重物质。吹蚀作用可引起沙尘天气。

表 4-2　不同粒径砂粒的启动风速（距地面 2 m 高处）

启动风速/(m/s)	粒径/mm	粒级名称
0.10~0.25	4.0	细砂
0.25~0.50	5.6	中砂
0.50~1.00	6.7	粗砂
1.00~2.00	9.0	极粗砂
>2.00	>9.0	砾石

注：据朱震达等，1981。

按大气中尘沙的含量和能见度不同，沙尘天气可分为浮尘、扬沙、沙尘暴。浮尘是在空气中含浮游的尘沙，出现时水平能见度小于 10 km；扬沙是空气含大量的尘沙，空气相当混浊，能见度明显下降，水平能见度在 1 km 到 10 km 之间；沙尘暴是空气含大量的尘沙，空气非常混浊，水平能见度小于 1 km。当水平能见度小于 500 m 时，为强沙尘暴。吹蚀作用不仅能把细小的物质吹走，残留下基岩、砾石、砂等，形成岩漠、砾漠和沙漠，而且使地面降低，形成风蚀洼地、风蚀湖等。

磨蚀作用是指风以挟带的砂石对地面的磨蚀过程，其营力介质就是风沙流。鉴于风沙流的含沙特性，磨蚀作用以接近地面部位磨蚀作用最强，但近地面处是减弱的，因为受地面摩擦阻力的影响，砂粒的运动速度要减慢，动能减小，冲击力变弱。

3. 风的搬运作用

风的搬运作用就是将风剥蚀下来的物质从一个地点搬运到另一个地点的过程。其搬运方式有三种，即推移、跃移、悬移（图 4-1）。细砂及更粗的砂粒以推移和跃移的形式搬运最多，而粉砂和黏土则主要以悬浮的形式搬运。推移是以沙堆向前蠕动的形式移动，因此又称蠕移，其运动速度慢，一般在 1~2 cm/s 左右；跃移是风力搬运作用最活跃的一种形式，主要集中在距地面 0.5~1.5 m 的范围，其速度快，一般可达每秒数十到数百厘米，运沙量较高；

悬移则把尘土搬运得很远,几十千米、几百千米、几千千米、上万千米,甚至可绕地球搬运数圈也不沉积下来。

4. 风的堆积作用

风沙搬运过程中,当风速变弱或遇到障碍物(包括植物或地表微小的起伏),以及地面结构、下垫面性质改变时,都能够发生砂粒从气流中脱离堆积。如地表具有任何形式的障碍物,气流在运行时就会受到阻滞而发生涡旋减速,从而削弱了气流搬运沙子的能量,就会在障碍物附近产生大量的风沙堆积。

二、风蚀地貌

在干旱气候区,地表植被覆盖少,基岩或第四纪沉积物裸露,在风蚀的作用下可形成各种风蚀地貌。

1. 风蚀洼地和风蚀湖

如图4-2所示,松散物质组成的地面,经风的长期吹蚀,可形成大小不同的浅凹地,称为风蚀洼地。它们多呈椭圆形,沿主风向伸展。单纯由风蚀作用造成的洼地多为小而浅的碟形洼地。如准噶尔盆地三个泉子干谷以北,平坦薄层沙地上分布有许多碟形洼地,直径都在50 m以下,深度仅1 m左右。

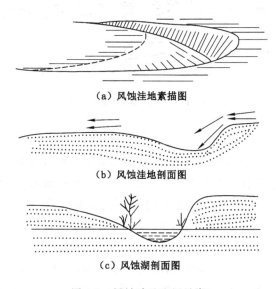

(a) 风蚀洼地素描图

(b) 风蚀洼地剖面图

(c) 风蚀湖剖面图

图 4-2 风蚀洼地和风蚀湖

风蚀洼地在风蚀过程中,当风蚀深度低于潜水面时,地下水出露可潜水成湖。如我国呼伦贝尔沙地中的乌兰湖、浑善达克沙地中的查干诺尔、毛乌素沙地中的纳林诺尔等都是这样形成的。

2. 风棱石

风棱石是干旱荒漠特别是广大砾石荒漠中最常见的一种小型风蚀地貌形态。砾漠中的砾石,经过风沙长时间的磨蚀作用后,变成棱角明显、表面光滑的风棱石。成因是部分凸露地表的砾石,经定向风沙长期打磨露出地面部分形成一个磨光面(风蚀面),以后由于风向的改变或砾石的翻转重新取向,又形成另一个磨光面,面与面之间则隔着尖棱,这样就形成了风棱石。

3. 石窝

在干旱荒漠中,另一种经常可以遇到的小型风蚀形态是石窝。石窝多发育在石质荒漠中巨大岩石的迎风峭壁上,是许多圆形或不规则的椭圆形小洞穴和凹坑(石袋),有的散布,有的群集,其直径约 20 cm,深度 10～15 cm。密集分布的凹坑中间隔以狭窄的石条,形状如窗格或蜂窝,故称石窝,又称石格窗。

4. 风蚀蘑菇和风蚀柱

孤立凸起的岩石,尤其是水平节理和裂隙很发育而不甚坚实且经受长期的风化和风蚀作用以后,形成上部大、基部小、外形很像蘑菇的岩石,称为风蚀蘑菇(图 4-3)。垂直裂隙发育的岩石,在风的长期吹蚀后,可形成一些高低不等、大小不同的孤立柱,称为风蚀柱。

图 4-3　风蚀蘑菇(蘑菇石)

5. 风蚀谷和风蚀残丘

风对先前形成的谷地不断吹蚀和磨蚀,将其改造成一种奇特的谷地,即风蚀谷。风蚀谷与河谷和冰蚀谷在形态上有很大的不同。在平面上,谷地蜿蜒曲折,可狭长,也可宽阔,支谷与主谷随意相交,毫无规律性,极为复杂;在横剖面上,为葫芦形,即近谷底较宽,向上变小,两壁多较陡直;在纵剖面上,谷地凹凸不平,甚至支谷低于主谷,谷口高于内部。在谷壁上常发育风蚀穴、风蚀壁龛,谷底有崩塌堆积物。

随着风蚀谷的不断扩大,两谷地间凸出的垄地变窄,并经过风的吹扬和磨蚀作用,形成凸出地面的风蚀残丘。如果在垂直节理发育的黄土地区或水平层理发育的沉积物地区,经风蚀作用后形成高低错落的风蚀残丘,远观似城堡的残垣断壁,即风蚀城(图 4-4)。

图 4-4　风蚀城

6．风蚀雅丹

风蚀垄槽(即雅丹)，最初是指形成于塔克拉玛干沙漠东北部，由于干涸的湖底沉积物干缩形成的龟裂，再经风蚀作用改造形成的沟垄纵横的地形(图4-5)。维吾尔语原意为"陡壁的小丘"，现泛指干燥地区河湖相土状沉积物所形成的地面，经风化作用、间歇性流水冲刷和风蚀作用，形成与盛行风向平行、相间排列的风蚀土墩和风蚀凹地(沟槽)的地貌组合。

0   1 m

图 4-5   风蚀雅丹

三、风积地貌

风积地貌是指风成沙堆积形成的地貌，当风沙流前进方向存在障碍时，如树、大砾石、山丘、高地形等，砂粒就堆积下来形成特殊地形，即风积地貌。风积地貌的形态变化很大，主要受风沙流的速度、风向、含沙量以及障碍物的规模等因素影响。通常是按地貌形成与风向的关系进行分类。其中，最基本的是由风成沙堆积成的形态各异、大小不同的沙丘。

1．横向沙丘

(1)新月形沙丘：是一种最简单的横向沙丘形态。顾名思义，新月形沙丘最显著的形态特征是平面呈新月形，沙丘的两侧有顺着风向向前伸出的两个兽角(翼)。如图4-6所示，新月形沙丘的剖面形态是有两个不对称的斜坡，迎风坡凸而平缓，坡度在5°～20°；背风坡凹入而较陡，坡度为28°～34°，相当于沙子的最大休止角。两坡之间的交接线为弧形沙脊。沙丘高度都不大，一般为1～5 m，很少超过15 m，其宽度一般为长度的10倍。单个新月形沙丘大多零星分布在沙漠的边缘地区。

(2)新月形沙丘链：由密集的新月形沙丘相互横向连接，可形成一条链索，称为沙丘链。高度一般在10～30 m左右，长度可达数百米，甚至千米以上。有的沙丘链弯曲度较大，两坡不对称(在单向风地区)；有些沙丘链则比较平直，两坡也比较对称(在相反方向风交互作用地区)。因沙丘链的排列方向(走向)与长期的起沙风合成风向近于垂直，所以归为横向沙丘。

(3)其他横向沙丘：新月形沙丘和沙丘链在水分条件较好的长草情况下，被植物所固定和半固定时可形成梁窝状沙丘。梁窝状沙丘可以再度受到吹扬，沙丘顶部因相对高起，水分、植被条件较差，易受风的吹扬，使丘体不断向前移动，而两翼高度较低，植物固定程度较好，风的作用受到阻碍，沙子不再移动而仍被留在原地。这种发展的结果，就形成反向沙丘形态——抛物线形丘。

2．纵向沙丘

纵向沙丘是顺风向延伸的纵向沙垄，也称线形沙丘。纵向沙垄平直，做线状伸展，高度一般在10～25 m，长度可从数百米到数千米不等。

纵向沙丘的成因，各家看法不一致。一种观点认为是在两个锐角相交的风交互作用下，

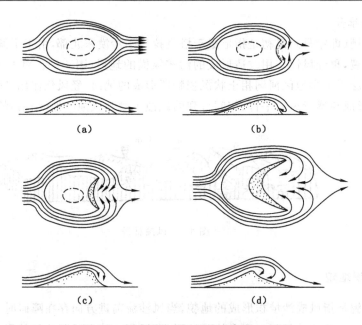

(a)   (b)

(c)   (d)

图 4-6   新月形沙丘及形成示意图

由灌丛沙丘向垄状沙链再逐步演变到树枝状沙垄。另一种观点认为,在两种风向呈锐角斜交的情况下,由新月沙丘的一翼向前延伸所形成。还有一种观点认为,纵向沙丘的形成主要是与大气边界层的纵向螺旋状卷轴涡流作用有关,纵向螺旋状卷轴涡流将地面吹蚀的沙子搬运到双反转的涡流之间地表的收敛空气狭长带堆积,形成了顺风向延伸的纵向沙垄。

3. 多方向风作用下的沙丘

金字塔沙丘是在多风向且在风力相差不大的情况下发育起来的一种沙丘,因其形态与埃及尼罗河畔的金字塔相似而得名。有时其形态像海星,故又称为星形沙丘。金字塔沙丘有一个尖的顶,从尖顶向不同方向延伸出三个或更多的狭窄沙脊(棱),每个沙脊都有一个发育得很好的滑动面(棱面),坡度一般在 25°～30°左右,丘体高大。

4. 沙丘移动规律

沙丘移动是相当复杂的,与风、沙丘高度、水文植被状况等很多因素有关。如图 4-7 所示,一般有如下三种移动方式:① 前进式,是在单一的风向作用下产生的;② 往复前进式,是在两个方向相反而风力大小不等的情况下产生的;③ 往复式,是在风力大小相等、方向又相反的情况下产生的。

风沙活动、沙丘前移,可以侵入农田牧场、埋没房屋、侵袭道路,给农业生产和工矿、交通建设造成很大危害。防治沙害的关键是控制沙质地表风蚀过程的发展,削弱风沙流的强度和固定沙丘,一般可采取工程防治和植物固沙两种方法。

四、荒漠

1. 荒漠的类型

荒漠是不适宜耕种和生存的地带,是一种大型的地貌组合。根据荒漠的物质组成特征和风力作用特点,把荒漠分为岩漠、砾漠、沙漠、泥漠和盐漠。

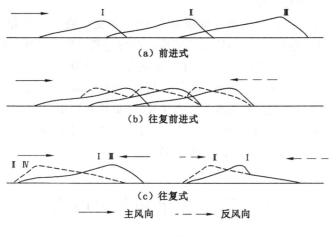

（a）前进式

（b）往复前进式

（c）往复式

——→　主风向　 - - - →　反风向

图 4-7　沙丘移动方式

岩漠又称石质荒漠，它发育在干旱山地中，特点是地面切割得破碎不堪，山岭陡峭，石骨嶙峋，基岩凸露地表。

砾漠为地势起伏平缓、地面布满砾石的地区。它多发育于内陆山前冲积-洪积平原上，在强劲的风力作用下，吹走了细粒物质（沙、粉尘等），整个地表留下了粗大砾石，便形成一片广大的砾石荒漠。砾漠中的砾石常被风所挟带的沙子磨蚀成带棱角的、表面光滑的风棱石，有些砾石表面可见到油黑色漆皮。世界上砾漠分布较广，如我国西北的河西走廊，柴达木和塔里木等内陆盆地的山前地带，蒙古大戈壁，以及北非阿尔及利亚的部分地区。

沙漠是指地表覆盖有大面积风成沙的地区。世界主要沙漠见表 4-3。这里风沙活动强烈，形成各种风成地貌形态。沙漠是荒漠中分布最广的一种类型。此外，在半干旱的干草原地区，也常有大面积为风成沙所覆盖的地面，称为"沙地"。但在一般人的习惯中，也常把它叫作沙漠。

表 4-3　世界主要沙漠

沙漠名称	面积/(10^4 km²)	沙漠名称	面积/(10^4 km²)
撒哈拉沙漠（北非）	906.5	阿拉伯沙漠（阿拉伯半岛）	129.5
澳大利亚沙漠	155.4	赞比亚沙漠	168.4
巴塔哥尼亚沙漠（南美）	67.3	大沙漠（澳大利亚）	41.5
塔克拉玛干沙漠（中国）	32.74	古尔班通古特沙漠（中国）	4.73

泥漠是由黏土物质组成的地面，分布在干旱区的低洼地带，如封闭盆地的中心。它是由洪流从山区搬运来的细土物质淤积干涸而成。泥漠的地面平坦，发育有龟裂纹，植物稀少，地表光裸。有的泥漠地区，地下水位较浅且含有大量盐分，蒸发形成盐土、盐壳甚至盐岩层，则称为盐沼荒漠或盐漠。

2. 荒漠化问题

荒漠化是当今人类面临的全球性的严重环境问题之一。根据联合国公布的资料，目前已经荒漠化或正在经历荒漠化过程的地区遍及世界六大洲 100 多个国家和地区，世界上五分之一的人口受到荒漠化的威胁。

　　荒漠化概念是由法国科学家奥布里维尔于 1949 年提出的。1994 年 10 月,《联合国防治荒漠化公约》在巴黎签署,公约中给出了荒漠化的新定义,即"荒漠化系指包括气候变化和人类活动在内的种种因素造成的干旱、半干旱和亚湿润干旱地区的土地退化"。

　　由于干旱区生态系统具有脆弱而易破坏的特性,因此在开发水、土、植物资源时,应当注意自然潜力与土地利用系统之间的动态平衡关系,掌握适度利用、开发利用和资源保护并举的原则,必须因地制宜确定本区利用方向,做到适应自然条件的利用。在预防沙漠化的同时,还应采取相应的治理沙害的措施,做到预防为主、防治结合。

第二节　黄土和黄土地貌

一、黄土的分布与特性

　　黄土(包括黄土状土)在世界上分布相当广泛,从全球来看,黄土主要位于比较干燥的中纬度地带,如西欧莱茵河流域,东欧平原南部,北美密西西比河中上游以及我国西北、华北等地,面积约 1 300 万 km²,约占全球陆地面积的 1/10。

　　我国北方是世界上黄土最发育的地区,面积有 63.1 万 km²,占全国面积的 6.6%。黄河中下游的陕西北部、甘肃中部和东部、宁夏南部以及山西西部,是我国黄土分布最集中的地区,分布面积广、厚度大、地势较高,形成著名的黄土高原,黄土厚度在 50~100 m 之间,六盘山以西的部分地区甚至还有超过 200 m 的。

　　黄土是一种灰黄色或棕黄色特殊的土状堆积物,质地均一,以粉砂(0.05~0.005 mm)为主,其含量可达 60% 以上;大于 0.1 mm 的细砂极少,小于 0.005 mm 的黏粒含量一般在 10%~25% 之间。早期的黄土比晚期的黄土黏土颗粒含量高,细砂粒级(0.25~0.05 mm)含量较低。所以,午城黄土的黄土质地较黏重,而马兰黄土质地疏松。

　　黄土富含碳酸钙,其含量一般在 10%~16% 之间。黄土中含有钙质,遇水溶解而使土粒分离,黄土成分散状;碳酸钙在淋溶与聚集过程中,逐渐汇集在一起成为钙质结核,称为砂姜石,在黄土中常呈水平带状分布,常富集于古土壤层的底部。

　　黄土结构较松散,颗粒之间孔隙较多,且有较大的孔洞,肉眼可见,孔隙度一般在 40%~55%。多孔性是黄土区别于其他土状堆积物的主要特征之一。

　　黄土无沉积层理,垂直节理很发育,直立性很强,深厚的黄土层常形成陡峻的崖壁,土崖可以维持百年而不崩坠。

　　黄土透水性较强,遇水浸湿后易发生可溶性盐类溶解和黏土颗粒的流失,强度显著降低,受到上部土层或构造的重压,常发生强烈的沉陷和变形。黄土的湿陷性是一个至关重要的问题,因为黄土的沉陷可以毁坏建筑工程。

　　自然界有一种与黄土性质相近的堆积物,称为黄土状土,它具有黄土的部分特性。但是,这种土往往具有沉积层理,粒度变化较大,孔隙度较低,含钙量变化显著,并无明显的湿陷性,可借此与黄土相区别。

二、黄土的成因

黄土的成因主要有风成说、水成说和风化残积说三种观点。其中,风成说历史长、影响大、拥护者多。

我国黄土分布区的北面正是沙漠戈壁,自北向南戈壁、沙漠、黄土三者逐渐过渡,呈带状排列;黄土的矿物成分具有高度的一致性,与所在地方下伏基岩的矿物成分没有多大联系;粒度组成依西北风方向呈有规律性地变化,西北部靠近沙漠地区的黄土颗粒成分较粗,黄土剖面中夹有风成沙层,越往东南沙漠粒度成分逐渐变细;黄土披盖在多种成因、形态起伏显著的各种地貌类型上,并保持相似的厚度,黄土中含有陆生草原动、植物化石,有随下伏地形起伏的多层埋藏古土壤。这些特征比较充分地证明了我国黄土是风成所致,且与沙漠戈壁的关系密切。

黄土的水成说认为,在一定的地质、地理环境下,黄土物质为各种形式的流水作用所搬运堆积(包括坡积、洪积、冲积等),形成各种水成黄土。

黄土的残积说认为,黄土是在干燥气候条件下,通过风化和成土作用过程使当地的多种岩石改造成黄土,而不是从外地搬运来的。

三、黄土中的气候旋回记录

黄土分布广,沉积较连续,堆积时间长,含有较丰富的气候与环境变化记录。根据年代学资料,黄土中气候变化旋回可以和深海沉积物氧同位素阶段、湖泊沉积物和冰岩心中的气候旋回对比,这是探讨全球气候与环境变化的一个重要方面。

干冷期堆积的黄土-古土壤层和温湿期发育的区域性侵蚀面在垂直剖面上交替出现,侵蚀面所反映的气候往潮湿方向转变,流水切割程度比古土壤形成时更为强烈。当剥蚀区形成区域性侵蚀面时,相邻堆积区则堆积了与剥蚀期同时期的河-湖相沉积物。中国科学院院士刘东生根据中国黄土中存在的区域性侵蚀面、侵蚀面上下黄土岩性及古土壤层性质和哺乳动物化石,把中国更新世黄土分为三套:早更新世午城黄土、中更新世离石黄土(又据侵蚀面分为上部和下部)和晚更新世马兰黄土,反映了中国黄土堆积过程中由暖到冷的四个气候变化旋回(表 4-4)。

表 4-4　中国第四纪黄土地层表

极性	地质时代	地层	相关沉积(河湖相)
布容	晚更新世(Q$_3$)	马兰黄土	萨拉乌苏组
	中更新世(Q$_2$)	离石黄土上部	
		离石黄上下部	丁村组
松山	早更新世(Q$_1$)	午城黄土	陕县组
高斯	上新世(N$_2$)	三趾马红黏土	

四、黄土地貌

黄土地貌特点是千沟万壑、丘岗起伏、峁梁逶迤,即使部分地区的顶部还是相当平坦,但两侧却十分陡峻。沟谷和沟间地是黄土高原的主要地貌形态。其中,沟谷地貌主要是现代流水侵蚀作用所成;而沟间地貌的形成,明显受到古地形的影响,即在古地形基础上由黄土风成堆积叠加而成。

1. 黄土沟谷地貌

黄土沟谷按照发生的部位、发育阶段和形态特征,一般也有细沟、切沟、冲沟和坳沟等几种。所以,黄土沟谷的发展过程,与一般正常流水沟谷发展相似。但由于黄土质地疏松,垂直节理发育,加上有湿陷性,常伴以重力、潜蚀作用,故黄土沟谷系统发展较快。

2. 黄土沟间地地貌

沟间地是指沟谷之间的地面。沟间地的地貌形态有塬、梁、峁,从分布面积来看,它们是黄土高原的地貌主体,这些地貌类型主要是由黄土堆积作用造成的。

黄土塬是面积广阔且顶面平坦的黄土高地。塬面中央部分斜度不到 1°,边缘部分大约在 3°~5°。塬受到沟谷长期切割,面积逐渐缩小,同时也变得比较破碎,就形成"破碎塬"。

黄土梁是长条形的黄土高地。它主要是黄土覆盖在古代山岭上而形成的,也有些梁是塬受现代流水切割产生的。

黄土峁是一种孤立的黄土丘,呈圆穹形。峁顶坡度为 3°~10°,四周峁坡均为凸形斜坡,坡度 10°~35°不等。若干连接在一起的峁,称为峁梁;有时峁成为黄土梁顶的局部组成体,称为梁峁。峁大多数是由梁进一步被切割而成的,黄土峁和梁经常同时并存,组成黄土丘陵。

第三节　干旱区工程

干旱区特有的气候特征,使工程活动面对的具体问题具有特殊性。除前述干旱区洪积扇的工程问题、荒漠化和防风固沙问题等,干旱区的盐渍土和湿陷性黄土作为两种典型的特殊土,一直是工程活动关注的重点。

一、盐渍土工程

1. 盐渍土的概念

盐渍岩土系指含有较多易溶盐类的岩土。易溶盐含量大于 0.3%,且具有溶陷、盐胀、腐蚀等特性的土称为盐渍土。含有较多的石膏、芒硝、岩盐等硫酸盐或氯化物的岩层,则称为盐渍岩。

盐渍岩是由含盐度较高的天然水体(如潟湖、盐湖、盐海等)通过蒸发作用产生的化学沉积所形成的岩石。盐渍土是当地下水沿土层的毛细管升高至地表或接近地表,经蒸发作用,水中盐分被析出并聚集于地表或地下土层中形成的。

2. 盐渍土的分布

我国盐渍土主要分布在西北干旱地区的青海、新疆、甘肃、宁夏、内蒙古等地区;在华北平原、松辽平原、大同盆地和青藏高原的一些湖盆洼地也有分布。滨海地区,由于海水侵袭也常形成盐渍土。在平原地带,由于河床淤积或灌溉等原因也常使土地盐渍化,形成盐渍土。盐渍土的厚度一般不大,平原和滨海地区一般在地表向下 2~4 m,其厚度与地下水的埋深、土的毛细作用上升高度和蒸发强度有关;内陆盆地盐渍土的厚度有的可达几十米,如柴达木盆地中盐湖区的盐渍土厚度就达 30 m 以上。

绝大多数盐渍土分布地区,地表有一层白色盐霜或盐壳,厚数厘米至数十厘米。盐渍土中盐分的分布随季节、气候和水文地质条件而变化,在干旱季节地面蒸发量大,盐分向地表聚集,这时地表土层的含盐量可超过 10%,随着深度的增加,含盐量逐渐减少。雨季地表盐分被地面水冲淋溶解,并随水渗入地下,表层含盐量减少,地表白色盐霜或盐壳甚至消失。因此,在盐渍土地区经常发生盐类被淋溶和盐类聚集的周期性发展过程。

3. 盐渍土的分类

干旱地区盐渍土可按照含盐类型和含盐量进行分类。

按含盐类的性质可分为氯盐类($NaCl$、KCl、$CaCl_2$、$MgCl_2$)、硫酸盐类(Na_2SO_4、$MgSO_4$)和碳酸盐类(Na_2CO_3、$NaHCO_3$)三类。盐渍土所含盐的性质,主要以土中所含阴离子的氯根(Cl^-)、硫酸根(SO_4^{2-})、碳酸根(CO_3^{2-})、重碳酸根(HCO_3^-)的含量(每 100 g 土中的毫摩尔数)的比值来表示。其分类见表 4-5。

表 4-5　盐渍土按含盐类型的分类

盐渍土名称	$c(Cl^-)/2c(SO_4^{2-})$	$2c(CO_3^{2-})+c(HCO_3^-)/c(Cl^-)+2c(SO_4^{2-})$
氯盐渍土	>2.0	—
亚氯盐渍土	2.0~1.0	—
亚硫酸盐渍土	1.0~0.3	—
硫酸盐渍土	<0.3	—
碱性盐渍土	—	>0.3

当土中含盐量超过一定值时,对土的工程性质就有明显影响,因此在按含盐性质分类的基础上,进一步按含盐量分类是必要的。其分类见表 4-6。

表 4-6　盐渍土按含盐量的分类

盐渍土名称	平均含盐量/%		
	氯盐及亚氯盐	硫酸盐及亚硫酸盐	碱性盐
弱盐渍土	0.3~1.0	—	—
中盐渍土	1.0~5.0	0.3~2.0	0.3~1.0
强盐渍土	5.0~8.0	2.0~5.0	1.0~2.0
超盐渍土	>8.0	>5.0	>2.0

4. 盐渍土的工程性质

(1) 盐渍土的溶陷性

盐渍土中的可溶盐经水浸泡后溶解、流失,致使土体结构松散,在土的饱和自重压力下出现溶陷;有的盐渍土浸水后,需在一定压力作用下才会产生溶陷。盐渍土溶陷性的大小,与易溶盐的性质、含量、赋存状态和水的径流条件以及浸水时间的长短等有关。

(2) 盐渍土的盐胀性

硫酸(亚硫酸)盐渍土中的无水芒硝(Na_2SO_4)的含量较多,无水芒硝在 32.4 ℃ 以上时为无水晶体,体积较小;当温度下降至 32.4 ℃ 时,吸收 10 个水分子的结晶水,成为芒硝($Na_2SO_4 \cdot 10H_2O$)晶体,体积增大。温度在 32.4 ℃ 上下如此不断地循环反复作用,使土体变松。碳酸盐渍土中含有大量吸附性阳离子,遇水时与胶体颗粒作用,在胶体颗粒和黏土颗粒周围形成结合水薄膜,减少了各颗粒间的黏聚力,使其互相分离,也引起土体盐胀。资料证明,当土中的 Na_2CO_3 含量超过 0.5% 时,其盐胀量即显著增大。

(3)盐渍土的腐蚀性

硫酸盐渍土具有较强的腐蚀性,当硫酸盐含量超过 1% 时,对混凝土产生有害影响,对其他建筑材料也有不同程度的腐蚀作用。氯盐渍土具有一定的腐蚀性,当氯盐含量大于 4% 时,对混凝土产生不良影响,对钢铁、木材、砖等建筑材料也具有不同程度的腐蚀性。碳酸盐渍土对各种建筑材料也具有不同程度的腐蚀性。腐蚀的程度,除与盐类的成分有关外,还与建筑结构所处的环境条件有关。

5. 盐渍土的工程评价

外界环境的条件变化会对盐渍岩土工程性能造成影响,此时会对场地和地基有较大影响,应对场地的适宜性和岩土工程条件进行评价。进行评价时应考虑岩土的含盐类型、含盐量和主要含盐矿物对岩土工程性能的影响。

(1)盐渍土的溶陷性评价

根据资料,只有干燥的和稍湿的盐渍土才具有溶陷性,且大都具自重溶陷性。溶陷性的评价应先进行初步判定。

符合下列条件之一的盐渍土地基,可初步判定为非溶陷性或不考虑溶陷性对建筑物的影响:碎石类盐渍土中洗盐后粒径大于 2 mm 的颗粒超过全重的 70% 时,可判为非溶陷性土;碎石土、砂土盐渍土的湿度为很湿至饱和,粉土盐渍土的湿度为很湿,黏性土盐渍土的状态为软塑至流塑时,可判为非溶陷性土。

当需进一步判别时,可采用溶陷系数 δ 值进行评价。溶陷系数可以由压缩试验或者现场浸水载荷试验测得,δ 指溶陷量与土样原始高度的比值。根据溶陷系数 δ 值的大小,盐渍土的溶陷性分级见表 4-7。

表 4-7　盐渍土溶陷性分级

溶陷性	轻微溶陷性	中等溶陷性	强溶陷性
δ	$0.01 < \delta \leqslant 0.03$	$0.03 < \delta \leqslant 0.05$	$\delta > 0.05$

实际工程中,盐渍土的溶陷性随深度有较大变化,一般根据实际基础的埋深,用基础底面以下的地基土总溶陷量 s_{δ_0} 评价地基土的溶陷等级,总溶陷量可按下式计算:

$$s_{\delta_0} = \sum_{i=1}^{n} \delta_i h_i \tag{4-1}$$

式中　δ_i ——第 i 层土的溶陷系数;

h_i ——第 i 层土的厚度,mm;

n ——基础底面(初勘自地面 1.5 m 算起)以下全部溶陷性盐渍土的层数,其中 δ 值小于 0.01 的非溶陷性土层不计入。

根据总溶陷量数值大小可以将盐渍土地基划分为三个溶陷等级,见表4-8。

表 4-8 盐渍土地基的溶陷等级

地基的溶陷等级	地基总溶陷量 s_{δ_0}/mm
弱溶陷,Ⅰ	$70 < s_{\delta_0} \leqslant 150$
中等溶陷,Ⅱ	$150 < s_{\delta_0} \leqslant 400$
强溶陷,Ⅲ	$s_{\delta_0} > 400$

(2)盐渍土的盐胀性评价

盐渍土的盐胀性主要是由于硫酸钠结晶吸水后体积膨胀造成的。盐渍土地基的盐胀性是指整平地面以下2 m深度范围内土的盐胀性。盐胀性宜根据现场试验测定有效盐胀厚度和总盐胀量确定。当盐渍土地基中的硫酸钠含量不超过1.0%时,可不考虑其盐胀性。根据资料,盐渍土产生盐胀的土层厚度约为2.0 m,盐胀力一般小于100 kPa。

盐渍土的盐胀性可根据盐胀系数 η 的大小进行分类,η 指盐胀量与土样原始高度的比值,见表4-9。

表 4-9 盐渍土盐胀性分级

指标	非盐胀性	弱盐胀性	中盐胀性	强盐胀性
η	$\eta \leqslant 0.01$	$0.01 < \eta \leqslant 0.02$	$0.02 < \eta \leqslant 0.04$	$\eta > 0.04$

实际工程中,基础底面以下盐渍土的总盐胀量对基础稳定的影响远大于单一土层的影响,因此一般使用地基土总盐胀量 s_{η_0} 评价地基土的盐胀等级(表4-10),总盐胀量可以按下式计算:

$$s_{\eta_0} = \eta H \tag{4-2}$$

式中 s_{η_0}——盐渍土地基的总盐胀量,mm。

H——盐渍土地基的总厚度,mm。

表 4-10 盐渍土地基的盐胀等级

盐胀等级	总盐胀量 s_{η_0}/mm	
	道路	建(构)筑物
弱盐胀,Ⅰ	$20 < s_{\eta_0} \leqslant 60$	$30 < s_{\eta_0} \leqslant 70$
中等盐胀,Ⅱ	$60 < s_{\eta_0} \leqslant 120$	$70 < s_{\eta_0} \leqslant 150$
强盐胀,Ⅲ	$s_{\eta_0} > 120$	$s_{\eta_0} > 150$

6. 盐渍土的工程防护

工程设置应尽可能避开盐渍岩主要分布地区,对盐渍岩中的蜂窝状溶蚀洞穴可采用抗硫酸盐水泥灌浆进行处理。应防止大气降水、地表水、工业和生活用水淹没或浸湿地基和附近场地。对湿润厂房地基应设置防渗层,各类建筑物基础均应采取防腐蚀措施。在盐渍岩中开挖地下洞室时,应保持岩石的干燥,施工中禁止用水。洞室开挖后应及时喷射混凝土进行封闭。

在盐渍土地区,地基开挖后应及时进行基础施工,严禁施工用水渗入地基内。对具有盐胀性或溶陷性的盐渍土地基应进行地基处理。当采用桩基础时,桩的埋入深度应大于盐胀性盐渍土的盐胀临界深度。

盐渍土的地基处理(表 4-11),应根据盐渍土的性质、含盐类型、含盐量等,针对盐渍土的不同性状,在对盐渍土的溶陷性、盐胀性、腐蚀性评价的基础上,采用不同的地基处理方法。处理硫酸盐为主的盐渍土地基时,应采用抗硫酸盐水泥,不宜采用石灰材料;处理氯盐为主的盐渍土地基时,不宜直接采用钢筋增强材料。

表 4-11　常用的盐渍土地基处理方法

处理方法	适用条件	注意事项
浸水预溶	厚度不大或渗透性较好的盐渍土	需经现场试验,确定浸水时间和预溶深度
强夯	地下水位以上,孔隙比较大的低塑性土	需经现场试验,选择最佳夯击能量和夯击参数
浸水预溶+强夯	厚度较大、渗透性较好的盐渍土,处理深度取决于预溶深度和夯击能量	需经现场试验,选择最佳夯击能量和夯击参数
浸水预溶+预压	土质条件同上,处理深度取决于预溶深度和预压深度	需经现场试验,检验压实效果
换土	溶陷性较大且厚度不大的盐渍土	宜用灰土或易夯实的非盐渍土回填
振冲	粉土和粉细砂层,地下水位较高	振冲所用的水应采用场地内地下水或卤水,切忌一般淡水
物理化学处理(盐化处理)	含盐量很高,土层较厚,其他方法难以处理,且地下水位较深	需经现场试验,检验处理效果

二、湿陷性黄土区工程

1. 湿陷性黄土的力学性质

(1) 结构性与欠压密性

湿陷性黄土在一定条件下具有保持土的原始基本单元结构形式不被破坏的能力。这是由于黄土在沉积过程中的物理化学因素促使颗粒相互接触处产生了固化联结键。这种固化联结键构成的土骨架具有一定的结构强度,使得湿陷性黄土的应力-应变关系和强度特性表现出与其他土类明显不同的特点。湿陷性黄土在其结构强度未被破坏或软化的压力范围内,表现出压缩性低、强度高等特性;但结构性一旦遭受破坏,其力学性质将呈现屈服、软化、湿陷等性状。

湿陷性黄土由于特殊的地质环境条件,沉积过程一般比较缓慢,在此漫长过程中上覆压力增长速率始终比颗粒间固化键强度的增长速率要缓慢得多,使得黄土颗粒间保持着比较疏松的高孔隙度组构而未在上覆荷重作用下被固结压密,处在欠压密状态。在低含水量情况下,黄土的结构性可以表现为较高的视先期固结压力,而使得超固结比常大于 1,一般可能达到 2~3。这种现象完全不同于表征土层应力历史和压密状态的超固结。湿陷性黄土实质上是欠压密土,而由于土的结构性所表现出来的超固结称为视超固结。

（2）压缩性

湿陷性黄土的压缩系数一般介于 $0.1\sim1$ MPa^{-1} 之间。湿陷性黄土的压缩模量一般在 $2.0\sim20.0$ MPa 之间,在结构强度被破坏之后,压缩模量一般随作用压力的增大而增大。实际试验结果表明,湿陷性黄土通过载荷试验结果按弹性理论公式算出的变形模量比由压缩试验得出的压缩模量大得多,两者的比值在 $2\sim5$ 之间。由于黄土结构的复杂性和影响压缩变形的因素较多,黄土的压缩性与其孔隙比之间没有很明显的对应关系。

（3）抗剪强度

湿陷性黄土的抗剪强度除与土的颗粒组成、矿物成分、黏粒和可溶盐含量等有关外,主要取决于土的含水量和密实程度。

当湿陷性黄土的含水量低于塑限时,水分变化对强度的影响较大。直剪仪中用慢剪法得出的试验结果表明,对于塑限为 $18.2\%\sim20.7\%$ 的湿陷性黄土,当含水量由 7.8% 增加到 18.2% 时,内摩擦角和黏聚力都降低了约 1/4;当含水量超过塑限时,抗剪强度降低幅度相对较小;而超过饱和含水量后,抗剪强度随含水量的变化不大,见表 4-12。在土的含水量相同时,土体的干密度越大,表明土体密实程度越高,相应土体的抗剪强度越大。

表 4-12　含水量、干密度与黄土抗剪强度的关系

干密度 ρ /(g/cm³)	含水量 w /%	内摩擦角	黏聚力 c /kPa	干密度 ρ /(g/cm³)	含水量 w /%	内摩擦角	黏聚力 c /kPa
1.25~1.27	3.9	39°20′	70	1.42~1.44	18.3	29°20′	40
	8.6	33°50′	52		21.0	27°	26
	14.5	31°20′	32		23	26°30′	20
	19.2	30°10′	21		25.6	25°50′	10
	23.8	26°20′	6				
	27.9	26°	2				
1.36~1.38	6.1	36°50′	80	1.48~1.50	7.8	37°10′	157
	9.5	35°	65		10.0	33°	120
	12.8	31°20′	46		14.4	28°20′	80
	15.1	29°	35		18.5	26°30′	52
	20.6	28°20′	20		24.4	26°	20
	25.4	26°30′	10				
	26.5	25°20′	5				
1.42~1.44	7.0	34°10′	96	1.53~1.55	14.3	36°10′	132
	121	28°50′	58		17.7	34°30′	100
	15.8	28°30′	46		21.6	31°20′	70
					23.9	26°10′	42
					25.6	25°40′	31
					26.8	25°10′	26

2. 黄土的湿陷性评价

（1）湿陷系数

湿陷性黄土在一定压力作用下,下沉稳定后浸水饱和所产生的附加下沉量称为湿陷变形。湿陷变形是在充分浸水饱和情况下产生的,它的大小除了与土本身密度和结构性有关外,主要取决于土的初始含水量 w_0 和浸水饱和时的作用压力。湿陷性黄土在进行湿陷性试验时,浸水增湿前的含水量较低的湿陷性黄土湿陷变形相对较大。

湿陷系数是判定黄土湿陷性的定量指标,由室内压缩试验(图 4-8)测得,湿陷系数可按下式计算:

$$\delta_s = \frac{h_p - h'_p}{h_0} \tag{4-3}$$

式中　h_p——保持天然湿度和结构的试样,加至一定压力时下沉稳定后的高度,mm;

　　　h'_p——上述加压稳定后的试样,在浸水(饱和)作用下附加下沉稳定后的高度,mm;

　　　h_0——试样的原始高度,mm。

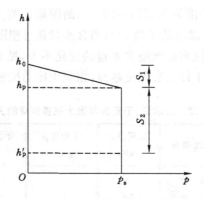

图 4-8　室内测黄土湿陷系数

测定湿陷系数的试验压力,应按基底压力和土样深度确定,土样深度自基础底面算起,如基底标高不确定时,自地面下 1.5 m 算起。基底压力小于 300 kPa 时,基底下 10 m 以内的土层应采用 200 kPa,10 m 以下至非湿陷性土层顶面应采用其上覆土的饱和自重压力;当基底压力大于 300 kPa 时,宜采用实际基底压力;当上覆土的饱和自重压力大于实际基底压力时,应用其上覆土的饱和自重压力。对压缩性较高的新近堆积黄土,基底下 5 m 以内的土层宜用 100~150 kPa 压力,5~10 m 和 10 m 以下至非湿陷性黄土层顶面应分别用 200 kPa 和上覆土的饱和自重压力。

(2)湿陷性的判定

当湿陷系数 δ_s 小于 0.015 时,应定为非湿陷性黄土;当湿陷系数 δ_s 大于或等于 0.015 时,应定为湿陷性黄土。以湿陷系数是否大于或等于 0.015 作为判定黄土湿陷性的界限值,是根据我国黄土地区的工程实践经验确定的。湿陷性黄土的湿陷程度,可根据湿陷系数值的大小分为三级,见表 4-13。

表 4-13　黄土的湿陷性分级

湿陷性	轻微	中等	强烈
δ_s	$0.015 \leqslant \delta_s \leqslant 0.03$	$0.03 < \delta_s \leqslant 0.07$	$\delta_s > 0.07$

湿陷性黄土地基的湿陷程度对基础和结构的影响才是工程中关注的重点,对湿陷性地基的湿陷等级进行评价是工程设计中的重要内容。可以依据地基的自重湿陷量和湿陷量的计算值进行评价,见表 4-14。

表 4-14　湿陷性黄土地基的湿陷等级

场地湿陷类型	非自重湿陷性场地	自重湿陷性场地	
	$\Delta_{zs} \leqslant 70$	$70 < \Delta_{zs} \leqslant 350$	$\Delta_{zs} > 350$
$50 < \Delta_s \leqslant 100$	Ⅰ(轻微)	Ⅰ(轻微)	Ⅱ(中等)
$100 < \Delta_s \leqslant 300$	Ⅰ(轻微)	Ⅱ(中等)	Ⅱ(中等)
$300 < \Delta_s \leqslant 700$	Ⅱ(中等)	Ⅱ(中等)或Ⅲ(严重)	Ⅲ(严重)
$\Delta_s > 700$	Ⅱ(中等)	Ⅲ(严重)	Ⅳ(很严重)

注:当湿陷量的计算值 $\Delta_s > 600$ mm、自重湿陷量的计算值 $\Delta_{zs} > 300$ mm 时,可判为Ⅲ级;其他情况可判为Ⅱ级;上表中单位均为 mm。

自重湿陷量按下式计算:

$$\Delta_{zs} = \beta_0 \sum_{i=1}^{N} \delta_{zsi} \cdot h_i \tag{4-4}$$

式中　δ_{zsi}——第 i 层土的自重湿陷系数,取单位厚度的土样在该试样深度处上覆土层饱和自重压力作用下所产生的湿陷变形,以小数表示;

　　　h_i——第 i 层土的厚度,mm;

　　　β_0——因地区土质而异的修正系数。

地基的湿陷量计算值 Δ_s 按下式计算:

$$\Delta_s = \sum_{i=1}^{N} \alpha \beta \delta_{si} h_i \tag{4-5}$$

式中　δ_{si}——第 i 层土的湿陷系数,若基础尺寸和基底压力已知,可采用 $p\text{-}\delta_s$ 曲线上按基础附加压力和上覆土饱和自重压力之和对应的 δ_s 值;

　　　h_i——第 i 层土的厚度;

　　　β——考虑基底下地基土的受力状态及地区等因素的修正系数;

　　　α——不同深度地基土浸水概率系数,按地区经验取值。

3. 湿陷性黄土地基处理

湿陷性黄土地基处理的基本原则是防止或减小建筑物地基浸水湿陷,具体措施根据地基湿陷性等级和建筑物分类确定,可分为地基处理措施、防水措施和结构措施三种。应采用以地基处理为主的综合治理方法;防水措施和结构措施一般用于地基不处理或用于消除地基部分湿陷量的建筑,以弥补地基处理的不足。具体的地基处理措施应参考建筑物的类别选用,建筑物类别划分的目的是指导相应建筑的工作深度,见表 4-15。

消除地基的全部湿陷量,或采用桩基础穿透全部湿陷性土层,或将基础设置在非湿陷性土层上,常用于甲类建筑;消除地基的部分湿陷量,如采用复合地基、换土垫层、强夯、预浸水等,主要用于乙、丙类建筑;丁类建筑,地基可不处理。

表 4-15　湿陷性黄土地区建筑类别分级

建筑类别	举例
甲类	高度大于 60 m 的建筑;11 层及 11 层以上体形复杂的建筑;高度大于 50 m 的筒仓;高度大于 100 m 的电视塔;大型展览馆、博物馆;一级火车站主楼;6 000 人以上的体育馆;标准游泳馆;跨度不小于 36 m 或吊车额定起重量不小 100 t 的机加工车间;不小于 1 000 t 的水压机车间;大型热处理车间;大型电镀车间;大型炼钢车间;大型轧钢压延车间;大型电解车间;大型煤气发生站;大中型火力发电站主体建筑;大型选矿、选煤车间;煤矿主井多绳提升井塔;大型水厂;大型污水处理厂;大型游泳池;大型漂染车间;大型屠宰车间;10 000 t 以上的冷库;净化工房;有剧毒、强传染性病毒或有放射污染的建筑
乙类	高度为 24~60 m 的建筑,高度为 30~50 m 的筒仓;高度为 50~100 m 的烟囱;省(市)级影剧院、图书馆、文化馆、展览馆、档案馆;省级会展中心;大型多层商业建筑;民航机场指挥及候机楼;铁路信号楼、通信楼、铁路机务洗修库;省级电子信息中心;多层实验楼;跨度等于或大于 21 m,小于 36 m 或吊车额定起重量等于或大于 30 t,小于 100 t 的机加工车间;小于 10 000 t 的水压机车间;中型轧钢车间;中型选矿车间;小型火力发电厂主体建筑;中型水厂;中型污水处理厂;中型漂染车间;大中型浴室;中型屠宰车间;特高压输电铁塔
丙类	7 层及 7 层以下的多层建筑;高度不超过 31 m 的筒仓;高度不超过 50 m 的烟囱;浸水可能性小的风电机组基础;跨度小于 21 m 且吊车额定起重量小于 30 t 的机加工车间;单台小于 10 t 的锅炉房;一般浴室、食堂、县(区)级影剧院、理化实验室;一般的工具、机修、木工车间及成品库;浸水可能性小的超高压、高压输电杆(塔)
丁类	1~2 层的简易房屋、小型车间、小型库房;无给水排水设施的单层且长高比小于 2.5、总高度小于 5 m 的门房;浸水可能性小的光伏电站

第五章　岩溶地貌

在陆地表面可溶性岩石(灰岩、白云质灰岩、灰质白云岩、白云岩)分布十分广泛,它们经地下水的溶蚀作用(在地表,地面流水也参与作用),常形成鬼斧神工的奇峰异石景观,这就是岩溶地貌。目前,岩溶地貌是世界各地旅游开发的重要景观资源之一,同时对工程建设也产生一定的影响,如岩溶塌陷、坑道涌水等对人民生命财产会造成一定的威胁。

地下水就是埋藏在地表以下沉积物孔隙和岩石裂隙中的水体。根据地下水的运动特点和埋藏条件可分为三种类型:包气带水、潜水和承压水。分布在贴近地面区域的是包气带水。水分子在这里是一个一个地被吸附在沉积物颗粒的表面,或虽已连起来成为液体,但因是充填在细微的孔隙中而不能自由运动。潜水是位于第一个稳定隔水层以上含在透水层中能自由流动的地下水,其顶界水面是一个起伏不平的面,称潜水面。当潜水面被沟谷或断裂截过时,地下水就会涌出形成泉。承压水(也称层间水)是指埋藏在两个隔水层之间透水层中的地下水,它的运动受到上下隔水层的约束和水压的作用,通常是从补给区流向排泄区。当断裂或人工打井穿透上面的隔水层时,承压水就可向上涌出来,如果出水口低于水源区时会出现自流泉(井)。在包气带中还存在一种重力水——上层滞水,是指包气带中不稳定隔水层上的重力水。

地下水在地下沉积物孔隙或岩石裂隙中流动,速度非常慢,只有暗河或伏流的流速与地表河流相近。地下水尽管流速慢,但对岩石还是有破坏作用的,尤其是在一些可溶性的岩石(灰岩等)地区,地下水的溶蚀作用还是明显的,并能形成一些奇特的地貌。

第一节　岩溶作用

岩溶作用,也称喀斯特作用,是指地下水和地表水对可溶性岩石进行以化学溶蚀为主、机械侵蚀和重力崩塌作用为辅,引起岩石的破坏、物质堆积和地貌形成的过程。岩溶作用是多种营力作用的综合表现,其中最主要的是地下水的潜蚀、搬运和沉积作用,除暗河、伏河外,这一过程主要表现为化学作用。由岩溶作用形成的地貌称为岩溶地貌或喀斯特地貌,其沉积物称为岩溶堆积物。

一、岩溶作用的影响因素

影响岩溶作用的因素主要有岩性、地下水性质、构造、气候和岩溶基准面等几个方面。

1. 岩性

(1) 岩石的可溶性

岩石的可溶性是岩溶地貌发育的一个必要条件。在自然界,可溶性岩石有三大类:碳酸盐类岩石(灰岩、白云质灰岩、白云岩等)、硫酸盐类岩石(石膏、芒硝等)及卤盐类岩石(石岩、钾盐)。由于硫酸盐类岩石和卤盐类岩石的溶解度比较大,分布也局限,由这类岩石构成的地貌很少见,而碳酸盐类岩石的溶解度适中,分布又非常广,由它形成的岩溶地貌最常见。

研究表明,碳酸盐类岩石的物质成分不同,其溶解度也不一样(表 5-1)。由方解石构成的灰岩溶解度高、岩溶地貌发育、规模大,而主要由白云石组成的白云岩溶解度较小、岩溶地貌发育较差。岩石中的硅质和泥质含量的高低也影响岩溶地貌的发育,这两者的含量越高,岩溶地貌越不发育、规模越小。所以从岩石的可溶性来看,岩溶地貌的发育程度依次为:灰岩>白云质灰岩>灰质白云岩>白云岩。

表 5-1　不同类型岩石与岩溶发育

岩石类型	灰岩	白云质灰岩	白云岩
矿物	方解石	白云石和方解石	白云石
$n(Ca)/n(Mg)$	>10.0	2.2~10.0	1.2~2.2
相对溶解度	≈1	0.8~0.99	0.35~0.82
岩溶化程度	大	中	小

碳酸盐类岩石的相对溶解度与岩石的 $n(Ca)/n(Mg)$ 比值关系密切。$n(Ca)/n(Mg)$ 比值越大,岩石的相对溶解度也越大,其岩溶作用越显著。当 $n(Ca)/n(Mg)$ 比值大于 10 时,相对溶解度接近 1,岩溶发育。其实 $n(Ca)/n(Mg)$ 比值与岩石的矿物组成相关,该比值越大,方解石含量越高,而白云石含量越低,因此岩溶越发育。

如果岩石不是纯的碳酸盐岩,而是含有泥质、硅质,如泥质灰岩、硅质灰岩,这也影响岩溶的发育。硅质灰岩坚硬,相对溶解度低,不利于岩溶的发育;泥质灰岩的相对溶解度也低于灰岩、白云岩,甚至低于硅质灰岩,因此泥灰岩也不利于岩溶的发育。

(2)岩石的结构和构造

岩石的结构影响其孔隙度以及矿物颗粒与水的接触表面积。研究表明,碳酸盐岩矿物颗粒越小,其与碳酸水流接触面积越大,岩石的相对溶解速度就越快,有利于岩溶作用的进行。因此,泥晶结构的碳酸盐岩比亮晶结构的碳酸盐岩比溶蚀度大,成岩交代或重结晶的亮晶碳酸盐岩的比溶蚀度普遍较低(表 5-2)。另外,变质的碳酸盐岩的比溶蚀度低,因此这类岩石的岩溶地貌不发育,如大理岩岩溶地貌不及灰岩发育。鲕状结构与隐晶-细晶结构的灰岩溶解速度较大,不等粒结构灰岩比等粒结构灰岩的相对溶解度大。

表 5-2　不同结构、成因的碳酸盐岩比溶蚀度平均值

岩石结构	灰岩	白云质灰岩	灰质白云岩	白云岩
亮晶粒屑结构	1.09	0.98	0.54	0.35
泥晶粒屑结构	1.03	1.15		
泥晶结构	1.06		0.57	0.49
重结晶亮晶结构	0.96	0.83	0.52	0.33
变质碳酸盐岩	0.56	0.51	0.39	

注:据《中国岩溶研究》,1987。

岩石的孔隙度对岩溶也有影响,一般孔隙度越大越有利于岩溶的发育。原生的碳酸盐岩的孔隙度比变质的碳酸盐岩高,细粒结构碳酸盐岩的孔隙度比粗粒结构碳酸盐岩大,盆地或大陆架深水区沉积生成的碳酸盐岩孔隙度比过渡性沉积区生成的碳酸盐岩高。

厚层的灰岩较薄层的灰岩透水性好,这是因为前者的隔水层较少、岩性均一,易形成深而宽的裂隙,能促进岩溶地貌的发育。

(3) 岩石的透水性

岩石的透水性强弱影响到含 CO_2 的地下水在岩石中的含水性及流动情况。岩石具有良好的透水性,不仅使岩石含地下水丰富,而且地下水也易于流动和交换,使其与岩石发生充分的化学作用,不断地溶蚀岩石,从而促进岩溶作用的进行。

影响岩石透水性的因素主要有岩石的结构、构造以及裂隙发育程度等。尤其是岩石的裂隙(如节理、断层)发育程度,对其透水性的影响最大。节理、断层、褶皱发育的岩石其透水性好,因此它们能控制溶洞、落水洞发育的方向。

纯而厚的碳酸盐岩透水性好。纯的灰岩刚性强而脆,受构造应力作用易形成节理、断层,增强透水性;不纯的灰岩,如泥质灰岩,刚性弱,韧性相对增强,这不利于节理、断层的形成,尤其是张性的节理和断层,泥质灰岩溶蚀形成的黏土也易堵塞裂隙,降低岩石的透水性。

2. 地下水性质

(1) 水的溶蚀性

水的溶蚀性主要取决于地下水的温度和 CO_2 的含量。地下水中 CO_2 含量越高,就能产生更多的 HCO_3^-,它与岩石中的 Ca^{2+} 结合成溶解度较大的 $Ca(HCO_3)_2$,水的溶蚀性越高,越能促进岩溶的发育,见表5-3。

表 5-3　正常大气压 CO_2 分压范围内各种温度下 $CaCO_3$ 的溶解度

| 温度/℃ | CO_2 分压(大气压) | | | | 温度/℃ | CO_2 分压(大气压) | | | |
| | 0.000 33 | | 0.000 44 | | | 0.000 33 | | 0.000 44 | |
	$CaCO_3$ 溶解度 /(mg/L)	水中 CO_2 含量/%	$CaCO_3$ 溶解度 /(mg/L)	水中 CO_2 含量/%		$CaCO_3$ 溶解度 /(mg/L)	水中 CO_2 含量/%	$CaCO_3$ 溶解度 /(mg/L)	水中 CO_2 含量/%
0	96	1.104	106	1.472	17	63	0.609	70	0.812
5	86	0.915	94	1.221	20	59	0.557	65	0.743
10	75	0.765	83	1.020	25	54	0.478	59	0.638
15	67	0.650	74	0.867	30	49	0.415	54	0.553

水中的 CO_2 含量与大气的 CO_2 分压、水温以及地表的植被发育情况有关。显然,大气的 CO_2 分压越高,水中溶解的 CO_2 就越多,当然溶蚀能力就越强。而水温起的作用却是相反的,在大气 CO_2 分压不变的情况下,地表水温越高,CO_2 逸出越多,水中 CO_2 含量就越低,使其溶解力降低,不利于岩溶的发育。但如果在地下比较封闭的状态下,随着水温的升高,其溶解力还是增加的。

在地表的环境下,水中的 CO_2 含量还受当地植被发育情况的影响。如果气候温暖湿润,植被茂盛,使土壤中的有机质增加,它的氧化与分解可产生更多 CO_2,从而增加水体中

CO_2的含量。另外,植被发育还会产生一些有机酸,它们对碳酸盐岩具有溶蚀作用。因此,热带和亚热带的岩溶作用较寒冷或干旱气候区发育。

(2) 水的流动性

水的流动性影响地下水的更新过程和水中溶解$CaCO_3$的饱和度,从而影响地下水的溶蚀能力。滞流的地下水,不能及时补充富含CO_2的水,那么它很容易被溶解的$CaCO_3$所饱和,降低或丧失了其溶解能力。而流动的地下水,不断得到地表水(非饱和的水)的补给,可增加地下水的溶蚀能力。因此,地下水流动性越好,地下水更新就越快,使其始终能保持较强的溶蚀能力。

影响地下水流动性的因素主要有岩石的透水性能、大气降水量以及与地表水的补给关系。岩石的裂隙发育有利于地下水的流动,在背斜的轴部断裂带地下水的流动性好。丰富的大气降水不仅向地下不断补给非饱和的地下水,而且还把饱和的地下水置换出来,使地下水保持较强的溶蚀能力。这些都使地下水的溶蚀能力增强,促使岩溶的发育。

3. 地质构造

岩溶作用与地质构造关系密切,很多典型的岩溶区均受构造的控制,这是因为构造的发育不仅使岩石破碎,增加了岩石与地下水接触的表面积,而且构造带常是地下水良好的渗透带,因此沿构造带岩溶常比较发育。影响岩溶发育的构造因素有断裂(断层和节理)和褶皱。

断裂构造对岩溶发育的影响尤为明显,如一些大型的溶洞、暗河常受断裂构造的控制。断裂的规模、性质、走向、倾向,断裂带的破碎及填实情况,都影响到岩溶的发育。张性断裂带岩石较破碎,断裂带宽,多为断层角砾岩,其孔隙大、连通性好、透水性强,非常有利于岩溶发育。张性断裂上盘的岩溶较下盘发育,这是由于上盘在相对向下运动过程中产生了较多的张性节理所致。在灰岩地区,沿着一些张性的大型断裂带常发育大型的溶洞、暗河、伏流等岩溶地貌。压性断裂带虽然岩石也破碎,但常形成糜棱岩、断层泥、碎裂岩,其胶结好,呈致密状,孔隙度低,孔隙连通性差,其构造面常起到隔水的作用,对岩溶的发育是不利的。但在压性断裂两端受力性质发生改变时,会出现较多的破裂构造,形成富水部位,有利于岩溶的发育。位于压性断裂下盘的岩石破碎程度较高,岩溶较发育。走滑断裂有张性走滑断裂和压性走滑断裂,两者对岩溶发育的影响不同。张性走滑断裂带岩石较破碎疏松,多为角砾岩,孔隙率高,富水性强,有利于岩溶的发育。压性走滑断裂以压性为主,断裂面裂开程度小,岩石的破碎程度低,构造岩主要是糜棱岩,其透水性弱、富水性差。一个地区的断裂常有多个方向,在两条或多条断裂交叉的部位岩石破碎最强烈,其透水性能高,溶蚀速度快,岩溶发育。一些灰岩地区的溶洞在平面上呈现厅-廊交替的形态(串珠状),在"厅"的部位常是断裂交叉或断裂与节理交叉的位置,而"廊"则沿着断裂发育。

褶皱构造对岩溶发育的影响主要表现在控制水流循环和裂隙的发育。背斜和向斜对岩溶发育的影响不同。在背斜形成过程中,背斜的转折端处在拉张的状态,形成一系列的平行褶皱轴的张性断裂,在两翼受剪切作用力的影响,张性断裂减少,因此背斜的轴部是良好的富水区,岩溶发育,尤其在背斜的倾伏端,向两翼岩溶发育逐渐减弱。穹窿构造的核部岩溶更为发育,这是由于在穹窿构造核部发育放射状和环状断裂或节理,它们相互交叉,大大加强了透水性。向斜构造由于裂隙发育、地下水汇聚形成特定的水循环交替条件,在其轴部和仰起端岩溶比较发育,向两翼逐渐减弱。在向斜的中和面之上,岩石受挤压力的作用,形成的断裂以压性为主,对岩溶发育不利;而在中和面以下,岩石受拉张力的作用,形成张性断裂或节理,有利于岩溶的发育,因此在向斜的浅部(中和面之上)不及深部(中和面以下)的岩溶发育,如在贵州、湘西一带的向斜构造区,地下 100 m 深处岩溶远比表层强烈。另外,不同形式的褶皱对岩溶发育的影响也不一样。线状褶皱控制含水层呈带状分布,致使岩溶地貌也成带状发育。穹窿背斜导致岩溶地貌在平面上呈椭圆形分布。箱状向斜核部成汇水区,岩溶较两侧转折部位发育;而箱状背斜轴部岩层平缓,岩溶化不如两侧的转折端。

4. 气候

气候对岩溶作用的影响是显而易见的,如我国的岩溶地貌南方比北方发育,东部比西部发育。影响岩溶发育的气候因素主要包括降水量和气温。据对不同气候区可溶性岩石溶蚀量的观测和计算(表 5-4),气候越是温暖湿润,溶蚀量就越高。

表 5-4 我国一些地区可溶性岩石溶蚀量计算表

地区	年降水量/mm	年平均气温/℃	年单位面积溶蚀量 /[t/(km^2·a)]	年溶蚀量 /(mm/a)
河北西部	400～600	6～8	98～100	0.02～0.03
湖北三峡	1 000～1 200	12～15	±220	0.06
广西中部	1 500～2 000	20～22	700～1 040	0.12～0.3
四川西部	1 160～1 350	±9	110～132	0.04～0.05

注:据中国地质科学院水文地质研究所,转引自杜恒俭等,1981。

在气候温暖和降雨量大的地区,不仅地表水丰富,地下水获得丰富的补给,增强了地表水与地下水的交换和循环,使地下水保持较高的溶蚀能力,而且植被茂盛,植被生长过程在土壤中产生的 CO_2 和有机酸进一步增强了地表水和地下水的溶蚀能力,因此有利于岩溶发育。在不同的气候区,岩溶作用特点不同,形成的岩溶地貌有很大的差异(表 5-5)。

表 5-5 不同气候带的岩溶发育特征

气候带	岩溶作用特征	岩溶地貌特征	主要分布区
热带	以溶蚀作用为主,而且强烈	以峰林、溶蚀洼地组合为特征,发育复杂的溶洞系统	广西、广东、海南、云南南部等
亚热带	以侵蚀和溶蚀为主	以丘陵、谷底组合为特征,峰丛、谷地发育	鄂西、黔北、川东、湘西、浙江等
温带	以溶蚀和侵蚀为主,重力崩塌作用增强	地表岩溶不发育,规模小,地下岩溶发育	山东、山西、北京、河北等
干旱带	以剥蚀和溶蚀为主,重力崩塌显著	地表岩溶极不发育,地下岩溶较发育	新疆、甘肃、蒙西等
寒带	以溶蚀和剥蚀为主,冰冻作用强烈	地表岩溶极不发育,发育小规模溶洞	青藏高原

二、岩溶发育阶段及旋回

岩溶地貌与其他地貌一样,也有一个发生、发展和消亡的过程。如果一个地区的构造运动抬升后稳定,在其他外力条件基本不变的情况下,岩溶地貌发育大致经历幼年期、青年期、壮年期、老年期四个阶段,每个阶段的岩溶地貌特征都不一样。

幼年期是岩溶发育的初期,以地表水溶蚀作用为主,在可溶性岩石的表面开始发育溶沟、石芽、溶蚀漏斗等地貌。地貌的规模小,沿着垂直方向发育,地表水系变化不大。

青年期(早壮年期)地表水和地下水的溶蚀作用同时进行,地下水的溶蚀作用显著加强。垂直岩溶作用进一步加强,水平岩溶作用也迅速发展。溶蚀漏斗、落水洞、溶蚀洼地、干谷、盲谷等广泛发育,溶洞扩大并彼此连通。这时,大部分地表水通过溶蚀漏斗、落水洞转入地下,使地表水大量减少。

壮年期(晚壮年期)水平岩溶作用进一步加强,溶洞不断扩大,洞穴顶板崩塌,许多暗河又转为地表河,出现大量的溶蚀洼地、溶蚀谷地、峰林等地貌,地形起伏大。

老年期岩溶作用明显衰弱,地面流水作用加强,地表水系又广泛发育,出现由岩溶平原、孤峰、石丘等组成的地貌景观。

从幼年期到老年期的发展顺序,构成一个完整的岩溶旋回。岩溶旋回受新构造运动性质的影响,在新构造运动的隆升期,岩溶区以岩溶溶蚀作用为主,发育各种垂直岩溶地貌;而在新构造运动稳定期,以水平岩溶地貌发育为特征。如果地壳运动长时间稳定,岩溶基准面基本不变,那么岩溶将充分发育,地下溶洞扩大、连通,并伴随有洞顶的崩塌,地下河流出露地表,地形起伏降低,最后发展成岩溶平原。如果地壳运动再一次抬升,岩溶基准面降低,岩溶作用又活跃起来,开始第二次岩溶旋回,而早期岩溶平原及其残留岩溶形态被抬升形成岩溶夷平面。如果一个地区新构造运动发生多次的间歇性运动,可形成多级的岩溶夷平面。

然而,自然界环境复杂,构造运动并不会长期稳定,外力作用条件也在不断地发生变化,实际上一个地区很难经历完整的四个发展阶段。如果一个地区的构造运动发生变化,外力作用条件发生改变,那么岩溶发育可能终止正在发育的阶段,进入适应当时条件的岩溶发育阶段。

第二节　溶　蚀　地　貌

岩溶地貌可分为两大部分,即溶蚀地貌和堆积地貌。溶蚀地貌是岩溶地貌中最常见的,在地表和地下都有发育,其形成过程有所不同,因此溶蚀地貌又可分为地表溶蚀地貌和地下溶蚀地貌。

一、地表溶蚀地貌

地表溶蚀地貌是由岩溶作用形成的出露地表的地貌,但实际上这些岩溶地貌不完全是由地下水溶蚀作用形成的,地面流水也参与其中,其实有些地貌就是由片流和洪流形成的,如溶沟、石芽等,之所以把这些地貌归入岩溶地貌,是因为构成地貌的岩性是可溶性岩石,其发育位置处在地表水与地下水作用的过渡带。

地表溶蚀地貌的形成和特征与地下水的运动特点有关。地表溶蚀地貌主要分布于包气带中,由包气带水溶蚀作用形成。包气带水以垂向运动为特征(图 5-1),因此这类岩溶地貌都是沿着垂向发展的,形成凸起和下凹的地形,主要类型有以下几种。

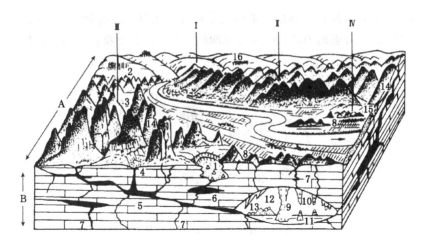

Ⅰ—岩溶高原；Ⅱ—峰丛-洼地(谷地)；Ⅲ—峰林-洼地(谷地)；Ⅳ—岩溶平原；

1—岩溶塌陷；2—石林；3—溶蚀洼地；4—落水洞；5—暗河；6—地下湖；

7—溶隙；8—溶蚀残丘；9—石柱；10—石钟乳；11—石笋；12—石幕；

13—洞穴角砾；14—抬升的溶洞；15—岩溶泉；16—陡崖；

A—地表岩溶；B—地下岩溶。

图 5-1 岩溶地貌示意图

1. 石芽和溶沟

石芽就是发育于灰岩表面的小型石质凸起，石芽之间的凹槽就是溶沟（图 5-2）。石芽可以是锥状凸起，也可以是长条状凸起，相对高度在几厘米到几米。若是长条状凸起，它的水平延伸方向与坡向、岩石倾向或岩石的节理方向平行。这两种地貌的形成与地面流水关系密切，是片流沿着岩石表面流动及向地下水的转换过程中对灰岩溶蚀的结果。石芽和溶沟是岩溶地貌发育的初期阶段产物，也可见于其他岩溶形态的表面，随着石芽和溶沟的发展可形成规模更大的石林和溶蚀漏斗。

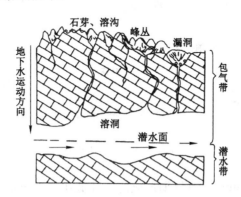

图 5-2 地下水的运动特征与岩溶地貌的形成

2. 石林和岩溶漏斗

石林是由众多密集的锥状、锥柱状或柱状、塔状的灰岩柱体组成的地貌形态，远观似一片"森林"，由此而得名。柱体间溶隙窄、深、陡，连接成复杂的网状，形成柱高隙幽的景观。我国以云南石林彝族自治县的石林最为典型和壮观（图 5-3），石柱高一般在 $10\sim20$ m，高者可达 40～50 m,形状各异。石林的形成应具备这几个条件:① 纯而厚层状的灰岩;② 岩层产状近于水平;③ 发育垂向节理;④ 炎热湿润的气候;⑤ 处于新构造运动的抬升区。

图 5-3　云南石林彝族自治县石林素描图

岩溶漏斗是一种碟形、碗形或倒锥状的岩溶封闭洼地,在岩溶地区比较常见。其规模不一,直径几米到数百米,深几米到几十米。岩溶漏斗的中部有一地表水泄漏的地下通道,流入地下河、地下湖或溶洞。岩溶漏斗的成因有两类:一类是地表水沿着节理或断层的交叉点逐渐溶蚀形成,这样的岩溶漏斗壁比较缓,底部没有粗大的角砾石;另一类是溶洞顶板崩塌而成的塌陷漏斗,这类漏斗的壁陡,底部有粗大的角砾堆积。

3. 峰丛、峰林和溶蚀洼地

峰丛是分布在岩溶地貌区的山体部位,由一系列高低起伏的山峰连接而成,峰与峰之间常形成 U 形的马鞍地形,其基部相连,有时三个山峰相连形似笔架。山峰的相对高差为 200～300 m,在峰丛之间可发育溶蚀洼地、漏斗或落水洞。

峰林是成群的山体基部分离的石灰岩山峰,与峰丛的最大区别是山峰的基部被第四纪沉积物覆盖而成分离状态。另外,峰林常分布在山区到岩溶平原的过渡带(图 5-4)。山峰的相对高差为 100～200 m,坡度陡,一般在 45°以上。峰丛和峰林形成于气候温暖湿润地区,降雨量大,在干旱和半干旱地区很难形成。

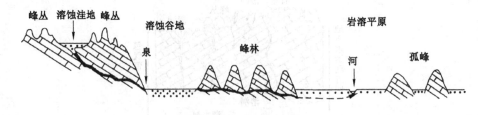

图 5-4　峰丛、峰林及孤峰

溶蚀洼地是与峰丛、峰林基本同期形成的一种低洼的岩溶地貌。其平面近圆形或椭圆形,直径在 100 m 以上,发育有落水洞、溶蚀漏斗等,底部较平坦,覆盖有溶蚀残余物或少量的流水沉积物,可居住和耕种。在大型的溶蚀洼地中有小溪流入,从落水洞或溶蚀漏斗流出(图 5-5)。溶蚀洼地与溶蚀漏斗和岩溶平原在结构、规模、形态等方面是不同的(表 5-6)。溶蚀洼地常与峰丛共生,构成峰丛-洼地组合。

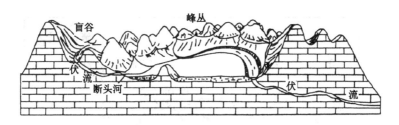

图 5-5　溶蚀洼地及其内部结构

表 5-6　溶蚀漏斗、溶蚀洼地、岩溶平原比较

类型	溶蚀漏斗	溶蚀洼地	岩溶平原
分布	广泛	峰丛区	盆地、谷底或平原区
规模	<100 m	>100 m	>1 000 m
形态	近圆形	近圆形或椭圆形	椭圆形或长条形
河流发育情况	无	小河流或溪	有,规模大
岩溶地貌组成	落水洞、崩塌角砾	落水洞、溶蚀漏斗、竖井	峰林、孤峰、石丘
河流地貌	无	有时有小河漫滩	河漫滩、阶地
岩溶发育阶段	早期	中期	晚期

4. 孤峰与岩溶平原

孤峰(图 5-4)由峰林经进一步溶蚀演化而来,是矗立在岩溶平原上的孤立灰岩山峰。峰体的相对高度在几十米到几百米,周围被地面流水沉积物覆盖,与其他灰岩山峰相距较远。如果孤峰进一步溶蚀变小,高度降到仅有几米或十几米,就形成石丘。在平面上,峰丛、峰林、孤峰是从山区到岩溶平原中心依次分布的。

岩溶平原也称坡立谷或岩溶盆地,是岩溶地貌发展的晚期,在规模上比岩溶洼地大、在结构上比岩溶洼地复杂的一种组合地貌。岩溶平原一般为椭圆形或长条形,宽度在数百米到几千米,长度从几千米到数十千米,底部平坦,有地表河流穿过,发育有河漫滩和阶地,覆盖溶蚀残余红土,保存有孤峰或石丘,在广西的黎塘、贵县等地区的岩溶平原发育较好。较长时间的新构造运动处于稳定状态,经长期的溶蚀作用,地面降低,暗河裸露,地表水体接近溶蚀基准面,发育河流沉积作用,峰丛消失并演化成孤峰和石丘,形成岩溶平原。

5. 盲谷、干谷和断头河

在岩溶地貌区,由于落水洞、溶蚀漏斗发育,它们常成为一些地表河水转入地下的通道,造成一些地表河流的干枯,或河水的突然消失,而后又突然复出,在岩溶作用区形成一些特有的地貌。当河流的下游被石灰岩陡崖或山体所挡,河水就从陡崖底部或山脚的落水洞潜入地下而从地表消失,变为地下河,其地表的谷地就称为盲谷,因此盲谷是一种死胡同式的谷地(图 5-5、图 5-6)。潜入地下的河流(伏流)会从陡崖或山体的另一侧流出,补给下游的河流,这种河流称为断头河。由暗河补给的河流也属断头河。当地表河水沿着落水洞、溶蚀漏斗转入地下,又无水源补给,留下的高于地下水位的干涸河谷,称干谷。

6. 落水洞与竖井

落水洞是地表岩溶地貌到地下岩溶地貌的一种过渡类型,是地表水流入地下的不规则、

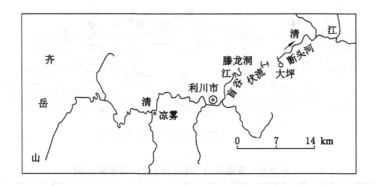

图 5-6　湖北利川市的清江形成的盲谷、伏流和断头河

近于直立或倾斜的通道。落水洞是地下水沿灰岩的节理、断层等溶蚀而成,其特点是窄深(深可达 100 m 以上)、弯曲,形态各异。竖井是两壁陡直、直达溶洞或暗河的落水洞,它既可由落水洞进一步溶蚀、崩塌扩大而来,也可由溶洞的顶板崩塌形成,它与落水洞的区别在于洞壁陡直,在地表可看见溶洞洞底或暗河水面。

二、地下溶蚀地貌

1. 溶洞

溶洞是在灰岩地区由岩溶作用形成的地下洞穴的通称,由地下水沿着灰岩的一些软弱带,如节理、断层、岩层面、角度不整合面等,尤其是在断层、节理的交叉部位,不断溶蚀、侵蚀和崩塌而成。在溶洞形成的早期,主要是地下水的溶蚀作用,但随着溶洞的扩大或有暗河发育,其侵蚀作用加强,伴随有重力的崩塌作用。

溶洞主要形成于潜水面附近,在包气带以及潜水面以下也可形成,但其规模小且数量少,所以有人把它们分为包气带洞、饱水带洞和深部承压带洞。在古水文研究中,溶洞可作为古潜水面的标志。在第四纪常发生新构造运动,潜水面位置也不断发生变化,形成多层溶洞,它们之间有通道相连,如北京房山区的石花洞至少可分出四层溶洞。

溶洞的形态和规模差别很大,如有的溶洞水平延伸,有的倾斜伸展;有的溶洞较平直,而有的高低起伏;有的溶洞为桶状,而有的为串珠状;等等。这主要受节理、断层、岩性、地层产状等因素的影响。在规模上,有的溶洞宽、高不过 1 m,而有的宽、高达几十米,如湖北利川市的腾龙洞长 8 694 m、宽 62 m、高 70 m。

2. 暗河、伏流和暗湖

暗河也称地下河或阴河,是指位于地表以下具有河流特征的水流。暗河多是溶洞、地下湖、溶隙连接而成的,因此不同的暗河河段其特征差别甚大,如暗河的宽窄、水流速度、水深等都有显著的差异。暗河的水源主要由地表水通过落水洞、溶蚀漏斗、竖井等补给。

伏流是具有明显进口和出口的地下河流,或说是地表河流在地下的潜伏段,它不同于暗河在于后者没有明显的进口。伏流的通道一般是溶洞。由于新构造运动抬升,地表河流下切,溶洞露出地表,地表河水穿流而过就形成伏流。伏流的水流特点与地表河流接近,但有时受溶洞形态的影响,造成水流急,进口和出口落差大,如嘉陵江观音峡左岸的学堂堡水洞伏流,伏流长仅 1.3 km,而进出口落差达 100 多米。有的伏流比较长,如清江在湖北利川的北侧伏流长 10 余千米。

　　暗湖是指天然溶洞中具有开阔自由水面且比较平静的地下水体。暗湖既可由暗河扩大形成，也可由单独封闭的溶洞积水而成。由于暗湖的水流平静或封闭，沉积物质都非常细，以黏土和粉砂质黏土为主，水平纹层发育，其特点近似季候泥。

第三节　岩溶堆积地貌

岩溶作用的堆积地貌可分为洞内和洞外两种类型。

一、洞内堆积地貌

　　洞内堆积地貌主要是由化学沉积形成，在一些规模较大的暗河系统中也可能形成如地表河流的边滩地形。下面主要阐述化学沉积形成的地貌。

1. 滴石

　　滴石是洞内滴水形成的方解石及其他矿物沉积形态。根据形成的部位和形成过程，滴石可分为石钟乳、石笋和石柱(图 5-7)。

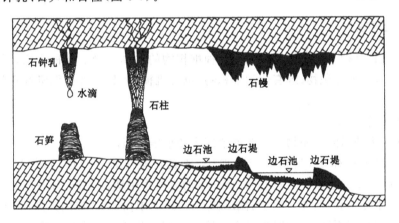

图 5-7　溶洞中堆积地貌组合

　　石钟乳是地下水从洞顶渗出，由于压力、温度等变化，$CaCO_3$ 沉淀形成的挂在洞顶的倒锥状体。它从洞顶不断地向下生长，具有同心圆状构造，表面光滑，锥顶尖锐。

　　石笋形成与石钟乳正好相反，它是由滴到洞底的地下水中的 $CaCO_3$ 沉淀形成的锥状体。石笋从洞底向上生长，也具有同心圆状构造，但表面不光滑，具波状起伏或呈疙瘩状，锥顶圆钝。

　　当石钟乳不断向下生长，而石笋又不断向上生长，两者之间的距离就越来越近，最终两者连接形成石柱。在石钟乳与石笋的连接(分界)处，柱体的直径略小，而且分界处之上和之下的形态也有差别，之上柱体表面光滑，而之下柱体表面呈疙瘩状。

　　石钟乳和石笋都有较连续和很薄的沉淀纹层，就像树木年轮，是很好的高分辨率气候研究材料。目前在第四纪气候研究中，对沉淀纹层进行氧同位素测定来恢复古气候获得了良好的效果。

2. 流石

流石是洞内流水形成的方解石及其他矿物沉积形态，主要有石幔、石旗、边石等。石幔，也称石幕、石帘，是含碳酸钙的地下水从洞顶边缘或洞壁渗出，沉淀形成帷幕状的堆积体，其表面呈波状或褶状。如果形成薄而透明的碳酸钙沉积体，形如旗帜，称为石旗。当地下水流过洞底积水塘时，在其边缘形成的碳酸钙沉积体，称为边石或边石堤。

3. 其他形态

除滴石和流石外，洞中的水汽、凝结水、毛细管水等也能形成一些特殊的沉积形态。洞中的一些水汽或凝结水在洞壁上沉淀出方解石，组合成花的形态，称为石花。在石钟乳、石笋或石柱的表面，由于毛细管水渗出而形成的形如珊瑚的碳酸钙沉积物，称为石珊瑚；若形如葡萄，则称为石葡萄。

二、洞外堆积地貌

常见的洞外堆积地貌有泉华堆积形成的各种形态，如泉华台阶、泉华堤、泉华裙、泉华扇、泉华锥。地下水流出地表，由于压力减小、温度降低、CO_2逸出，碳酸钙或二氧化硅发生沉淀，形成的台阶状、扇状、锥状等地形。在我国云南香格里拉的白水台、四川的黄龙沟等的泉华地貌甚为壮观。

三、岩溶堆积物

岩溶堆积物是指与岩溶作用有关的各种堆积物的总称。岩溶堆积物比较复杂，既有地表堆积物，也有地下堆积物；既有化学堆积物，也有机械堆积物；既有无机堆积物，也有有机堆积物。

1. 地表岩溶堆积物

分布在地表的岩溶堆积物主要有蚀余红土和泉华堆积。

蚀余红土（亦称赭土）是指在灰岩地区，地表碳酸盐岩被溶蚀后所残留下来的富含Fe_2O_3和Al_2O_3的红色黏土。在热带、亚热带的岩溶作用地区，赭土分布广泛，常覆盖在溶蚀洼地、岩溶平原的底部，或充填于岩溶裂隙及通道之中；若溶蚀作用强烈，赭土为均质的红色黏土，若溶蚀作用不彻底，有时含尚未被溶蚀的灰岩角砾。在古岩溶面上，赭土的堆积可形成铝土矿，如华北地区下奥陶统与中石炭统之间平行不整合面上的铝土矿就属此种类型。

泉华堆积物是指地下水流出地表后，在出口处附近将溶解于地下水中的碳酸钙、二氧化硅沉淀形成的堆积物。泉华堆积物一般疏松多孔，成层性好，可见清晰的层理，若堆积物为钙质的，称为钙华；若堆积物为硅质的，称为硅华。泉华堆积在温泉地区比较常见。

2. 地下岩溶堆积物

地下岩溶堆积物主要堆积在溶洞、暗河、裂隙中，其中溶洞是最主要的地下岩溶堆积场所。地下岩溶堆积物的成因多样，种类复杂，主要的类型有：化学沉积物、重力堆积物、暗河沉积物、暗湖沉积物、生物化石以及人类文化堆积物。

洞穴化学沉积物主要是指在洞穴中从地下水中沉淀出来的碳酸钙物质。它们既可以沉淀在洞顶，也可以堆积在洞底，还可以沉积在洞壁，并构成多种地貌形态，如石钟乳、石笋、石柱、石幔、石花、石珊瑚、边石等。化学沉积物中主要次生矿物是方解石，有时含文石、白云石、石英、重晶石、菱铁矿、月奶石等。洞内的化学沉积也受地表水环境、气候环境、地下环境等因素的影响,不同时期沉积形成的化学沉积物具有不同的特点及沉积纹层,如颜色不同、矿物结晶程度不同、矿物成分不同、结构不同、纹层的厚度不同等,因此详细研究沉积纹层中的矿物成分有助于了解洞穴发育的年代及环境。在既有化学沉积也有碎屑沉积的洞穴中,常在碎屑沉积中夹有碳酸钙沉积,形成钙板层。在洞穴的碎屑沉积中,钙板层是重要的环境标志,如在洞穴的重力堆积物中所夹的钙板层可指示当时为温暖湿润的气候。

洞穴或裂隙重力堆积物是指由重力崩塌作用在洞穴或裂隙中形成的碎屑堆积物,为洞穴或裂隙中常见的堆积物。灰岩角砾来自洞顶、洞壁、洞口的崩塌,没有磨圆和分选,为棱角状,大小不一,架堆式堆积,角砾间为细角砾、黏土、砂充填,常为钙质胶结,堆积物显得坚硬。有时在堆积物中还夹有钙板层。

暗河沉积物是指暗河系统沉积形成的物质。暗河沉积物除含有大量再搬运的洞内崩积岩块和溶蚀残余黏土外,还含有洞外的砾石和砂土,当暗河与地表河流相通时就更明显。暗河沉积物和地表河流冲积物的区别不仅在于其含有大量洞穴物质,多被钙质胶结,还由于它是管道水流,不能自由发展,也常缺乏洪水期和枯水期的交替,所以没有二元结构(缺失河漫滩相沉积),也不能塑造各种典型的河流地貌形态。砾石具有明显的叠瓦状排列,砂质沉积物发育斜层理。

地下湖沉积物细,多系暗河、落水洞或溶蚀漏斗携来的黏土和亚砂土,具细微层理,没有季节性的色带和纹泥,同时还有较多的洞内崩积岩屑和岩块。

出露地表的洞穴是动物及古人类生活居住的重要场所,而且洞穴和裂隙又是周边物质(生物遗体)聚积和保存的良好地方,因此在国内外的岩溶洞穴或裂隙堆积物中常富含有哺乳动物化石。在一些洞穴中还保存有人类化石和文化遗存,如在北京周口店的龙骨山发现了多个岩溶洞穴或裂隙,其中猿人洞不仅"北京人"化石和文化遗存丰富,而且哺乳动物化石种类也很多。保存在洞穴堆积物中的哺乳动物化石基本上是原地留存或经短距离搬运,因此化石多数比较完整,甚至会保存完整的骨架,具有重要的科学研究价值。古人类化石多保存在洞穴堆积物的中下部,在干洞环境下形成的堆积物中古人类化石和文化遗存常比流水环境下形成的沉积物丰富。在洞穴沉积物研究中,特别应注意动物化石和古人类化石及文化遗存的寻找和保护。

地下洞穴各种成因类型的沉积物在剖面上交替出现,不同的成因类型代表了不同的形成环境,可指示环境变迁。化学沉积(石钟乳层、钙板层)指示温暖湿润的古气候,地下水和地表水都比较丰富;角砾石层反映干冷的古气候。洞穴沉积物的岩性特征,化学沉积物的碳、氧同位素构成,以及所含的动物化石,都能反映古环境特点,因此洞穴沉积物可为古环境研究提供丰富的信息。

第四节　岩溶的工程意义

一、岩溶发育程度与分级

岩溶发育具有严重的不均匀性,为了区别对待不同岩溶发育程度场地上的工程设计,将岩溶场地划分为三个等级,详见表5-7。

表 5-7　岩溶发育程度表

等级	岩溶场地条件
强发育	地表有较多岩溶塌陷、漏斗、洼地、泉眼； 溶沟、溶槽、石芽密布,相邻钻孔间存在临空面且基岩面高差大于 5 m； 地下有暗河、伏流钻孔见洞隙率大于 30％或线岩溶率大于 20％； 溶槽或串珠状竖向溶洞发育深度达 20 m 以上
中等发育	介于强发育和微发育之间
微发育	地表无岩溶塌陷、漏斗； 溶沟、溶槽较发育； 相邻钻孔间存在临空面且基岩面相对高差小于 2 m； 钻孔见洞隙率小于 10％或线岩溶率小于 5％

注:1. 基岩面相对高差以相邻钻孔的高差确定;
　　2. 钻孔见洞隙率＝(见洞隙钻孔数量/钻孔总数)×100％;
　　3. 线岩溶率＝(见洞隙的钻探进尺之和/钻探总进尺)×100％。

二、岩溶地基问题

在碳酸盐岩为主的可溶性岩石地区,当存在岩溶(溶洞、溶蚀裂隙等)、土洞等现象时,应考虑其对地基稳定的影响。

岩溶对地基稳定性的影响主要包括:① 在地基主要受力层范围内,若有溶洞、暗河等,在附加荷载或振动荷载作用下,溶洞顶板坍塌,使地基突然下沉;② 溶洞、溶槽、石芽、漏斗等岩溶形态造成基岩面起伏较大,或者有软土分布,使地基不均匀下沉;③ 基础埋置在基岩上,其附近有溶沟、竖向溶蚀裂隙、落水洞等,有可能使基础下岩层沿倾向于上述临空面的软弱结构面产生滑动;④ 基岩和上覆土层内,由于岩溶地区较复杂的水文地质条件,易产生新的岩土工程问题,造成地基恶化。

1. 地基稳定性的定性评价

对于存在下列情况之一且未经处理的场地,不应作为建筑物地基:

① 浅层溶洞成群分布,洞径大,且不稳定的地段。

② 漏斗、溶槽等埋藏浅,其中充填物为软弱土体。

③ 岩溶水排泄不畅,有可能造成场地暂时淹没的地段。

对于完整、较完整的坚硬岩、较硬岩地基,当符合下列条件之一时,可不考虑岩溶对地基稳定性的影响:

① 洞体较小,基础底面尺寸大于洞的平面尺寸,并有足够的支承长度。

② 顶板岩石厚度大于或等于洞的跨度。

地基基础设计等级为丙级且荷载较小的建筑物,当符合下列条件之一时,可不考虑岩溶对地基稳定性的影响:

① 基础底面以下的土层厚度大于独立基础宽度的 3 倍或条形基础宽度的 6 倍,且不具备形成土洞或其他地面变形的条件时。

② 基础底面与洞体顶板间土层厚度虽小于独立基础宽度的 3 倍或条形基础宽度的 6

倍,洞隙或岩溶漏斗被沉积物填满,其承载力特征值超过 150 kPa,且无被水冲蚀的可能性时。

③ 基础底面存在面积小于基础底面积25%的垂直洞隙,但基底岩石面积满足上部荷载要求时。

当不符合上述可不考虑岩溶对地基稳定性影响的条件时,应进行洞体稳定性分析。基础附近有临空面时,应验算向临空面倾覆和沿岩体结构面滑移稳定性,并符合下列规定:

① 顶板不稳定,但洞内为密实堆积物充填且无流水活动时,可认为堆填物能受力,作为不均匀地基进行评价。

② 当能取得计算参数时,可将洞体顶板视为结构自承重体系进行力学分析。

③ 有工程经验的地区,可按类比法进行稳定性评价。

④ 当地基为石膏、岩盐等易溶岩时,应考虑溶蚀继续作用的不利影响。

⑤ 对不稳定的岩溶洞隙可建议采取地基处理措施或桩基础。

⑥ 常用的地基稳定性评价方法,是一种经验比拟方法,仅适用于一般工程。根据已查明的地质条件,结合基底荷载情况,对影响溶洞稳定性的各种因素进行分析比较,做出稳定性评价。各因素对地基稳定的有利与不利情况见表5-8。

表 5-8　各因素对地基稳定性影响的定性评价

评价因素	对稳定有利	对稳定不利
地质构造	无断裂、褶曲,裂隙不发育或胶结良好	有断裂、褶曲,裂隙发育,有两组以上张开裂隙切割岩体,呈干砌状
岩层产状	走向与洞轴线正交或斜交,倾角平缓	走向与洞轴线平行,倾角陡
岩性和层厚	厚层块状,纯质灰岩,强度高	薄层石灰岩、泥灰岩、白云质灰岩,有互层,岩体强度低
洞体形态及埋藏条件	埋藏深,覆盖层厚,洞体小(与基础尺寸比较),溶洞呈竖井状或裂隙状,单体分布	埋藏浅,在基底附近,洞径大,呈扁平状,复体相连
顶板情况	顶板厚度与洞跨比值大,平板状,或呈拱状,有钙质胶结	顶板厚度与洞跨比值小,有切割的悬挂岩块,未胶结
填充情况	为密实沉积物填满,且无被水冲蚀的可能性	未充填、半充填或水流冲蚀充填物
地下水	无地下水	有水波或间歇性水流
地震基本烈度	地震设防烈度小于7度	地震设防烈度等于或大于7度
建筑物荷重及重要性	建筑物荷重小,为一般建筑物	建筑物荷重大,为重要建筑物

2. 地基稳定性的定量评价

(1) 溶洞顶板坍塌稳定性

顶板坍塌后,塌落体积增大,当塌落至一定高度 H 时,溶洞空间自行填满,无须考虑对地基的影响,所需塌落高度 H 按下式计算:

$$H = \frac{H_0}{K-1} \tag{5-1}$$

式中　H_0——塌落前洞体最大高度,m;

　　K——岩石松散（胀余）系数，石灰岩 K 取 1.2，黏土 K 取 1.05。

该方法适用于顶板为中厚层、薄层、裂隙发育、易风化的岩层以及顶板有坍塌可能的溶洞或仅知洞体高度时。

　　（2）顶板抗弯、抗剪稳定性

当顶板具有一定厚度，岩体抗弯强度大于弯矩、抗剪强度大于其所受的剪力时，洞室顶板稳定。满足这些条件的岩层最小厚度 H 计算如下：

抗弯验算：

$$H \geqslant \sqrt{\frac{6M}{b\sigma}} \tag{5-2}$$

抗剪验算：

$$H \geqslant \sqrt{\frac{4f_s}{S}} \tag{5-3}$$

顶板按梁板受力计算，受力弯矩按以下各式计算。

当顶板跨中有裂缝，顶板两端支座处岩石坚固完整时，按悬臂梁计算：

$$M = \frac{1}{8}pl^2 \tag{5-4}$$

若裂隙位于支座处，而顶板较完整时，按简支梁计算：

$$M = \frac{1}{2}pl^2 \tag{5-5}$$

若支座和顶板岩层均较完整时，按两端固定梁计算：

$$M = \frac{1}{12}pl^2 \tag{5-6}$$

式中　M——弯矩，kN·m；

　　　p——顶板所承受总荷载，kN/m，为顶板的岩体自重、顶板上覆土体自重和顶板上附加荷载之和；

　　　l——溶洞跨度，m；

　　　σ——岩体计算抗弯强度（石灰岩一般为允许抗压强度的 1/8），kPa；

　　　f_s——支座处的剪力，kN；

　　　S——岩体计算抗剪强度（石灰岩一般为允许抗压强度的 1/12），kPa；

　　　b——梁板的宽度，m；

　　　H——顶板岩层厚度，m。

该方法适用于顶板岩层比较完整、强度较高、层厚且已知顶板厚度和裂隙切割的情况。

　　（3）抵抗受荷载剪切稳定性

顶板能抵抗受荷载剪切的厚度按极限平衡条件的公式计算：

$$\begin{cases} T \geqslant p \\ T = HSL \\ H = \dfrac{T}{SL} \end{cases} \tag{5-7}$$

式中　p——溶洞顶板所受总荷载，kN；

T——溶洞顶板的总抗剪力,kN;

L——溶洞平面的周长,m;

其余符号意义同前。

3. 岩溶地基工程处理措施

对地基稳定性有影响的岩溶洞隙,应根据其位置、大小、埋深、围岩稳定性和水文地质条件综合分析,因地制宜地采取下列处理措施:

(1) 对于较小的岩溶洞隙,挖除其中的软弱充填物,回填碎石、块石、素混凝土或灰土等,以增强地基的强度和完整性。

(2) 对于较大的岩溶洞隙,采用梁、板、拱等结构跨越,并应有可靠的支承面。梁式结构在岩石上的支承长度应大于梁高的 1.5 倍,也可辅以浆砌块石等堵塞措施处理。

(3) 对于规模较大的洞隙,也可采用洞底支撑或调整柱距的方法,必要时可采用桩基。

(4) 基底有不超过 25% 基底面积的溶洞(隙)且充填物难以挖出时,宜在洞隙部位设置钢筋混凝土底板,底板宽度应大于洞隙,并采取措施保证底板不向洞隙方向滑移。

(5) 对于荷载不大的低层和多层建筑,围岩稳定,如溶洞位于条形基础末端,跨越工程量大,可按悬臂梁设计基础,并应对悬臂梁不同工况进行验算。若溶洞位于单独基础重心一侧,可按偏心荷载设计基础。

(6) 灌浆加固、清爆填塞,用于处理围岩不稳定、裂隙发育、风化破碎的岩体。

(7) 对于基础下埋藏较深的洞隙,可通过钻孔向洞隙中灌注水泥砂浆、混凝土、沥青及硅液等,以堵填洞隙。

(8) 在压缩性不均匀的土岩组合地基上,凿去局部凸出的基岩(如石芽或大块孤石),在基础与岩石接触的部位设置"褥垫"(可采用炉渣、中砂、粗砂、土夹石等材料),以调整地基的变形量。

(9) 对有平片状层间夹泥或整个基底岩体都受到较强烈的溶蚀时,可进行地基变形验算,必要时可适当调整基础底面面积,降低基底压力。当基底蚀余石基分布不均匀时,可适当扩大基础底面面积,以防止地基不均匀沉降造成基础倾斜。

(10) 对建筑物地基内或附近的地下水宜疏不宜堵。可采用排水管道、排水隧洞等进行疏导,以防止水流通道堵塞,造成场地和地基季节性淹没。

第六章 寒 区 地 貌

第一节 冰 川 地 貌

在高山和高纬度地区,气候严寒,年平均温度在 0 ℃以下,常年积雪,当降雪的积累大于消融时,地表积雪逐年增厚,经过一系列的物理过程之后,积雪就逐渐变成粒雪,再由粒雪变成蔚蓝色的冰川冰。冰川冰是多晶固体,具有塑性,受到自身的重力作用或冰层压力的作用沿斜坡缓慢运动,形成冰川。

一、冰川的分类

1. 冰川气候分类

按照冰川发育的气候条件和冰川温度状况可以分为海洋性气候冰川和大陆性气候冰川,冰川演化如图 6-1 所示。

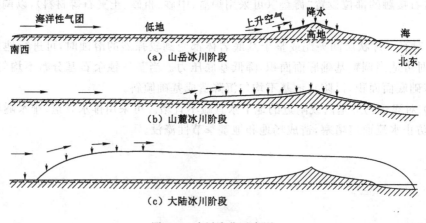

图 6-1 冰川演化示意图

海洋性气候冰川又称暖冰川,发育在高山和高原降水充沛的海洋性气候地区,雪线在年降水量为 2 000～3 000 mm 地区附近,冰川的温度接近零度,液态水可以从冰川表面分布到底部。由于海洋性冰川补给量大,冰川运动速度快,一般为 100 m/a,最快为 500 m/a,冰川尾端常伸入森林带,这种类型的冰川侵蚀力强,可以形成典型的冰川地貌。我国西藏东南部和阿尔卑斯山的现代冰川都属于这种类型。

大陆性气候冰川又称冷冰川,发育在降水较少、气温较低的大陆性气候地区,雪线在年降水 1 000 mm 以下的区域。冰川上部活动层的厚度约为 0.5～1 m,夏季温度可增至 0 ℃,

冰川主体的温度常年保持在$-5\sim-10\ ℃$,当融水向下渗入低温的冰体中时,迅速形成附加冰。由于大陆性冰川温度低、补给少,冰川运动缓慢,约为$30\sim50$ m/a,冰川尾端不会越过森林带上限,冰川作用较弱,冰川地貌发育不及海洋性冰川作用形成的地貌那样典型。我国西部大陆内部和中亚的一些现代冰川属于这种类型。

2.冰川的规模分类

按照冰川的形态、规模和所处的地形条件,可划分为山岳冰川、大陆冰川、平顶冰川和山麓冰川。

(1)山岳冰川

山岳冰川是发育在高山的冰川,主要分布在中纬度和高纬度地区。山岳冰川的形态和所在的地形条件有很大的关系,根据冰川的形态和部位可以分为冰斗冰川、悬冰川和山谷冰川三种。冰斗冰川是分布在雪线附近冰斗内的冰川。规模大的冰斗冰川可达数平方千米,小的不及$1\ km^2$。冰斗冰川的三面围壁较为陡峭,在朝向山坡下方有一缺口,是冰斗内冰流的出口,出口的底部常发育岩槛。冰斗内发生雪崩,这是冰雪补给的一个重要途径。悬冰川是发育在山坡上的一种短小的冰川,当冰斗冰川的补给量增大时,冰雪向冰斗以外的山坡溢出,形成短小的冰舌悬挂在山坡上便形成悬冰川。这种冰川的规模很小,面积往往不到$1\ km^2$。悬冰川的存在取决于冰斗冰川供给的冰量,随着气候变化而消长。山谷冰川有大量的冰雪补给,是冰斗冰川迅速扩大、大量冰体从冰斗中流出进入山谷后形成的冰川。山谷冰川以雪线为界,有明显的冰雪积累区和消融区,长可由数千米至数十千米,厚数百米。如单独存在的一条冰川,叫单式山谷冰川;由几条冰川汇合的,叫复式山谷冰川。

(2)大陆冰川

大陆冰川是在两极和高纬度地区发育的冰川,它面积较广、厚度较大。如冰川中心凸起类似盾形,叫冰盾。还有一种更大规模的表面起伏的大陆冰体,叫冰盖。格陵兰冰盖和南极冰盖是世界上最大的两个冰盖。南极洲东部冰层最厚达$4\ 267$ m,冰面海拔$2\ 610$ m,下伏陆地平均高度为500 m,冰盖下还有一些湖泊,最大者面积超过$15\ 000\ km^2$,平均水深为125 m。南极洲西部冰面平均海拔$1\ 300$ m,冰面露出一些基岩山地,最高峰海拔达$4\ 000$ m以上,但下伏地面大部分在海面以下,平均为-280 m。由于大陆冰川有很厚的冰体,在强大的压力下,从冰川中心向四周流动,伸入海洋中的冰体形成漂浮冰架。

(3)平顶冰川

发育在起伏和缓高地上冰面平坦的冰川,称为平顶冰川。如冰川规模较大,覆盖在整个穹形山顶上,又称冰帽。这类冰川发育于雪线之上,沿地形倾斜方向流动,末端常形成陡峭的冰崖,冰川表面无砂砾堆积物。斯堪的纳维亚半岛上的约斯特达尔冰帽长90 km,宽$10\sim12$ km,面积达$1\ 076\ km^2$,在冰帽的东西两侧伸出许多冰舌,冰岛东南部的伐特纳冰帽规模更大,面积达$8\ 410\ km^2$。我国西部高山地区,常在夷平面上发育平顶冰川,如祁连山西南部的平顶冰川面积达$50\ km^2$,西昆仑山的古里雅冰帽面积为$376\ km^2$。

(4)山麓冰川

当多条山谷冰川从山地流出,在山麓带扩展汇合成一片广阔的冰原,叫山麓冰川。阿拉斯加在太平洋沿岸有许多山麓冰川,最著名的是马拉斯平冰川,它由12条冰川汇合而成,面积达$2\ 682\ km^2$,冰川最厚处有615 m,冰川覆盖在一个封闭的低洼地上,这个洼地的地面比海面低300 m。马拉斯平冰川目前处于退缩阶段,冰面多砂砾堆积物,生长着云杉和白桦,有些树木已有 100 年左右。

以上各种不同类型的冰川是可以互相转化的。当气候变冷、雪线降低,山岳冰川逐渐扩大并向山麓地带延伸,就成为山麓冰川。如果气候继续不断变冷、变湿,积雪厚度加大,范围扩展,山麓冰川还可不断向平原扩大,同时由于冰雪加厚而掩埋山地,就成了大陆冰川。当气候变暖时,则向相反的方向发展。但是,并不是所有冰川都按上述模式演变,大陆冰川可以在平原地区直接形成。例如,北美第四纪大陆冰川的古劳伦冰盖中心在哈得逊湾西部,周围没有高地可作为冰川的最初发源地,因而认为劳伦冰盖的发育主要是受西风低压槽的控制,冰期时这里南北气流交换频繁,降雪量大增,在平原上首先形成常年不化的雪盖,然后逐年增厚形成广阔的大陆冰川。

二、冰川的运动与冰川作用

冰川运动可以分为冰川内部运动和冰川底部滑动。当冰川达到一定厚度时,就可以克服冰体内部的摩擦而产生内部运动,或克服冰川与谷底的滑动摩擦而产生底部滑动。一般来说,海洋性冰川底部处于压力熔点,既有内部运动,也有底部滑动;大陆性冰川因其底部温度低,冰川与谷底冻结在一起,冰川多为内部运动。实际上有一些大陆性冰川底部处于压力熔点,也有底部滑动。虽然冰川运动速度很慢,冰川的底部滑动和内部运动可产生强大的作用力,进行侵蚀和搬运。

冰川运动由冰川的厚度、冰川下伏地形坡度和冰川表面坡度等因素控制。纵向坡度均匀、断面相同的山谷冰川,其表面最大流速在雪线附近,雪线以下冰川流速递减。但是,一条冰川谷在不同地段的纵向坡度都不可能是相同的,而在冰川的不同部位将产生不同形式和不同速度的运动。在冰川谷坡度变缓的段落,流速变慢,冰层加厚而被挤压,形成压缩流;反之,冰川谷坡度变陡,冰川流速加快,冰层发生拉张,为拉张流,形成冰川瀑布。挪威奥斯特达冰川瀑布的上段沿着冰瀑布冰川拉张流的流速为 2 000 m/a;在冰瀑布的下端由于坡度变缓,形成压缩流,流速下降到 20～100 m/a。

冰川横剖面的冰面运动速度以中央部分最快,向两边运动速度减小。在加拿大萨斯喀彻温冰川表面测量到冰川两侧边缘 50 m 宽范围内的速度比中央部分小 4～5 倍。由于冰川表面各点运动速度的差异,因而产生各种不同方向和力学性质各异的裂隙,如图 6-2 所示。

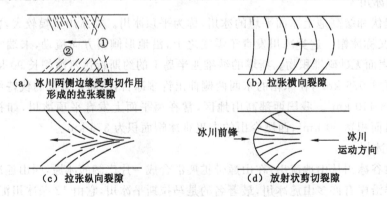

(a) 冰川两侧边缘受剪切作用形成的拉张裂隙　　(b) 拉张横向裂隙

(c) 拉张纵向裂隙　　(d) 放射状剪切裂隙

①—老裂隙经过转动后的位置;②—新形成的裂隙。

图 6-2　冰川表面裂隙

冰川运动的速度在垂直方向上也不一样,大多数是从表面向底部运动速度逐渐降低。某些特殊原因,在底部也可达到很高的流速。

在冰川末端由于冰舌消融变薄,冰川运动速度降低,但其上游运动速度较快的冰不断向前推挤,形成剪切破裂面,冰川沿破裂面向上滑动,并把冰川内部和底部的碎屑带到冰川表面。

冰川运动速度随季节变化,在消融区冰川运动速度是夏天快、冬天慢。一般夏季运动速度比年平均流速大 20%～80%,冬季则比年平均流速小 20%～50%。因为夏季冰川表面消融,融水对润滑冰床和冰体起着很大作用,这样就加强了滑动过程,但在粒雪区没有这种现象。冰川运动速度还与冰川冰的补给量和消融量有关。补给量大于消融量,冰川厚度增加,流速加快,冰川向前推进;补给量小于消融量,冰川厚度减薄,流速减慢,冰川往后退缩;补给量等于消融量,冰川就处于稳定状态。无论冰川属于上述哪种状态,冰川冰始终向前运动。

1. 冰川的侵蚀作用

冰川有很强的侵蚀力。冰川的侵蚀方式可分两种:拔蚀作用和磨蚀作用。

拔蚀作用是冰床底部或冰斗内壁的基岩,在冰川压力下发生破碎或沿节理反复冻融而松动,松动的基岩再与冰川冰冻结在一起时,冰川运动时就把岩块拔起带走。冰川拔蚀作用可拔起很大的岩块。磨蚀作用是冰川运动时形成底部滑动,使冻结在冰川底部的碎石凸出冰外,像锉刀一样,不断地对冰川底床进行削磨和刻蚀。冰川磨蚀作用可在基岩上形成擦痕和磨光面。

2. 冰川的搬运作用

如图 6-3 所示,冰川侵蚀产生的大量松散碎石和由山坡上崩落下来的石块,进入冰川体后,随冰川运动向下游搬运。这些被搬运的岩屑叫冰碛物。根据冰碛物在冰川体内的不同位置可分为不同的类型:出露在冰川表面的冰碛物叫表碛,夹在冰内的叫内碛,位于冰川底部的叫底碛,分布在冰川两侧边缘的叫侧碛,两条冰川汇合后侧碛合并构成中碛。它们随着冰川前进向下游搬运。在冰川末端围绕冰舌前端的冰碛物,叫终碛(尾碛)。

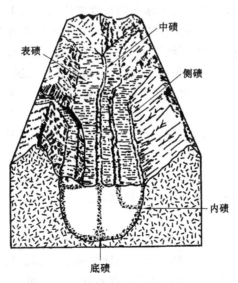

图 6-3 冰川搬运与冰碛物

冰川搬运能力极强,它不仅能将冰碛物搬运到很远的距离,而且还能将巨大的岩块搬运到很高的位置。冰期时,斯堪的纳维亚大陆冰川的巨砾被搬运到1 000多千米以外的英国东部、波兰和俄罗斯平原。厚层的大陆冰川,不受下伏地形的影响,可以逆坡而上,把冰碛物搬到高地上。例如,苏格兰内碛的冰碛物被抬举带到500 m的高度,在美国有些冰碛物被推举到1 500 m的高度。这些被搬运到很远很高的巨大冰碛砾石,又称漂砾。

3. 冰川的堆积作用

冰川消融不断后退,不同形式搬运的物质便堆积下来形成冰川堆积物。

冰川堆积物分选差,大小混杂,砾石磨圆度低。大漂砾的直径可达数十米,粒级很小的黏土粒径不到0.005 mm。不同地区的冰碛物粒度变化与基岩有密切关系,结晶岩区的冰碛物中,砂的含量比例较大,沉积岩区的冰碛物中黏土较多。不同时代冰碛物的粒度可能不同,这与冰川规模、流路变化或后期风化有关。山岳冰川因搬运距离近,冻融风化和拔蚀作用明显,岩块或岩屑所占的比例大,黏粒的比例小,大陆冰川因搬运距离远、磨蚀作用强,能形成较多的细粒物质,其底碛中黏粒含量较高。

总体来看,冰碛物是由不同粒径砾石、砂和黏土组成的混合体,由于冰川体内常有冰水作用,冰碛砾石在冰碛物中有一定的排列方向,冰川底碛砾石的长轴多与冰流方向一致。终碛部位的砾石,由于受冰川的推动,砾石长轴常与冰流方向垂直。

三、冰川侵蚀地貌

各种冰川侵蚀地貌分布在不同部位。山地冰川中的雪线附近及其以上有冰斗、刃脊和角峰;雪线以下形成冰川谷,在冰川谷内发育有羊背石。高纬度大陆冰川的底部,有一些磨光的基岩凸起成羊背石,在海岸常有峡湾。

1. 冰斗、刃脊和角峰

冰斗是山地冰川重要的冰蚀地貌之一,它位于冰川的源头。典型的冰斗是一个围椅状洼地,三面是陡峭的岩壁,底部是较为平缓的斗底,向下坡有一开口,开口处常有一高起的岩槛。根据冰斗形态统计,冰斗的高度和冰斗的长度之比大概是1:3,冰川消退后,冰斗内往往积水成湖,称为冰斗湖。冰斗形成在雪线附近。在平缓的山坡上,或在山坡流水侵蚀的浅洼地处,常常能聚集多年的积雪,雪线附近的积雪冻融频繁,岩石受到寒冻风化破坏,形成了许多岩屑,在重力和融雪水的共同作用下,岩屑不断向低处搬运,使雪线附近洼地不断扩大。洼地成形后,为积雪创造了更有利的堆积条件,积雪不断增厚,逐渐变成粒雪,进而演化成冰川冰。冰川冰形成之后,它的运动对冰斗底部产生磨蚀和拔蚀作用,冰斗不断加深,在冰斗开口处形成岩槛,这时就形成了典型的冰斗。随着冰斗的不断扩大,冰斗壁后退,冰斗的位置也不断地向上坡移动至雪线以上。相邻冰斗之间的山脊形成刀刃状,称为刃脊。几个冰斗后壁所交汇的山峰,峰高顶尖,称为角峰,如图6-4所示。由于冰斗发育在雪线附近,因此可以根据古冰斗底部的高度推断当时的雪线高度。

2. 冰川谷和峡湾

冰川谷的横剖面形似U形,故称为U形谷,也称槽谷。槽谷的两侧有明显的谷肩,谷肩以下的谷壁平直而陡立,冰川谷两侧山嘴被侵蚀形成三角面。槽谷的形成是冰川下蚀和展宽的结果。冰川冰的厚度越大,下蚀力越强,有些槽谷可以深达千米。由于冰川冰的厚度决定冰川下蚀深度,因而主冰川和支冰川的下蚀量不同。主冰川的冰层厚、下蚀强、槽谷深,支

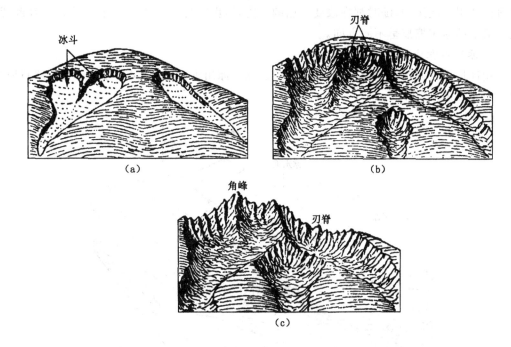

图 6-4 冰斗、刃脊和角峰的发育

冰川中的冰层薄、下蚀弱、槽谷浅。在支冰川与主冰川交汇的地方,冰退后就出现明显的陡坎,使支冰川谷高悬成悬谷。冰川谷的纵剖面常由岩槛和冰蚀洼地构成阶梯状,这是冰川差别侵蚀的结果。在节理发育的地段,易侵蚀成冰蚀洼地。如果冰期前的河流纵剖面呈阶梯状的形态,冰期时在这些谷地中发育冰川,低洼处的冰川冰为压力流,沿基岩面旋转滑动,使洼地不断下蚀加深,结果使冰床纵剖面更具有明显的阶梯状特征。这种冰川谷常发育在新构造上升运动比较明显、气候比较湿润和地形切割比较强烈的山区。另外,有一种冰川谷的纵剖面较平缓,谷底宽浅平坦,常在新构造运动不太显著、气候较干燥而地形平缓的山地中多见,因为这些地方冰川侵蚀力比较弱。

在高纬度地区,大陆冰川和岛状冰盖能伸入海洋,由于冰川很厚,当冰体入海尚未漂离之前,在岸边侵蚀成一些很深的槽谷,冰退以后槽谷被海水侵入,称为峡湾。挪威海岸峡湾的长度达 220 km、深 1 308 m,南美巴塔哥尼亚山脉沿岸的峡湾深达 1 288 m。

3. 羊背石、冰川磨光面和冰川擦痕

羊背石是冰川基床上的一种侵蚀地形,它是由基岩组成的小丘,远望犹如伏地的羊群,因此称为羊背石。羊背石的平面为椭圆形,长轴方向与冰流方向一致,朝向冰川上游的一坡由于受冰川的磨蚀作用,坡面较平,坡度较缓,并有许多擦痕,冰川下游的一坡受冰川的拔蚀作用,被挖掘的坎坷不平,坡度较陡。大陆冰川常形成规模较大的成群羊背石,山地冰川槽谷中也可形成规模较小的孤立羊背石。在羊背石或冰川槽谷谷壁上以及在大漂砾上常因冰川作用形成磨光面和擦痕。当冰川搬运物是砂和粉砂时,在比较致密的岩石上,磨光面更为发育。如果冰川搬运物多是碎石,则在谷壁基岩上常刻蚀成条痕或刻槽,称为冰川擦痕。冰川擦痕一般长数厘米至 1 m,深为数毫米,成钉形。擦痕的一端粗、一端细,细的一端指向冰川下游。漂砾互相摩擦也可以形成擦痕,漂砾上的冰川擦痕形成时虽然和冰川流向有关,但漂砾随冰川一起运动,随时都在改变自己的位置,当再次受到刻蚀时,新擦痕方向已经改变,故漂砾上的冰川擦痕呈不同方向。

4. 冰川堆积地貌

由冰川侵蚀搬运的砂砾堆积形成的地貌,称为冰川堆积地貌,又称冰碛地貌。冰碛地貌主要形式如图6-5所示。

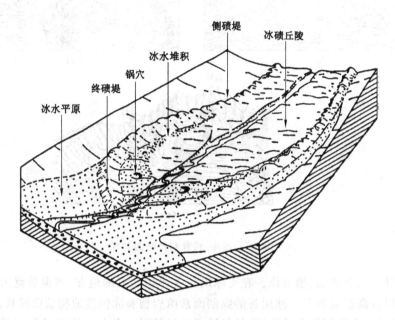

图6-5 部分冰川堆积地貌

冰川消融之后,原来的表碛、内碛和中碛沉落到冰川谷底,和底碛一起形成波状起伏的丘陵,称为冰碛丘陵。大陆冰川区的冰碛丘陵规模较大,高度可达数十米至数百米。山岳冰川也能形成冰碛丘陵,但是规模要小得多。冰碛丘陵之间的洼地,如果是漂砾和黏土混合组成,透水性很低,常能积水成池。冰碛丘陵的物质结构特征和组成冰碛丘陵的不同冰碛物有关。冰碛丘陵如果是由原底碛组成,因底碛长期受到冰川强有力的挤压和长距离的搬运,砾石棱角稍有磨圆现象,扁平砾石有定向排列,长轴平行冰川流向,扁平面倾向上游,冰碛物较密实;如果冰碛丘陵是表碛或内碛在冰融化后沉落而成,则砾石无定向排列的现象,冰碛物较为松散。

侧碛堤是由侧碛在冰川退缩之后堆积而成,它在冰川谷的两侧堆积成堤状,向下游方向常和冰舌前端的终碛堤相连,向上游方向可一直延伸到冰斗附近。两条冰川汇合之后,其侧碛合并成中碛,冰川融化后,在冰川谷中部沿谷地延伸方向堆积成垅状砂砾堤,称为中碛堤。冰川的末端由冰川上游搬运来的物质堆积成弧形的堤,称为终碛堤。大陆冰川的终碛堤,高度约为30~50 m,长度可达几百千米,弧形曲率较小。山岳冰川的终碛堤可高达数百米,长度较小,弧形曲率较大。

鼓丘是由一个基岩核心和冰砾泥覆盖的一种小丘。它的平面呈椭圆形,长轴与冰流方向一致,纵剖面呈不对称的上凸性,迎冰面一坡陡,是基岩,背冰面一坡缓,是冰碛物,或基岩被冰碛物全覆盖。它的高度可达数十米。鼓丘分布在大陆冰川终碛堤以内的几千米到几十千米范围内,常成群分布。山谷冰川终碛堤内也有鼓丘分布,但数量较少。鼓丘是冰川在接近末端,对冰床中凸起基岩进行侵蚀,底碛翻越凸起的基岩时搬运能力减弱,发生堆积而形成的。

5.冰水堆积地貌

冰川融水具有一定的侵蚀、搬运能力,能将冰碛物再搬运堆积,形成冰水堆积物。在冰川边缘由冰水堆积物组成的各种地貌,称为冰水堆积地貌。

根据冰水堆积地貌的分布位置、形态特征和物质结构可以分为以下几种类型(图6-6):

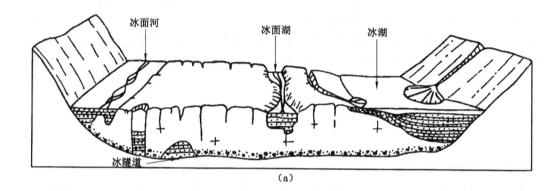

(a)

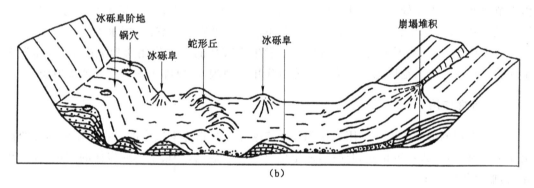

(b)

图6-6 部分冰水堆积地貌

(1)冰川的冰融水,常形成冰川河道,它可以携带大量的砂砾从冰川末端排出,在终碛堤的外围堆积成扇形地,叫冰水扇。几个冰水扇相连就形成冰水冲积平原,又名外冲平原。组成冰水扇和外冲平原的砂砾有水平层理和斜层理,砾石有磨圆。

(2)冰融水流到冰川外围洼地中形成冰水湖泊。冰水湖的水体和沉积物有明显的季节变化,夏季冰融水增多,携带大量物质进入湖泊,一些砂和粉砂粒级的颗粒很快沉积下来,颜色较浅;秋冬季节,消融停止,没有融水流入湖中,一些悬浮湖水中的细粒黏土逐渐沉积,颜色较深。这样,一年中不同季节在湖泊内沉积了颜色深浅不同和粗细相间的两层沉积物,叫季候泥,或称纹泥。根据季候泥的粗细层次多少,可以确定冰湖沉积的年龄。

(3)冰砾阜是一些圆形的或不规则的小丘,由一些有层理的并经分选的细粉砂组成,通常在冰砾阜的下部有一层冰碛层。冰砾阜是冰面上小湖或小河的沉积物,在冰川消融之后沉落到底床堆积而成。山谷冰川和大陆冰川中都发育有冰砾阜。

(4)在冰川两侧,由于岩壁和侧碛吸热较多,附近冰体融化较快,又由于冰川两侧冰面较中部要低,所以冰融水就汇集在这里,形成冰川两侧的冰面河流,并带来大量冰水物质。当冰川全部融化之后,这些冰水物质就堆积在冰川谷两侧,形成冰砾阜阶地。它只发育在山地冰川谷中。

(5)冰水堆积平原上常有一种圆形洼地,深数米,直径十余米至数十米,称为锅穴。锅穴是埋在砂砾中的死冰块融化引起的坍塌而成。

(6)蛇形丘是一种狭长而曲折的垄岗地形,由于它蜿蜒伸展如蛇形,因此称为蛇形丘。它的长度约数千米至数十千米,高 10~30 m,有时可达 70~80 m,底宽几十米至几百米,丘顶较狭窄,仅数米,顶部平缓,两侧坡度约为 10°~20°。蛇形丘的延伸方向大致与冰川的流向一致。蛇形丘的组成物质几乎全部都是有分选的成层砂砾,砂层中偶尔夹有冰碛物的透镜体,表面常覆盖有一层冰碛物,蛇形丘主要分布在大陆冰川区,在山地冰川中较少见到。

第二节　冻土地貌

极地、亚极地地区和中纬度的高山、高原地区,气温极低,形成 0 ℃或 0 ℃以下并含有冰的冻结土层,称为冻土。随季节变化而发生周期性的冻融,冬季土层冻结,夏季全部融化,称为季节性冻土。多年处于冻结状态的土层,称为多年冻土。多年冻土区的冻土分为上下两层,上层每年夏季融化、冬季冻结,叫活动层;下层常年处在冻结状态,叫永冻层。

在多年冻土区,地下土层常年冻结,地表发生季节性的冻融作用所形成的地貌,称为冻土地貌。在冰川边缘地区也能形成一些冻融作用的地貌,所以冻土地貌也称冰缘地貌。

一、冻融作用

冻土地貌的形成与冻融作用直接相关。冻融作用是指冻土层中的水在气温周期性的正负变化影响下,不断发生相变和迁移,使土层反复冻结融化,导致土体或岩体的破坏、扰动和移动,形成各种冻土地貌。

根据冻融作用的时间,将其分为季节冻融作用和常年(永久)冰冻作用两类。第一类出现在由地表至季节冻结深度以上的范围内,这个范围叫作季节冻结带或活动带。这是一个冬季冻结、夏季融解的层(带)。永久冰冻作用出现在季节冻融深度以下。

冻融作用和冰冻风化作用不是同义词,冰冻风化是冻融作用的一部分。冻融作用包括冰冻风化作用、冰冻剥蚀作用和堆积作用。冰冻风化作用是在岩石冻结和融解的影响下产生的岩石崩解过程。这种崩解所产生的松散堆积物,是一种物理风化残积物,即石质残积物(风化壳)。冰冻风化产物在冻融作用的进一步作用下,发生迁移并形成新的冻土地形。其中包括冻土剥蚀地形和堆积地形。

二、石海、石河和石冰川

1. 石海

在寒冻风化作用下,岩石遭受寒冻崩解,形成巨石角砾就地堆积在平坦的地面上,称为石海。

气温经常在 0 ℃上下波动,日温差较大,并有一定湿度,使岩石沿节理反复寒冻崩解;地形较平坦,地面坡度小于0°,可使寒冻崩解的岩块不易顺坡移动而保存在原地;坚硬而富有节理的块状岩石,如花岗岩、玄武岩和石英岩等,在寒冻作用下常崩解成大块岩块。这些特征均有利于石海的形成和保留。

石海形成后,组成石海的大石块很少移动。同时,石海中又缺少细粒物质且水分较少,冻融分选难以进行,这样石海能长期保存下来。石海常在同一走向、同一岩性和一定高度的山坡上部发育,有一条平整的界限,称石海线。石海线比同期雪线高度要低200～500 m,研究石海线也可大致确定古雪线的高度,因此,石海线是一条重要的气候地貌界线。

2. 石河

在山坡上寒冻风化产生的大量碎屑滚落到沟谷里,堆积厚度逐渐加大,在冻融和重力作用下发生整体运动,形成石河。

石河运动是石块沿着湿润的碎屑下垫面或永冻层的顶面在重力作用下移动,这里温度变化起着重要作用,它会引起碎屑空隙中水分的反复冻结和融解,导致碎屑的膨胀和收缩,促使石河向下运动。石河运动速度较低,其中央部分流速比两侧流速要快。

石河中的岩块经长期运动,可以搬运到山麓停积下来,形成石流扇。在较湿润的气候条件下发育于高山苔原带的石河,能伸到高山森林带的上部。

石河停止运动是气候转暖的标志。当石河不再移动时,角砾表面开始生长地衣苔藓,有时在石河上生长树木或堆积新沉积物。这些石河一般多分布在现代多年冻土的边界或高山冻土的下界附近。

3. 石冰川

大型的石河又称石冰川。当冰川退缩后,堆积在冰川谷中的冰碛物和由寒冻崩解产生的碎屑,在冻融和重力作用下顺冰川谷地或山坡沟谷下移,形成石冰川。石冰川分布在高山森林线以上,平面形状很像冰川舌。石冰川的纵剖面常呈上凸的弧形,横剖面中部凸起,它的长度一般可达300～400 m,宽100 m左右。石冰川的内部常夹有冰川冰。石冰川运动和岩屑内部冰的活动有关,也有的是岩屑整体沿底床滑动。石冰川运动的速度很慢,据阿拉斯加石冰川流速测量,末端表面速度为1.0～1.5 m/a,底部只有0.3～1.0 m/a。瑞士测量到的石冰川最大速度为5 m/a。

三、多边形构造土

在第四纪松散沉积物的平坦地面上,冻融和冻胀作用使地面形成多边形裂隙,构成网状,称为多边形构造土。从剖面上看,裂隙呈楔形,根据楔子内填充物的不同,又分为冰楔和砂楔。

1. 冰楔

在多年冻土区,地表水周期性注入裂隙中再冻结,使裂隙不断扩大并被冰体填充,剖面成为楔状,称为冰楔。冰楔的规模大小不一,小的冰楔楔口宽只有数十厘米,冰楔深1 m左右,网眼直径为1～2 m;大的冰楔楔口宽可达5～8 m,最大深度可达40 m以上。

冰楔的形成先是地表形成裂隙,地表水注入再冻结而成脉冰,由于脉冰常深入永冻层中,到温暖季节,上部活动层的脉冰融化消失,永冻层中的脉冰则仍然存在;到了寒冷季节,冻土又发生体积膨胀,原有的裂隙不断扩大,在脉冰中形成新的裂隙;到来年夏季又在新裂隙中注入水分,冬季再冻结胀裂,如此反复作用,就形成冰楔,如图6-7所示。

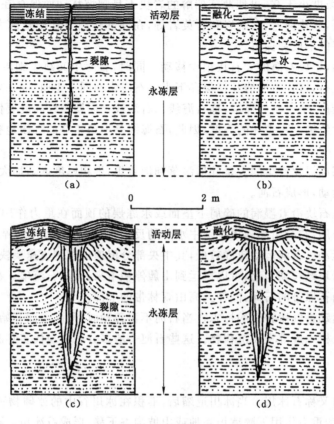

图 6-7　冰楔的形成

2. 砂楔

砂楔与冰楔形态相似,但裂隙中填充的不是脉冰,而是松散的砂土,叫砂楔。砂楔可从冰楔演变而来,当冰楔内的脉冰完全融化后,砂土代替冰体填充于楔内,形成砂楔,所以可把砂楔看成古冰楔。砂楔也可能是地面冻裂以后,砂土就直接在裂隙中。不管是哪一种成因,砂楔都是在严寒气候中反复冻裂的结果,它是反映古气候的一个重要标志。砂楔在我国东北北部和青藏高原常可见到。

四、石环、石圈和石带

1. 石环

石环是以较细粒土和碎石为中心,周围由较大砾石为圆边形成的一种环状冻土地貌。它们在极地、亚极地以及高山地区常有发育。石环的直径一般为 0.5~2.0 m,在极地地区可达十余米。石环形成在有一定比例的细粒土地区,细粒土一般不少于总体积的 25%~35%,并且土层中要有充足的水分,所以石环多发育在平坦的河漫滩或洪积扇的边缘。

石环是冻土区中颗粒大小混杂的松散砂砾层,由于饱含水分,经频繁的冻融交替,发生物质分异形成的。活动层中大小混杂的砂砾,冬季地面冻结时,砂砾层孔隙中的水冻结膨胀,地面和砂砾层中的砾石一起被抬高,砾石的下部出现空隙,砂土填入或水渗入而形成冰透镜体;夏季,活动层上部解冻,由于砾石和砂土的导热率不同,砂土中的冰先融化,地面逐渐回降到原来位置,但砾石下部仍为冻结状态,这时一些大颗粒碎石或砾石却比周围含水砂土位置相对升高。等砾石下部冰开始融化时,砾石周围的砂土向砾石下部移动,垫在砾石下部,当活动层全部融化后,砾石却相对抬升了一段距离。在这种冻融过程反复作用下,大的石块或砾石就逐渐被顶抬到地面。如图 6-8 所示。

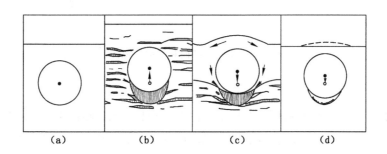

(a)　　　　　(b)　　　　　(c)　　　　　(d)

图 6-8　冻融分选过程示意图

除上述垂直方向的冻融分选作用外,还有水平方向的分选。水平方向的分选是在活动层上部和表面进行的。在含水较多的细粒砂层中,冻结时其体积膨胀要比含水较少的粗粒碎石层的大,结果含水较多的细粒砂层就形成一个微微向上凸起的膨胀中心,分布在表层的砾石随膨胀中心向四周移动。解冻时,由于砾石和含水砂土的导热率不同,先融化的细粒砂土回到原来的位置,填充了融化后的空隙,等后来砾石下部也融化时,则不能回到原来的位置,只好向两侧移动,最后形成以砾石和碎石为外缘的石环。

2. 石圈

斜坡上发育的石环在重力作用下常成椭圆形,它的前端由大石块构成石堤,这种石环又叫石圈。

3. 石带

在较陡的山坡上,石圈前端常分开,经冻融分选的最大的岩块集中在纵长延伸的裂隙中,形成石带。

五、其他冻土地貌

1. 冰核丘

冻土层中常夹有未冻结层,未冻结层中的水分在地下慢慢凝聚成冰体,使地面膨胀隆起,形成冰核丘(图 6-9)。冰核丘的平面呈圆形或椭圆形,顶部扁平或塌陷,周边较陡,可达 $40°\sim50°$。冰核丘的顶部表面因地表隆起变形,产生许多方向不一的张裂隙。冰核丘的结构是顶部为 1 m 至数米厚的粉砂土或泥炭土,其下为纯冰的核心,呈透镜体状,冰核丘的周围为冻结的砂层或土层,往下常有 1 m 冻结层,再往下才是永冻层。

冰核丘的成因是冻土层中有层间水,水与冰具有不同温度和不同蒸汽压力,液相饱和蒸汽压大于固相饱和蒸汽压,液相水体上的蒸汽水分子不断转移到固相冰体上凝结起来,使冻土中冰体不断扩大,挤压周围土层,使地面隆起,形成冰核丘。冰核丘在形成过程中的聚冰作用,其水分主要来自附近未冻结沉积物中的孔隙水,如没有充足水分的补给,形成的冰

图 6-9 冰核丘剖面和平面示意图

层较薄。

冰核丘有时甚至能产生爆炸。在夏季气温上升很快,上部冻结层迅速融化,冻结土层急剧变薄,这时如冰核丘内含有气体,承压力很高的地下水就可能发生喷水爆炸。

2. 土溜阶坎

土溜阶坎是多年冻土区坡地上的一种地貌现象。当融冰时,地表过湿的松散沉积物沿坡向下流动,前端常成一陡坎,叫土溜阶坎。土溜阶坎高约 1 m 左右,宽 4～5 m,有的规模还要大一些。

土溜阶坎的成因是多年冻土上部的活动层周期性融化,融化的水受下部永冻层的阻挡不能下渗,结果活动层的松散物质被水浸润,内摩擦减小,在重力作用下就缓缓沿坡向下滑动,如遇阻或坡度变缓,流动的速度减慢,前端就壅塞成一个坡坎。土溜阶坎的流动物质,叫土溜或融冻土溜。土溜的流动速度很慢,一般小于 1 m/a。土溜在长期缓慢流动过程中,表层流速较快,把泥炭、淤泥和草皮等卷进细粒土中,形成复杂的结构。例如,以细粒土为主的堆积物中常有草皮和泥炭夹层,并产生揉皱和破裂。土溜中也常有大小碎石和泥沙混杂,一些扁平碎石的最大扁平面常与地面平行,长轴方向和运动方向一致。

3. 热喀斯特洼地

热喀斯特洼地是因温度升高,地下冰融化引起地面塌陷所形成的各种洼地。这种塌陷过程类似喀斯特过程,而塌陷原因和温度有关,故称热喀斯特。多年冻土上部的温度升高可能是气候周期性转暖形成的,也可能是人为因素造成的,如砍伐森林、开垦荒地和人工截流蓄水等都可以使地面温度增高。热喀斯特作用在斜坡上形成各种滑塌洼地,在平坦地面上形成沉陷漏斗或沉陷洼地,洼地内常积水成湖。多年冻土发育的高原或平原地区,大大小小的热喀斯特湖星罗棋布,直到湖底地下冰全部融化后,湖泊才停止下沉和扩大。有些大的冰核丘,因气候转暖,冰核完全融化,亦可陷落成为洼地或积水成湖池,所以有些热喀斯特沉陷和古冰核丘有关。

第三节　冻土区工程

对冻土区来说,工程活动主要受季节性冻土层或永久冻土活动层的影响。

一、冻胀与融沉

当环境温度降至土的冻结起始温度时,土中水分开始结晶,水冻结时的体积膨胀引起土颗粒的相对位移,使土的体积发生膨胀,即冻胀。冻土温度回升至冰点以上时,土中冰开始融化,土颗粒失去冰的冻结作用,且冰转化成水后体积缩小,使土在自身重力或上覆荷载的作用下产生压缩变形,地面下沉,即融沉。

1. 冻胀与融沉特性

(1) 土的冻胀特性

土的冻胀特性与土体类型、含水量、冻结条件(速度、温度)、水源补给条件、外荷载作用等有关。一般情况下,粗颗粒土冻胀性小,甚至不冻胀,而细颗粒土一般冻胀较大;黏性土冻结时,不仅原位置的水会结冰膨胀,而且在渗透力(抽吸力)作用下,水分将从未冻结区向冻结峰面转移,并在那里结晶膨胀。水分向冻结峰面的迁移和冻结,是土体产生强烈冻胀的直接原因。当冻结峰面较长时间停留在某一位置时,土中水分有充分时间向冻结峰面聚集、冻结,形成厚层状或透镜体冰体,土体发生严重冻胀,但冻结速度很快时,土中水分来不及转移,就在原地冻结形成整体结构冻土,冻胀就较轻微。

(2) 冻土的融沉和压密特性

冻土融化时,孔隙和矿物颗粒周围的冰融化,水分沿孔隙逐渐排出,土中孔隙尺寸减小,在土体自重作用下,土体孔隙率会发生跳跃式变化的现象。

一般用融化下沉系数 δ 来描述融化冻土的压缩下沉特性。冻土融化后,在荷载作用下产生的下沉,称为融化压缩下沉。

一般用融化(体积)压缩系数 m 来描述起始融沉含水率。地基冻土的融化下沉系数在 $0 \sim 1\%$ 范围内时,地基土的微弱沉降不会引起建筑物的变形,对应这个变形界限的冻土含水率称为冻土的起始融沉含水率。

融化下沉系数与冻土的干密度关系密切,当冻土的孔隙比小于某一数值时,冻土在融化过程中不会出现下沉现象(或小于 1%),对应的界限干密度称为起始融沉干密度。在一维条件下,冻土层融化、压缩下沉总量可认为由与外荷载无关的融化下沉量和与外压力成正比的压密下沉量组成。

2. 冻胀与融沉的分类

(1) 冻胀分类

季节冻土和季节融化层土的冻胀性,根据土冻胀率 η 的大小划分为不冻胀、弱冻胀、冻胀、强冻胀和特强冻胀等五级。冻土层的平均冻胀率 η 按下式计算:

$$\eta = \frac{\Delta_z}{h' - \Delta_z} \times 100\% \tag{6-1}$$

式中　Δ_z——地表冻胀量,mm;

　　　h'——冻土层厚度,mm。

实际工程中,有时难以快速获取冻土层的平均冻胀率数值。可以根据冻土的颗粒组成、含水特征、地下水位与冻结面关系等指标,对冻胀等级进行估算划分,见表6-1。

表 6-1 季节性冻土的冻胀等级

土的名称	冻前天然含水量 $w/\%$	冻结期间地下水位距冻结面的最小距离 h_w/m	平均冻胀率 $\eta/\%$	冻胀等级	冻胀类别
碎(卵)石,砂砾,粗、中砂(粒径小于 0.075 mm 颗粒含量大于 15%),细砂(粒径小于 0.075 mm 颗粒含量大于 10%)	$w\leqslant 12$	>1.0	$\eta\leqslant 1$	I	不冻胀
		$\leqslant 1.0$	$1<\eta\leqslant 3.5$	II	弱冻胀
	$12<w\leqslant 18$	>1.0			
		$\leqslant 1.0$	$3.5<\eta\leqslant 6$	III	冻胀
	$w>18$	>0.5			
		$\leqslant 0.5$	$6<\eta\leqslant 12$	IV	强冻胀
粉砂	$w\leqslant 14$	>1.0	$\eta\leqslant 1$	I	不冻胀
		$\leqslant 1.0$	$1<\eta\leqslant 3.5$	II	弱冻胀
	$14<w\leqslant 19$	>1.0			
		$\leqslant 1.0$	$3.5<\eta\leqslant 6$	III	冻胀
	$19<w\leqslant 23$	>1.0			
		$\leqslant 1.0$	$6<\eta\leqslant 12$	IV	强冻胀
	$w>23$	不考虑	$\eta>12$	V	特强冻胀
粉土	$w\leqslant 19$	>1.5	$\eta\leqslant 1$	I	不冻胀
		$\leqslant 1.5$	$1<\eta\leqslant 3.5$	II	弱冻胀
	$19<w\leqslant 22$	>1.5	$1<\eta\leqslant 63.5$	I	弱冻胀
		$\leqslant 1.5$	$3.5<\eta\leqslant 6$	III	冻胀
	$22<w\leqslant 26$	>1.5			
		$\leqslant 1.5$	$6<\eta\leqslant 12$	IV	强冻胀
	$26<w\leqslant 30$	>1.5			
		$\leqslant 1.5$	$\eta>12$	V	特强冻胀
	$w>30$	不考虑			
黏性土	$w\leqslant w_p+2$	>2.0	$\eta\leqslant 1$	I	不冻胀
		$\leqslant 2.0$	$1<\eta\leqslant 3.5$	II	弱冻胀
	$w_p+2<w\leqslant w_p+5$	>2.0			
		$\leqslant 2.0$	$3.5<\eta\leqslant 6$	III	冻胀
	$w_p+5<w\leqslant w_p+9$	>2.0			
		$\leqslant 2.0$	$6<\eta\leqslant 12$	IV	强冻胀
	$w_p+9<w\leqslant w_p+15$	>20			
		$\leqslant 2.0$	$\eta>12$	V	特强冻胀
	$w>w_p+15$	不考虑			

（2）融沉分类

多年冻土的融化下沉性,根据土的融化下沉系数 δ_0 的大小进行分级,可划分为不融沉、弱融沉、融沉、强融沉和融陷等五级。冻土融化下沉系数,应以试验方法确定。平均融沉系数按下式计算：

$$\delta_0 = \frac{h_1 - h_2}{h_1} = \frac{e_1 - e_2}{1 + e_1} \times 100\%$$ (6-2)

式中　h_1、e_1——冻土试样融化前的高度（mm）和孔隙比；

　　　h_2、e_2——冻土试样融化后的高度（mm）和孔隙比。

实际工程中，有时难以快速获取冻土层的平均平均融沉系数值，可以根据冻土的颗粒组成、含水特征等指标对融沉等级进行估算划分，见表 6-2。

表 6-2　多年冻土融沉性分级

土的名称	总含水量 w/%	平均融沉系数 δ_0	融沉等级	融沉类别	冻土类型
碎(卵)石,砂砾,粗、中砂（粉黏粒含量≤15%）	$w < 10$	$\delta_0 \leqslant 1$	I	不融沉	少冰冻土
	$w \geqslant 10$	$1 < \delta_0 \leqslant 3$	II	弱融沉	多冰冻土
	$w < 12$	$\delta_0 \leqslant 1$	I	不融沉	少冰冻土
	$12 \leqslant w < 15$	$1 < \delta_0 \leqslant 3$	II	弱融沉	多冰冻土
	$15 \leqslant w < 25$	$3 < \delta_0 \leqslant 10$	III	融沉	富冰冻土
	$w \geqslant 25$	$10 < \delta_0 \leqslant 25$	IV	强融沉	饱冰冻土
粉、细砂	$w < 14$	$\delta_0 \leqslant 1$	I	不融沉	少冰冻土
	$14 \leqslant w < 18$	$1 < \delta_0 \leqslant 3$	II	弱融沉	多冰冻土
	$18 \leqslant w < 28$	$3 < \delta_0 \leqslant 10$	III	融沉	富冰冻土
	$w \geqslant 28$	$10 < \delta_0 \leqslant 25$	IV	强融沉	饱冰冻土
粉土	$w < 17$	$\delta_0 \leqslant 1$	I	不融沉	少冰冻土
	$17 \leqslant w < 21$	$1 < \delta_0 \leqslant 3$	II	弱融沉	多冰冻土
	$21 \leqslant w < 32$	$3 < \delta_0 \leqslant 10$	III	融沉	富冰冻土
	$w \geqslant 32$	$10 < \delta_0 \leqslant 25$	IV	强融沉	饱冰冻土
黏性土	$w < w_p$	$\delta_0 \leqslant 1$	I	不融沉	少冰冻土
	$w_p \leqslant w < w_p + 4$	$1 < \delta_0 \leqslant 3$	II	弱融沉	多冰冻土
	$w_p + 4 \leqslant w < w_p + 15$	$3 < \delta_0 \leqslant 10$	III	融沉	富冰冻土
	$w_p + 15 \leqslant w < w_p + 35$	$10 < \delta_0 \leqslant 25$	IV	强融沉	饱冰冻土
含土冰层	$w \geqslant w_p + 35$	$\delta_0 > 25$	V	融陷	含土冰层

二、冻土地基工程

冻土作为建筑物地基，在冻结状态时具有较高的强度和较低的压缩性或不具压缩性。但冻土融化后则承载力大为降低，压缩性急剧增高，使地基产生融沉；相反，在冻结过程中又产生冻胀，对地基极为不利。冻土的冻胀和融沉与土的颗粒大小及含水量有关，一般土颗粒越粗，含水量越小，土的冻胀和融沉性越小；反之，则越大。

冻土地基承载力设计值，可根据建筑物安全等级区别保持冻结地基或容许融化地基，结合当地经验用载荷试验或其他原位测试方法综合确定。不能进行原位试验确定时，可按冻结地基土的土质和设计平均地温查表 6-3 确定。

表 6-3 冻土地基承载力设计值

土名	地温/℃					
	−0.5	−1.0	−1.5	−2.0	−2.5	−3.0
碎石土	800	1 000	1 200	1 400	1 600	1 800
砂砾、粗砂	650	800	950	1 100	1 250	1 400
中砂、细砂、粉砂	500	650	800	950	1 100	1 250
黏土、粉质黏土、粉土	400	500	600	700	800	900
含土冰层	100	150	200	250	300	350

1. 冻土区浅基础

(1) 基础埋置深度

季节性冻土地区基础埋置深度宜大于场地冻结深度。对于深厚季节冻土地区,当建筑基础底面土层为不冻胀、弱冻胀、冻胀土时,基础埋置深度可以小于场地冻结深度,基础底面下允许残留冻土层的最大厚度应根据当地经验确定。没有地区经验时可按现行建筑地基基础设计规范规定,只对冻胀级别为Ⅰ和Ⅱ的冻胀土允许在基础底面以下保留一定厚度的冻土层,其他级别冻胀土均不允许,即 $h_{max}=0$,见表 6-4。此时,基础最小埋置深度 d_{min} 可按下式计算:

$$d_{min} = z_d - h_{max} \qquad (6-3)$$

式中 z_d——场地冻结深度,m;

　　　h_{max}——基础底面下允许残留冻土层最大厚度,m。

表 6-4 季节性冻土基础底面下允许残留冻土层最大厚度　　　　单位:m

冻胀性	基础形式	采暖情况	基底平均压力/kPa					
			110	130	150	170	190	210
弱冻胀土	方形基础	采暖	0.9	0.95	1	1.1	1.15	1.2
		不采暖	0.7	0.8	0.95	1.00	1.05	1.1
	条形基础	采暖	>2.50	>2.50	>2.50	>2.50	>2.50	>2.50
		不采暖	2.2	2.5	>2.50	>2.50	>2.50	>2.50
冻胀土	方形基础	采暖	0.65	0.7	0.75	0.8	0.85	—
		不采暖	0.55	0.60	0.65	0.7	0.75	—
	条形基础	采暖	1.55	1.8	2	2.2	2.5	—
		不采暖	1.15	1.35	1.55	1.75	1.95	—

(2) 场地冻结深度

当地有实测资料时,场地冻结深度(m)按 $z=h'-\Delta z$ 计算,h' 为最大冻深出现时场地最大冻土层厚度(m);Δz 为最大冻深出现时场地地表冻胀量(m)。场地冻结深度与场地所处的环境、场地土颗粒的粗细、冻胀土的类型等因素有关。在无实测资料时,可由场地对应地区的季节性冻土标准冻深经过该三要素按式(6-4)修正获得。标准冻结深度是指在地面平坦、裸露、城市之外的空旷场地中不少于 10 年的实测最大冻结深度的平均值。当无实测资料时,按中国季节性冻土标准冻深线图查得。

$$z_d = z_0 \psi_{zs} \psi_{zw} \psi_{ze} \qquad (6-4)$$

式中 z_d——场地冻结深度,m;

z_0——标准冻结深度,m;

ψ_{zs}——土的类别对冻结深度的影响系数,按表6-5选取;

ψ_{zw}——土的冻胀性对冻结深度的影响系数,按表6-6选取;

ψ_{ze}——环境对冻结深度的影响系数,按表6-7选取。

表6-5 土的类别对冻结深度的影响系数

土的类别	影响系数 ψ_{zs}	土的类别	影响系数 ψ_{zs}
黏性土	1.00	中、粗、砾砂	1.30
细砂、粉砂、粉土	1.20	大块碎石土	1.40

表6-6 土的冻胀性对冻结深度的影响系数

冻胀性	影响系数 ψ_{zw}	冻胀性	影响系数 ψ_{zw}
不冻胀	1.00	强冻胀	0.85
弱冻胀	0.95	特强冻胀	0.8
冻胀	0.90		

表6-7 环境对冻结深度的影响系数

周围环境	影响系数 ψ_{ze}	周围环境	影响系数 ψ_{ze}
村、镇、旷野	1.00	城市市区	0.90
城市近郊	0.95		

注:环境影响系数,当城市市区人口为20万~50万时,按城市近郊取值;当城市市区人口大于50万小于或等于100万时,按城市市区取值;当城市市区人口超过100万时,按城市市区取值;5 km以内的郊区按城市近郊取值。

2. 冻土区桩基础

季节性冻土或多年冻土活动层中,土层随季节性变化出现冻融循环,也即胀沉循环。实践中,为消除冻融循环对基础稳定性的影响,可采用控制基础埋深或使用短桩基础的方法。但采用短桩时,桩的作用不是用来提高竖向抗压承载力的,而是用季节性冻土层以下土层或多年冻土非活动层的桩侧负摩阻力来抵抗季节性冻土层或多年冻土活动层的切向冻胀力,以确保基础稳定。

季节性冻土上轻型建筑的短桩基础,其单桩抗冻拔稳定性可按下式验算:

$$\eta_f q_f u z_0 \leqslant T_{uk}/2 + N_G + G_p \qquad (6-5)$$

式中 η_f——冻深影响系数,按表6-8选取;

q_f——切向冻胀力,按表6-9选取;

u——标准冻深线以上的桩身周长;

z_0——季节性冻土的标准冻深;

T_{uk}——标准冻深线以下单桩抗拔极限承载力标准值；

N_G——基桩承受的桩基础承台底面以上建筑物自重、承台及其上土重标准值；

G_p——桩身自重。

表 6-8　冻深影响系数表

标准冻深/m	$z_0 \leqslant 2.0$	$2.0 < z_0 \leqslant 3.0$	$z_0 > 3.0$
η_f	1	0.9	0.8

表 6-9　切向冻胀力与土层冻胀性关系

土类	冻胀性分类			
	弱冻胀	冻胀	强冻胀	特强冻胀
黏性土、粉土	30～60	60～80	80～120	120～150
砂土、砾(碎)石(黏、粉粒含量>15%)	<10	20～30	40～80	90～200

注：1. 表面粗糙的灌注桩,表中数值应乘以系数 1.1～1.3;

　　2. 本表不适用于含盐量大于 0.5%的冻土。

3. 防冻胀措施

对在地下水位以上的基础,基础侧表面应回填一定厚度不冻胀的中、粗砂;对在地下水位以下的基础,可采用桩基础、保温性基础、自锚式基础(冻土层下有扩大板或扩底短桩),也可将独立基础或条形基础做成正梯形的斜面基础。

宜选择地势高、地下水位低、地表排水条件好的建筑场地。应做好排水设施,施工和使用期间防止水浸入建筑地基。

在强冻胀性和特强冻胀性地基上,其基础结构应设置钢筋混凝土圈梁和基础梁,并控制建筑的长高比。当独立基础连系梁下或桩基础承台下有冻土时,应在梁或承台下留有相当于该土层冻胀量的空隙。

外门斗、室外台阶和散水坡等部位宜与主体结构断开,其下宜填入非冻胀性材料。

对跨年度施工的建筑,入冬前应对地基采取相应的防护措施。按采暖设计的建筑物,当冬季不能正常采暖时,也应对地基采取保温措施。

对按保持冻结状态设计的多年冻土,在建筑物施工和使用期间,地基土应始终保持冻结状态;对按逐渐融化状态设计的多年冻土,在建筑物施工和使用期间,地基土可处于逐渐融化状态;对按预先融化状态设计的多年冻土,在建筑物施工之前,使多年冻土融化至计算深度或全部融化。

第七章　海岸地貌与工程

海洋是地球表面最大的地貌单元,约占地球表面积的 71%,平均水深约 3 279 m,体积 1.35×10^{28} m³,占地球水体质量约 97%。海洋不仅对全球气候起重要的调节作用,使日夜温差减小,更适合生命的生存,而且为人类生存提供了丰富的资源,如生物资源、矿产资源、能源等。但海洋也给人类带来灾害,台风、龙卷风、海啸、海平面上升等都会造成重大的人员伤亡或财产损失,尤其对海岸带地区的居民影响最大。海岸带是陆地与海洋的一个过渡带,是人类居住和活动的重要场所,这里城市集中、人口密集,也是人类运输物资的重要转运区。中国的海岸线漫长,大陆沿岸长 18 000 km,加上 5 000 个岛屿的 14 000 km,共有长达 32 000 km 的海岸线。进行海岸带的地貌、沉积物、海岸线变迁等研究对海岸带的防灾减灾、提高海防具有重要的意义。

第一节　海岸环境

一、海岸分带

海岸是陆地与海洋相互作用的有一定宽度的地带,其上界是风暴潮作用的最高位置,下界为波浪作用开始扰动海底泥沙处。现代海岸带由陆地向海洋可划分为滨海陆地、海滩和水下岸坡三部分(图 7-1)。

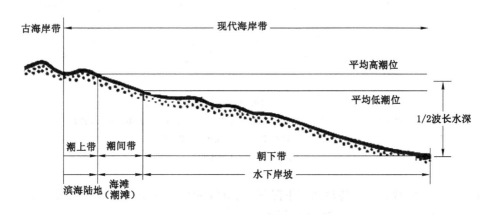

图 7-1　海岸带的划分

滨海陆地是高潮位以上至风暴潮所能作用的区域。在此范围内有海蚀崖、沿岸沙堤及潟湖低地等,它们大部分时间暴露在海水面以上,只在特大风暴时才被海水淹没,这一地带又称潮上带。

高潮位和低潮位之间的地带,称潮间带,主要是海滩(沙滩和岩滩)或潮滩(黏土和细、粉砂滩地)。

水下岸坡是低潮位以下到海浪作用开始掀起海底泥沙处,大约是 1/2 波长水深的位置,水下岸坡在平均海面高度以下,只受浅水波的作用,又称潮下带。

海陆相互作用的地貌不仅表现在现代海岸带内,在相邻的陆上或海底也有保存。残留在陆上的古海岸带是一些抬升的沿岸堤、海积平原和海岸阶地等;在海底水下的古海岸带是在低海面时形成的,如溺谷、岩礁、浅滩等。

海岸带的自然资源十分丰富,可进行滩涂围垦、港口建设、海水制盐、矿产开采、水产捕捞和养殖、潮汐能发电和旅游开发等,历来是人类聚居和从事经济活动的重要场所。

二、海岸类型

海岸是海洋与陆地分界靠陆的一侧,其分界线为海岸线。海岸线是海平面与陆地的交线,通常以平均海平面为准。海岸的形态、物质组成和形成原因,在不同的地区是各种各样的,差别甚大,既有悬崖峭壁的海岸,也有平坦宽阔的海岸;既有岩石裸露的海岸,也有生物茂密的海岸。因此,海岸类型就有不同的分类。

1. 成因和形态分类

美国地貌学家斯特拉勒根据海岸的成因和形态分成 8 种类型的海岸,即里亚式海岸(下沉海岸)、峡湾式海岸、断层海岸、堤障沙岛海岸、三角洲海岸、火山海岸、珊瑚海岸和红树林海岸(图 7-2)。

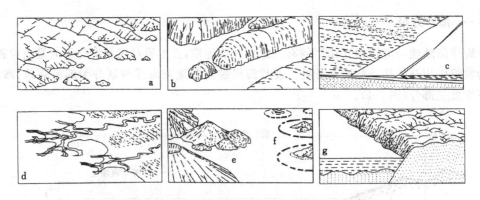

a—里亚式海岸(下沉)(基岩海岸);b—峡湾式海岸(基岩海岸);
c—堤障沙岛海岸(新近上升的沙岸);d—三角洲海岸(泥质海岸);e—火山海岸(基岩海岸);
f—珊瑚海岸(生物海岸);g—断层海岸(基岩海岸)。

图 7-2 海岸的类型

里亚式海岸发育在新构造运动的下降区,由沉没的山谷和山脊组成交错分布的海湾和海岬,海岸线曲折,海岸坡度较陡,基岩裸露。

峡湾式海岸是分布在高纬度地区,冰川谷地被海水淹没所形成的长条状海岬和狭长海湾交错出现的海岸,海岸线曲折,海岸坡度陡,基岩裸露。

断层海岸是由断层上升盘构成的海岸,此海岸陡峭,海岸线多平直,海水深。

堤障沙岛海岸是由障壁岛或离岸沙坝构成的砂质海岸,多分布在海平面下降区,沿岸有大量的潟湖发育,海岸平缓,多为泥沙质。

三角洲海岸就是三角洲地区的海岸,海岸平坦,泥滩发育,海岸线多曲折,海岸平缓,多为泥沙质。

火山海岸是由火山岩构成的海岸,沿岸有大量的火山锥分布,在太平洋的西海岸和加勒比海较发育。

珊瑚礁海岸分布在热带水域,由珊瑚礁构成,如在澳大利亚的大堡礁海岸。

红树林海岸也分布在热带海域,沿岸生长大量的红树林或发育红树林沼泽。

2. 物质组成分类

根据海岸的物质组成,可把海岸分为基岩海岸、沙质海岸、泥质海岸和生物海岸。

基岩海岸是指由未经移动的岩石组成的海岸,这种海岸一般有陡峭的岩壁,或凹凸的海岬和海湾,海底坡度大,海浪作用强烈,如里亚式海岸(下沉海岸)、峡湾式海岸和断层海岸就属于这种类型。

砂质海岸是由砂粒构成的海岸,海岸平缓和松软,发育沙滩,如堤障沙岛海岸。

泥质海岸是主要由泥质构成的海岸,地形非常平坦,有大量的泥滩发育,海岸松软,在三角洲地区常有这种海岸发育。

生物海岸是有生物生长的海岸,如红树林海岸、珊瑚礁海岸等。

3. 构造运动分类

上升海岸是由陆地上升或海平面下降形成的海岸,这种海岸多分布在新构造运动的上升区。海岸多为基岩,海岸坡度陡,保留古海蚀地貌,如海蚀崖、海蚀穴、古波切台等。

中性海岸是陆地或海面升降都不明显地区的海岸。海岸平缓,沙滩、泥滩发育,砂质海岸、泥质海岸多属这种类型。

下沉海岸是因陆地下降或海平面上升,部分陆地沉没于海水以下形成的海岸。海岸多为基岩,几乎无古海岸地貌保存,常形成三角湾、峡湾,海岸线曲折,多岬角、半岛和岛屿,并有深水道和良港。

三、海岸的演化

世界各地的海岸形态非常复杂,这不仅受海岸的岩性和新构造运动的影响,还受海平面波动和海水侵蚀作用的影响。如新构造运动的上升区,海岸常陡峭,基岩裸露;而在新构造运动的下降区,海岸常比较平缓,有大量的第四纪沉积物覆盖。海水对海岸的侵蚀作用主要发生在海平面附近,而低于海平面的海水侵蚀作用比较微弱,所以海平面对海岸侵蚀作用具有控制作用。海水对海岸侵蚀随着海平面的波动,侵蚀位置发生变化,从而导致海岸形态变化。如果新构造运动稳定,海平面的位置不发生变化,那么一个基岩海岸的发育会经历以下几个阶段(图 7-3):

(1) 初期(幼年)阶段:海水的侵蚀能力很强,海岸的坡度较陡,海岸线弯曲(海湾和海岬交替出现)。在海岬部位波能集中,以波浪的侵蚀作用为主,不断侵蚀海岸,在海平面附近形成小的波切台(海蚀平台)和海蚀崖,使海岸线向陆地方向后退;而在海湾的部位,波能发散,以波浪沉积为主,使海岸线向海方向推进。在波切台上,基岩裸露,没有海蚀桥和海蚀柱的发育,海蚀崖的高度也不大。

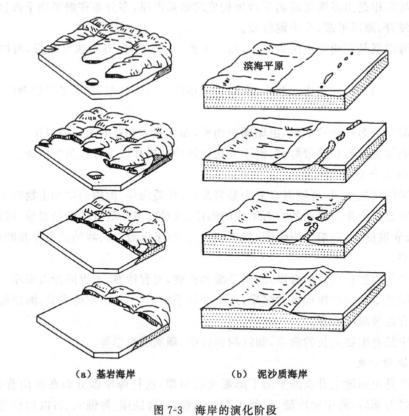

（a）基岩海岸　　　　　　（b）泥沙质海岸

图 7-3　海岸的演化阶段

（2）中期（青年）阶段：随着海水的侵蚀，在海岬部位波切台不断扩大，海岸线不断向陆地方向后退，海蚀崖的高度增加，在波切台上发育海蚀桥和海蚀柱，并有少量的砂砾堆积物；而在海湾地区，由于沉积作用海岸线向海方向推进，使海岸线的曲率变小。

（3）晚期（老年）阶段：这时的海水侵蚀作用已经非常弱了，波切台非常宽缓，已到达了平衡状态。海岸线比较平直，海蚀崖低矮或消失，海蚀桥和海蚀柱已被侵蚀掉，波切台上有砂砾或泥质堆积物。

如果发生新构造运动或出现由气候引起的海平面升降，海岸的平衡状态将被打破。如果海平面相对下降，原来的波切台可转变为海蚀阶地，海岸进行新一轮的演变。如果海平面相对上升，原来的波切台被沉积物覆盖形成水下阶地，如果阶段性地上升，则形成多级水下阶地。原来非海岸地区转变为海岸。

第二节　海岸动力作用

海岸地貌是由波浪、潮汐、海流和河流等动力作用所形成的地貌。其中，以波浪作用为主，潮汐作用只在有潮汐海岸对地貌起塑造作用，海流作用更次之，河流作用只局限在河口地带。

一、波浪作用

海洋水体受多种力的作用,如风、海底地震、海底火山等的作用,尤其是风的作用。风作用于海面,将大气中聚集的能量通过摩擦过程传递给海洋表层水体,使表层水质点沿着风的作用方向,在垂直断面上做闭合的圆周运动,海洋表层水体随之发生周期性起伏,形成波浪。波浪是海岸地貌形成过程中最普遍、最重要的动力。

1. 波浪要素和波浪能量

波浪在外形上有一定的高低起伏,波形最高处称为波峰,最低处叫波谷,如图 7-4 所示。波峰的连线叫作波峰线,垂直波峰线的方向为波浪传播方向。相邻两个波峰或波谷间的距离为波长 L,波峰到波谷间的垂直高度为波高 h。相邻两个波峰或波谷通过海面同一点的时间间隔叫周期 T,单位时间内波浪所移动的距离为波速 c。波长、波速和周期有如下关系:

$$L = cT \tag{7-1}$$

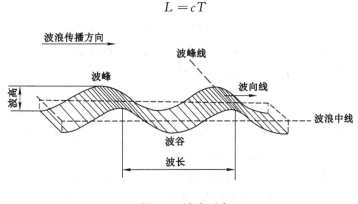

图 7-4　波浪要素

波浪运动既是波形的传播,又是能量的传播。波浪的能量主要取决于波长与波高,有如下关系:

$$E = K \frac{1}{8} h^2 L \tag{7-2}$$

式中　K——系数,$K = \rho g$,ρ 为海水密度,g 为重力加速度。

2. 深水区波浪

在深水中的波浪水质点做等速圆周运动,水质点沿轨道运动一周,波形往前移动一个波长的距离。

波浪一方面沿着海面向前传递,同时也向下部水层传递。在水平方向上水质点的圆周运动的轨迹半径相等,而在垂直方向上随水深增加半径减小。当水深按等差级数增加时,水质点的运动半径按等比级数减小(图 7-5)。例如,在海面以下一个波长的深度处,水质点运动轨迹的直径只有海面水质点的 1/512。

3. 浅水区波浪

外海传来的波浪进入水深小于 1/2 波长的浅水区时,波浪中的水质点才比较明显地扰动海底,通常把 1/2 波长的深度看作波浪作用的极限深度。小于此深度的波浪性质发生变化,形成浅水波。波浪进入浅水区后,由于水质点运动与海底摩擦,水质点运动轨迹的形态

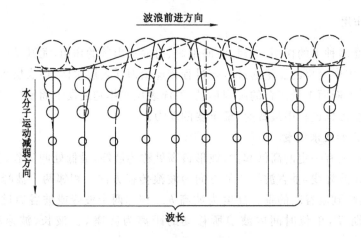

图 7-5　波高随水深的变化

发生变化,由圆形渐变为椭圆形,上半部凸起,下半部扁平。到了海底,轨迹的扁平度达到极限。椭圆形的水质点的垂直轴等于零,水质点做平行底面的往返运动。这时上层水体的运动速度大于下层水体,结果波高加大、波峰变窄。

4. 波浪破碎

波浪越接近海岸,波浪变形越明显,当波峰超出下部水体的支撑时,或者说波峰明显超前并发生翻转时,波浪破碎,成为破浪。在比较平缓的水下岸坡,波浪急速变形,在两个波高水深处就开始破碎。波浪向岸传播过程中,还可以发生多次波峰局部破碎现象,使波能分散地消耗在宽广的水下岸坡上,最后到达岸边的波浪已很微弱。相反,在较陡的水下岸坡,波浪变形较慢,破碎发生在一个波高的水深处,再生的波浪很快到达岸边,形成强大的激浪流,它们在惯性力作用下沿坡向上产生进流,然后在重力作用下沿坡向下产生退流。由于进流带来的上涌水体大量渗透到海滩砂砾中,因此退流水量小于进流水量。另外,由于水流摩擦的影响,导致退流的速度小于进流的速度。

波浪破碎的临界水深并不是固定不变的,风向和风速都影响波浪破碎的临界水深。当风向(向岸吹)与波向一致或向岸风的风速较大时,波高增大,波浪破碎的水深度加大;相反,在离岸风作用下或向岸风的风速较小时,波高变小,波浪破碎的水深减小。

5. 波浪折射

波浪进入浅水区后,如果波浪运动方向与海岸线斜交,就会出现在同一个波峰线的不同点有不同的运动方向和运动速度,随着波浪接近海岸,整个波峰线便偏离原来的前进方向,力图与海岸线平行,从而导致波峰线弯曲的现象,称为波浪折射(图 7-6)。

当波浪传播到岬角与海湾交错的曲折海岸时,波峰线同样逐渐试图与海岸线平行,在岬角处波浪集中,波峰线缩短,波能增大,以侵蚀作用为主;海湾处波浪辐散,波峰线拉长,波能降低,以堆积作用为主,如图 7-7 所示。

二、潮汐作用

潮汐是在太阳和月球引力作用下发生的海面周期性涨落现象。潮汐作用主要表现在两方面:一是潮汐的涨落,使海面发生周期性的垂直运动,海面涨落过程称为涨潮和落潮。当

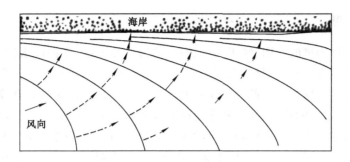

箭头代表波浪作用方向。

图 7-6 波浪在平直海岸的折射

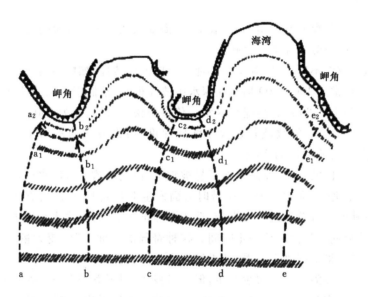

虚线为波射线,斜短线为波峰线,a、b、c、d、e 为不同岬角处的波射线位置。

图 7-7 波浪在曲折海岸的折射

海面涨到最高位和降到最低位时,称高潮位和低潮位。高潮和低潮的高差叫潮差。二是使海面水体产生水平方向整体运动,形成潮流,涨潮时向岸流动的海水为涨潮流,落潮时向海流动的海水称落潮流。

潮流受地球旋转力的影响,海洋中潮流的方向和流速时时都在变化,北半球按顺时针方向偏转,南半球按逆时针方向偏转。在河口区的潮流,涨潮流与河水流向相反,落潮流与河水流向一致,因而落潮时的下行潮流水量大于涨潮时的上行潮流水量。此外,由于潮流咸水和河流淡水的密度不同,涨潮流沿底层上涌,形成咸水楔,它可对河流相当长的一段水流起顶托作用。在海峡和岛屿之间,由于地形变窄、潮差大,潮流流速也加大,尤其在海峡两端可以形成强大的潮流。当潮流流速为 10～20 cm/s 时,就可掀起粉砂淤泥,潮流流速达到 250～300 cm/s 时,可搬运大石块,并把海底冲出很深的沟槽。潮流作用能在潮间带形成潮滩、潮沟,在水下浅滩形成潮流沙脊和潮流通道。

三、海流作用

海流的形成可由风的作用、气压梯度、海水的密度和温度、江河淡水注入以及潮汐等影响所致。有些海流有定向性,每年大致向一个方向流动,流速和水量没有多大变化,也有一些海流方向和流速不固定。大部分海流从海洋到达海岸带沿途受海底摩擦、地形阻碍以及波浪、潮汐和河流水流的顶托影响,其作用已非常微弱。对海岸地貌塑造作用有影响的是河流入海带来淡水或降水使海面倾斜产生的海流,称为排流。排流带出淡水和泥沙,自河口向海伸出,影响海岸地貌发育。风作用形成风海流,风海流随深度加大而流速减小,但在海岸带会使泥沙被掀起搬运。

四、海啸作用

海啸是由突发的海底断层错动、海底滑坡、海底火山喷发或崩塌引起的高大波浪,由地震断层错动形成的海啸又称地震海啸。

海啸与风成波浪不同,它发源于局部地点并向四周传播,如同将石块投入水池一样。海啸的波长很大,通常达 $100\sim200$ km,在深水中波高很低,常低于 1 m,周期可达 $10\sim30$ min(暴风浪的周期为 $15\sim20$ s)。海啸在深水中传播很快,如果波长为 100 km、周期为 20 min,则速度可达 300 km/h。海啸波长远大于海底深度,假设海底的平均深度为 3 km,则 100 km 的海啸波长为海水深度的 33 倍。

海啸在深水区因波长大、波高小而不易被觉察,但当海啸进入浅水区,波高迅速增大,可达到 10 m 以上。通常,海啸到达海岸带时海面发生上升或下降,然后破坏力巨大的海浪才到达。有时海啸的波谷首先到达海岸带,造成海面迅速下降,在浅水海岸带造成大面积海底出露,并因海啸周期较长而持续一定时间。这种奇异的海面下降,使大量海洋生物暴露,无警觉的居民与游客被吸引进入海滩,结果被后来的巨浪吞没。

海啸虽然在很多海岸地区很少发生,但一旦发生,其破坏性巨大,造成地貌景观的改变和堆积一层特殊的海啸沉积物。据有关资料,全球每十年平均有 57 次海啸。2004 年 12 月 26 日,在东南亚海域由地震断层活动引起的海啸,造成约 20 余万人死亡。2011 年 3 月 11 日,日本东部海域发生的 9 级地震形成的海啸,地震后 20 min,海啸抵达海岸,一直伸入陆地 5 km,淹没陆地超过 400 km^2,宫古一带海啸最大高度达 40 m,伤亡 25 000 余人,被毁房屋达 37.4 万余间。

五、河流作用

入海河流的水流和泥沙参与海岸带的作用过程,对海岸进行侵蚀和堆积。当入海河流泥沙增多,海岸向海增长;如河流入海泥沙减少,海岸向陆后退。例如,黄河于 1128—1855 年间曾改道由淮河入黄海,在此期间带来大量泥沙,使海岸线向海增长 90 km。之后,黄河回归原河道由山东入渤海,苏北海岸失去泥沙供给,1899—1980 年,平均以 134 m/a 速度后退,近 50 年以来,仍以 $20\sim30$ m/a 的速度在后退。

入海河流泥沙的运移和堆积受波浪影响,大部分泥沙堆积在河口附近,形成平行海岸的沙坝。如在潮汐海岸,泥沙受潮汐作用,沿潮流方向常形成海底潮流沙脊。

第三节　海岸地貌及堆积物

一、海岸侵蚀地貌

1. 波浪侵蚀作用

波浪水流以及携带的砂粒和岩块对海岸的撞击、冲刷、研磨和溶蚀等作用称为波浪的侵蚀作用或海蚀作用。波浪侵蚀作用有冲蚀、磨蚀和溶蚀三种形式。

冲蚀作用是指波浪水流对海岸的撞击和冲刷。冲蚀作用在基岩海岸最明显。基岩海岸的水深大，海岸斜坡陡，外来的波浪能直接到达岸边，将大部分能量消耗在对岩壁的冲击上。波浪撞击基岩时水体的巨大压力以及基岩裂隙中的空气突然被压缩，然后海浪后退时又突然发生膨胀，对岩石具有极大的破坏性。这样连续的压缩和膨胀，使岩石发生崩解。此外，波浪撞击陡峭的岩壁后回落的水体对下面的基岩也产生巨大的打击力。节理发育的基岩海岸波浪冲蚀作用的效果最显著。崩解的岩石碎块被波浪带走，海岸逐渐后退。

磨蚀作用指波浪挟带的砂砾、岩屑等对基岩海岸的撞击、凿蚀和研磨等，它也加快了对基岩海岸的侵蚀速度。

海水对岩石的溶蚀能力比淡水强，不仅碳酸盐岩能溶于海水，海水对正长岩、角闪岩、黑曜岩和玄武岩等都有很强的溶蚀作用，其溶蚀速度比淡水大3～14倍。

2. 地貌类型

海岸带地貌组合如图7-8所示。

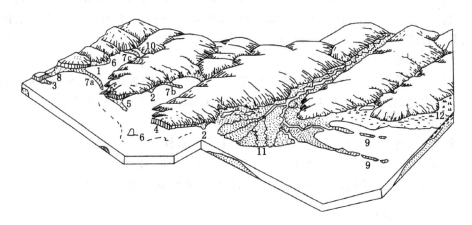

1—海滩；2—角滩；3,5—沙嘴；4—海蚀崖；6—海蚀柱（断线区为水下波切台）；
7—拦湾坝（7a—湾口坝，7b—湾中坝，7c—湾内坝）；
8—连岛坝（有壁障区）；9—离岸堤；10—潟湖；11—三角洲；12—泥滩。

图7-8　海岸带地貌组合

海岸侵蚀地貌是由海水侵蚀作用形成的，主要发育在基岩海岸的岩石中，其类型有海蚀穴、海蚀凹槽、海蚀崖、海蚀柱、海蚀蘑菇石、海蚀拱桥、海蚀礁石、波切台等（图7-9）。

海蚀穴是形成于海平面附近、深度（向陆地方向）大于宽度（沿海岸线方向）的洞穴。它

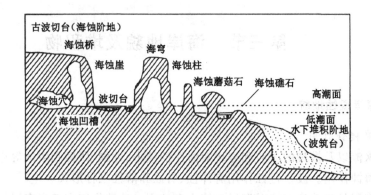

图 7-9　基岩海岸的侵蚀地貌

的形成受海水侵蚀的方向、岩石的均一性以及节理的影响。

海蚀凹槽是沿着海平面发育、向陆地凹入的线状凹槽。它的水平延伸方向与海岸线一致,在垂直剖面上一般为指向陆地的平卧 V 形,如果平均海平面上、下波动,那么可形成平卧的箱字形或 U 形。海蚀凹槽最深的部位为平均海平面位置,而上下的转折部分为高潮面和低潮面的位置。海蚀凹槽不同于海蚀穴在于前者沿海岸线方向延伸长度大于向陆地方向伸入的深度,而海蚀穴向陆地方向伸入的深度大于水平宽度。

海蚀崖是在海蚀的过程中,海岸线后退,海岸崩塌形成的悬崖峭壁。当海蚀凹槽不断扩大时,其上面的岩石因失去支撑而倒塌,就形成海蚀崖。有时在海蚀崖上发育多层的海蚀凹槽。

波切台是沿着平均海平面向陆地延伸并向海洋方向缓倾斜的基岩台地,也称海蚀平台。当海水侵蚀海岸时,造成海蚀崖节节后退,海岸线向陆地方向推进,那么在海平面附近就形成波切台。有时在波切台上有少量的砾石和砂粒的堆积物。如果海平面下降或海岸上升,波切台上升成为海蚀阶地。

海蚀拱桥是发育在波切台上、与海蚀崖相连的似拱桥状地貌,如果与海蚀崖分离的似拱桥状地貌则称为海蚀穹。当相对的两个方向的海蚀速度较快时,将海蚀崖底部凿通形成海蚀桥。

海蚀柱是由海蚀作用形成的分布在波切台上的岩石柱体。当海蚀拱桥的"桥"体部分发生崩塌,残留下的"桥柱"就是海蚀柱。若海平面保持一段时间的稳定,海蚀柱的下部(海平面附近)经侵蚀使其细颈化,而上部保持较粗,形成形似蘑菇的海蚀柱,即海蚀蘑菇石。

二、海岸堆积地貌

海岸带的泥沙在波浪水流的作用下,发生横向移动和纵向移动。当泥沙的运动受阻,会产生堆积,形成海岸堆积地貌。泥沙的横向移动和纵向移动所形成的地貌是不同的。

1. 泥沙横向移动堆积地貌

当外海波浪作用方向与海岸线直交时,海底泥沙在波浪作用力和重力的切向分力共同作用下做垂直岸线方向的运动,称为泥沙横向运动。对于坡度均一的水下岸坡,砂粒受到波浪向岸方向作用力大于向海方向作用力,在一个波浪作用周期后,泥沙则向岸移动一段距离,随着水深的减小,向岸流速越来越快,作用力更强,使泥沙向岸移动距离也越来越大。

泥沙横向移动可形成的堆积地貌有海滩、水下沙坝、沿岸堤、离岸堤和潟湖等。

海滩是在激浪流作用下形成的由松散泥沙或砾石堆积而成的平缓地面。海滩沿岸分布，其范围从波浪破碎处开始向陆地方向延伸到组成物质或地形有显著变化的地带。由于向岸进流速度通常大于离岸回流速度，导致底部泥沙向岸搬运。

海滩按组成物质颗粒的大小，可分为砾石滩（卵石滩）、粗砂滩和细砂滩。一般来说，砾石滩渗透性好，波浪回流弱，滩面窄而陡，横剖面呈凸形；粗砂滩渗透性较差，滩面松软；细砂滩的渗透性最差，滩面平缓而坚硬，横剖面呈凹形。

海滩按剖面可分为滩脊海滩（双坡形）和背叠海滩（单坡形）两种。滩脊海滩是在向陆侧有自由空间的开阔地带，进浪越过滩顶流到向陆一侧的斜坡上，将泥沙带到海滩上堆积，形成向海和向陆两个坡向的海滩。背叠海滩是由于海滩后部没有自由空间，进流可直达岸边的海蚀崖坡麓或坡度较大的海滩斜坡上，发育向海倾斜的单坡形海滩。如退流的水量下渗多，流速很小，进流带来的泥沙不能被退流带走，海滩剖面呈上凸形，如砾石海滩；如退流的下渗水量少，则有足够的退流水流搬运泥沙，海滩剖面呈下凹形，如细砂海滩。

水下沙坝是一种大致与岸线平行的长条形水下堆积体，如图7-10所示。在水下岸坡，波浪发生破碎时，翻卷的水体强烈冲掏海底，被掏起的泥沙和向岸搬运的泥沙堆积在波浪破碎点附近，形成水下沙坝。水下沙坝分布在水下岸坡的上部。在缓坡海岸，波浪破碎的临界水深大，水下沙坝多分布在2倍波高的水深处，并由于浅水波多次破碎而形成一系列水下沙坝，沙坝的规模和间距向岸逐渐减小。在粗颗粒的陡坡海岸，波浪破碎的临界水深小，水下沙坝多分布在相当于1个波高的水深处，水下沙坝条数少，一般仅有1~2条。由于水下沙坝形成与碎浪有关，碎浪又受波高影响，因而不同季节的风浪规模不一样，使碎浪位置发生变化，水下沙坝的位置也常发生迁移。风浪大的季节，沙坝向海方向移动；风浪小的季节，沙坝向陆方向移动。

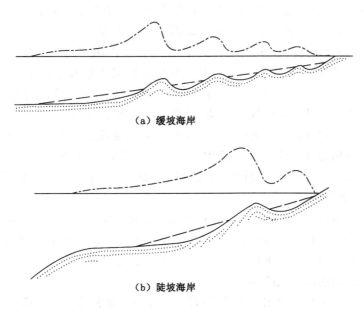

（a）缓坡海岸

（b）陡坡海岸

图7-10　水下沙坝与岸坡坡度的关系

沿岸堤是沿岸线堆积的垅岗状沙堤,它可由海滩发育而成,属于海滩上的次一级地貌单元,也可能由水下沙坝演化形成。沿岸堤常呈多条分布,每一条沿岸堤的位置代表它形成时的岸线位置。如果不同时期的沿岸堤高度不同,说明在它们形成过程中海面有升降变化。海面上升,岸线不断向陆地移动,沿岸堤的向海一侧泥沙不断向陆方向搬运,越过堤顶堆积在沿岸堤的向陆一侧,使沿岸堤向陆方向移动并不断增高;海面下降,岸线不断向海方向移动,或水下斜坡坡度变小,波浪搬运泥沙能力变弱,大量泥沙堆积在向海的一侧,使沿岸堤加宽或向海方向迁移并不断降低。因此,沿岸堤的位置和形态是处于经常变化中的,其高度一般只有几米,宽 5～7 m。

离岸堤是离岸一定距离高出海面的沙堤,又称岛状坝或堡岛。离岸堤可由水下沙坝不断加积形成或海面下降使水下沙坝出露海面形成。其长度一般由几千米至几十千米不等,宽度由几十米至几百米。堤顶受风吹扬,常形成规模不等的沙丘。

潟湖指由离岸堤或沙嘴将滨海海湾与外海隔离的水域。潟湖有通道与外海相连,并有内陆河流注入,但也有些潟湖与外海完全隔离封闭,或只在高潮时海水进入潟湖。随着海水和河水进出潟湖的比例变化,潟湖湖水可淡化也可咸化。潟湖由于位于波影区内,水体宁静,沉积物细,因而潟湖沿岸常发育泥滩。

2. 泥沙纵向移动堆积地貌

当波浪的作用方向与岸线呈斜交,海岸带泥沙所受的波浪作用力和重力的切向分力不在一条直线上,泥沙颗粒按两者的合力方向沿岸线方向移动,称为泥沙纵向移动。

在波浪和海流作用下,有着大致相同方向和一定数量的泥沙纵向运动,称为海岸泥沙流。泥沙流的输沙能力为单位时间内通过一定断面波浪能够搬运泥沙的最大数量,又称容量。单位时间内,通过一定断面的波浪实际输沙量称为强度。强度与容量之比为饱和度。当容量和强度相等时,泥沙流处于饱和状态,波浪的全部能量都消耗在搬运泥沙上;若容量大于强度,泥沙流未饱和,波浪的一部分能量则侵蚀海岸和搬运水下岸坡的泥沙;若容量小于强度,泥沙量过饱和,波浪不足以搬运全部泥沙,便发生堆积。

海岸泥沙流的容量除受波浪强度影响外,还与波浪作用方向和岸线的夹角大小有关。当夹角较大时,泥沙颗粒受到波浪作用力较强,但在波浪作用力与重力切向分力共同作用下,实际纵向移动较小,海岸泥沙流的容量并不大;当夹角很小时,波浪的大量能量消耗在海底摩擦上,也不利于泥沙颗粒的纵向移动,海岸泥沙流的容量小。当夹角等于 45°时,纵向移动速度最快,海岸泥沙流的容量最大。由于岸线走向变化使波浪作用方向与岸线夹角增大或减小,波浪作用强度都将减弱,海岸泥沙流的容量降低,发生堆积。此外,如河流入海带来大量泥沙,或在波影区水域也会使泥沙流过饱和而发生堆积。泥沙纵向移动可形成湾顶滩、沙嘴、连岛坝和拦湾坝等地貌。

如图 7-11(a)所示,在 AB 段,波浪作用方向与岸线夹角为 φ(假定 $\varphi=45°$),当有一股达到饱和状态泥沙流从 A 向 B 移动,到达 B 点后,由于海岸方向改变,使波浪作用方向与岸线夹角大于 φ,泥沙搬运能力降低,也即容量降低而发生堆积,形成湾顶滩。在海岸带建坝或连岸防波堤,也会引起类似的堆积。

在凸形海岸,根部与陆地相连、末端向着海面伸展的堆积体称为沙嘴。如图 7-11(b)所示,在 AB 段,波浪作用方向与岸线夹角为 φ(假定 $\varphi=45°$),BC 段的夹角小于 φ,当泥沙流进入 BC 段时,搬运能力降低,在海岸转折处发生堆积并不断向前伸长,便形成沙嘴。具有

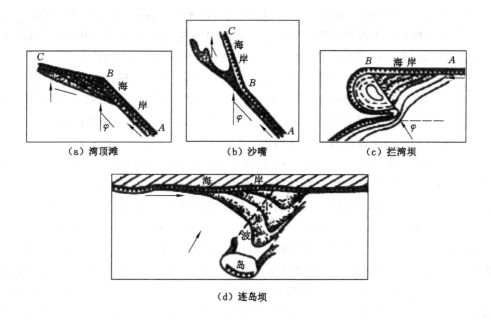

（a）湾顶滩　　　　　（b）沙嘴　　　　　（c）拦湾坝

（d）连岛坝

图 7-11　海岸带泥沙纵向移动形成的堆积地貌

单一形态向海延伸的沙嘴,称为箭状沙嘴。末端受其他动力作用改造而发生弯曲的沙嘴,称为弯曲沙嘴。在原沙嘴末端或内侧又形成新沙嘴的堆积体,称为复合沙嘴。海岸后退,沙嘴的位置也随之改变,在沙嘴的内侧出现一些弯曲的小沙嘴,它们是老沙嘴尾端的残部。沙嘴如被侵蚀破坏,残留的沙嘴在海中成为孤立沙体,称飞坝。

　　沙嘴若发生在海湾外侧湾口就形成了拦湾坝。由于海岸外侧岬角为屏障,在岬角的内侧海域则形成波影区,波浪进入波影区后能量降低,泥沙搬运能力减弱,便发生堆积形成沙嘴,沙嘴不断增长与岬角相连形成拦湾坝[图 7-11(c)]。

　　连岛坝是连接岛屿与陆地的沙坝。岸外有岛屿,在岛屿与陆地之间形成波影区,外海波浪遇到岛屿时发生折射或绕射,进入波影区后波浪的能量减弱,搬运能力降低,沿岸移动的泥沙流将逐渐在岸边堆积下来,形成向岛屿延伸的三角形沙嘴。与此同时,岛屿向海的一面受到冲蚀,被冲蚀的物质在岛屿两侧后方堆积成两个向陆地延伸的沙嘴。最后两个方向的沙嘴相接,便形成了连接岛屿与陆地的沙坝,即连岛坝[图 7-11(d)]。

三、海岸带堆积物

1. 海滩沉积物

　　在基岩海岸,砾石沉积比较发育,形成砾滩,砾石一般来自基岩海岸被侵蚀崩塌下来的岩石碎屑,经海水的搬运沉积而形成,因此砾石的成分与附近的海岸基岩相近。但在一些河流入海的部位,有一些砾石是河流搬运来的,那么它的成分与河流流域的岩石成分有关。如果海平面长期稳定,气候又比较暖温而湿润,砾石的成熟度很高,形成以石英为主的砾石沉积。海滩砾石的分选性好,磨圆度高,一般为圆和次圆,磨圆良好的叠瓦状排列,其砾石的长轴平行海岸线。

在砂质海岸带,以中、细砂沉积为主,但在坡度较大的海岸带有粗砂沉积,从后滨到远滨砂粒粗细不同。砂粒的成分以石英为主,其次是长石、角闪石、绿帘石、白云母、独居石、磁铁矿等,常含贝壳碎屑。海滩砂粒的长轴平行于波浪的回流方向,而海岸砂体中石英颗粒的长轴平行进流方向、垂直砂体的延伸方向。海滩砂的粒度频率曲线为单峰型,概率累积曲线为三段式。在热带海域,现代潮汐影响范围内的海滩沉积物,由于气候炎热,海水强烈蒸发,在高潮位附近碳酸盐结晶成不稳定文石和亚稳定高镁方解石,将沉积物胶结成坚硬的海滩岩。海滩岩形成的速度很快,时间短,甚至在一年内就可形成一片海滩岩。由于海滩岩形成位置很独特,因此是指示海平面位置的良好标志。

粉砂泥质海岸的沉积物主要由粒径小于 0.05 mm 的粉砂和淤泥组成。这里滨海带的坡度小,潮间带很宽,潮汐作用明显,因此从高潮位到低潮位可出现不同的沉积物。在高潮位附近,由涨流带入的最细物质(泥质)趁高潮时出现的憩流在此沉积下来,形成由淤泥构成的泥滩,有时在厚层的淤泥中夹粉砂层,后者是由特大高潮带入沉积的。在中潮位附近,形成粉砂和淤泥互层的沉积物,构成粉砂淤泥滩,发育砂夹薄层泥或泥夹薄层砂的水平层理,或者具有递变层理的纹层。在低潮位附近,除了潮流作用外,波浪的影响也比较明显,沉积的物质略粗,形成粉砂沉积,沉积物中普遍发育小型交错层理,而水平微薄砂层和覆盖砂波层理很少见。从粉砂泥质海岸的沉积物分布不难看出,由于沉积物的来源主要由潮流带入,因此沉积物的粒度从岸边向海洋方向依次变粗,这与一般的沙滩沉积粒度分布规律相反。

2. 潟湖沉积物

潟湖是被沙嘴、沙堤、障壁岛隔离或半隔离的浅海湾,它通常有潮汐口与开阔海域连通,涨潮时海水通过潮汐口进入潟湖。也有的潟湖没有潮汐口,只能在特高潮时海水越过沙堤或障壁岛,或冲破沙堤或障壁岛灌入潟湖。潮差和气候对潟湖水体的性质影响明显,在小潮差、气候干旱的地区,由于缺少进潮口,使潟湖水体与开阔海的联系受到限制,水体明显咸化,形成半咸水或超盐度的水体环境。在潮差较大、气候比较湿润的地区,潟湖水体淡化。因此,可把潟湖分为淡化潟湖和咸化潟湖。这两类潟湖的沉积特征不同。

淡化潟湖发育在潮湿气候区,水面高于外海海面,不断得到地表水补给,只在高潮时有少量的海水流入潟湖。这种潟湖沉积大量细的碎屑物质,如粉砂、黏土,含有较丰富的有机质,发育细的水平纹层,生物扰动构造也比较发育,在缺乏水体对流的湖底可形成黄铁矿、菱铁矿、碳酸钙等。

咸化潟湖发育于干旱气候区,水面低于外海水面,水体蒸发强烈,陆地水补给少,主要由海水补给,因此水体不断咸化。咸化潟湖以化学沉积为主,夹细粒的碎屑沉积。化学沉积主要为碳酸盐,另外还沉积一些溶解度大的盐类,随着潟湖的盐度增加,各种盐类的沉积顺序依次为:方解石→白云石→石膏→芒硝→石盐→钾盐→光卤石。

3. 生物堆积物

海岸带的生物堆积主要发育在生物海岸和泥质海岸。在生物海岸带,发育滨海沼泽,生长大量的植物,死亡堆积起来形成生物堆积物,并可转变为泥炭。在泥质海岸带,腹足类、双壳类等动物繁盛,这些生物的壳体在高潮位附近堆积形成贝壳堤。

第四节　海岸构筑物防护与钙质岩土

一、海岸构筑物防冲刷

冲刷防护措施的思想主要有三种：

（1）对构筑物基础进行加固，提高构筑物的稳定性，抵御冲刷的危害。常见的方法有：将基础埋置于预测的最大冲刷深度以下；采用打桩、换填等措施对基础进行加固处理。

（2）增大海床的抗冲刷能力，抑制冲刷坑的发展，减轻冲刷程度。常见的方法有：在构筑物周围海床上铺设石块、沉排垫层，提高局部海床抗冲刷的能力，以减少冲刷量。

（3）改善构筑物基础周围局部流场，或者安装消能装置，减小水动力强度，主动控制冲刷的发展。常见的方法有：通过铺设柔性材料，如人工草，减缓床面流速，防冲促淤；改变构筑物的几何外形从而改变其周围流场有时也可以有效减小冲刷。

以上几种防冲思想并不是相互独立的，在实际工程中，我们常常需要综合运用以上思想，灵活采用多种措施，以保证构筑物的安全。此外，防冲设计还要讲究经济性，防护过度有时不仅会造成浪费，甚至会引起更强烈的冲刷。

1. 深埋或加固基础

将基础直接埋置于计算冲刷深度以下，可以有效地防止基础遭受冲刷破坏。在海底管道工程中，为了避免管道遭受冲刷破坏，最重要的是选择合理路径，尤其是近岸段，尽量避开强冲刷和海床不稳定的海区。如果穿越不可避免，则应保证合理埋藏深度，必要时还需要采取一定的工程保护措施。海底管道的设计埋藏深度和当地的长期冲淤变化有关，在航运和渔业繁忙海区，为了防止管道遭拖网作业、临时抛锚等破坏，常常需要深埋。管道放入沟里后需要回填，有的回填砂石、土料，有的靠海洋动力作用自然回填。防波堤的基床、海堤的护脚也常常需要埋置于海床冲刷线以下，防止堤前冲刷对基础的破坏。

2. 增强抗冲刷能力

在可能发生冲刷的位置，根据当地的水流条件和材料来源，将抗侵蚀材料（砾石、块石、沉排、垫层等）铺设于海底，可以增加局部海床的抗冲刷强度，减小冲刷坑的深度，达到防护的目的。这类防护法一般属于刚性的保护法，具有施工方便、见效快的特点，因此也常用于临时修护工程。但由于刚性保护对流场的扰动较大，容易引起保护区边缘发生二次冲刷，导致保护失效，需要进行长期的监测和维护。

抛石防护是最简单易行的提高抗冲能力的防护方法，也是最早用于河道及海岸防护工程的方法。在海底管道工程中，抛石保护常用于航运繁忙海区以及强浪海区的管道保护，如果管道需要深埋，但工程实施难度又较大或者花费较高，也可采用抛石保护的方法，在满足安全性的条件下减小管道埋深，甚至可直接铺设于海床上。在海岸防护工程中，防护堤堤前铺设一定层数的石块可以有效地减小冲刷。如图 7-12 所示，保护层的宽度小于预计堤前的冲刷坑宽度，此时必然在石块前段出现部分冲刷，如果石块有若干层，此时石块将滑入冲刷坑内，形成带一定坡度的保护层，有效地控制冲刷进一步发展。随着石块层数增多，冲刷深度与冲刷海水层厚度的比值 S/H 从 0.7 减少到 0.3。不过当石块层数多于一定值时，最终冲刷深度基本不变。因此,实践中应该根据安全性和经济性综合考虑保护层设计方案。

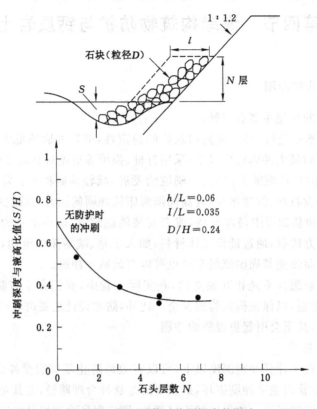

图 7-12 抛石层数对冲刷深度的影响

为了防止抛石在极端条件时被水流冲走导致防护失效,需要根据实际情况计算抛石的粒径。关于块石保持稳定的抗冲粒径和重量计算公式很多,应根据具体情况选用合适的公式。《堤防工程设计规范》(GB 50286—2013)推荐采用下式计算抛石所需的粒径:

$$d = \frac{v^2}{C^2 \cdot 2g(s-1)} \qquad (7\text{-}3)$$

式中 d——折算直径,按球形折算,$d = (6S/\pi)^{1/3} = 1.24\sqrt[3]{S}$,S 是石块体积;

　　　　v——水流流速;

　　　　C——石块运动稳定系数,水平底坡 $C=0.9$,倾斜底坡 $C=1.2$;

　　　　s——石块的相对密度。

该公式除考虑水流流速这一主要因素外,还考虑了块石重度、底坡情况、水流流向等。

抛石需保证一定的厚度,且下面通常设置滤层(滤层的粒径介于抛石与海床泥沙之间),或者铺设土工织物垫层,防止下方的泥沙颗粒穿过抛石孔隙被冲失,造成抛石塌陷。此外,抛石需保证足够的保护宽度,抛石与海床交界处要尽量平缓,以防止边缘冲刷导致保护失效。

沉排垫层自身具有较好的整体性,常常作为抛石保护的替代手段,用于石料资源匮乏地区或者抛石保护难以保证自身稳定的情况。沉排垫层种类很多,随着新技术、新材料的发展在不断增加。海底管道工程中常用的有土工织布混凝土块沉排、沙袋垫层、铰接混凝土块沉排、人工草垫层等,如图 7-13 所示。沉排垫层的造价较高,施工技术比较复杂,但由于其单体防护面积较大、质量稳定,对坡面和床面变形适应性强,维护费用低,因而其应用范围越来越广泛。

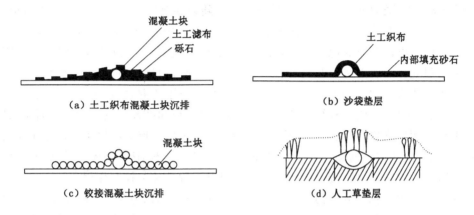

（a）土工织布混凝土块沉排   （b）沙袋垫层

（c）铰接混凝土块沉排   （d）人工草垫层

图 7-13 沉排垫层的类型

3. 改善局部流场

改善局部流场属于一种主动防护措施,主要通过安装柔性垫层、消能装置等方法减小水流强度,或者通过修改构筑物的局部形状改善水流的流态,最终减小冲刷强度,甚至促进泥沙在其附近淤积。

铺设人工草垫层是最典型的消能防冲措施之一。人工草是一种粗筛孔聚酯线编织的柔性垫层,将其人工"种植"在水底,大量海藻状的聚酯线连接在聚酯编织绳上,组成一个巨大的粗筛孔聚酯编织垫,依靠锚固桩固定在水下管道的四周。聚酯线由于浮力而垂直浮起(高约 $1\sim1.5$ m),在水流作用下来回摆动,形成一个黏滞阻力围栅,使流经的水流速度减缓,水流中的泥沙及携带的其他微小物质透过人工草迅速沉积(图 7-14)。经过一段时间的沉积,便逐渐形成一个泥沙与人工草紧密结合的纤维加强绠,将管道覆盖。实施这种技术很简便,无需大型的施工机具,在水下能迅速安装,并可长期使用,一次性投资小,而且对管道外防腐层无任何损坏。

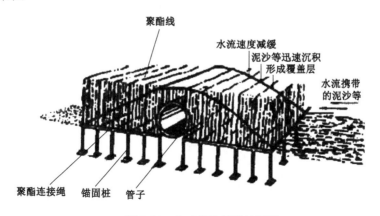

图 7-14 人工草垫层保护原理

二、珊瑚礁与钙质岩土

珊瑚礁是珊瑚群体死亡后,其残骸经过漫长的地质作用而形成的岩(土)体,主要分布于北纬 30°和南纬 30°之间的热带或亚热带气候的大陆架和海岸线一带。在我国南海诸岛、红海、印度西部海域、北美的佛罗里达海域、阿拉伯湾南部、中美洲海域、澳大利亚西部大陆架和巴斯海峡以及巴巴多斯等地都有分布。我国从 20 世纪 80 年代开始,中国科学院等单位先后开展了研究。随着南海的开发、建设和我国对外项目的援建,近年来中国科学院武汉岩土力学所等科研机构和部分生产单位对其岩土性质进行了研究,取得了一定的研究成果。

岛礁的岩(土)体目前没有统一的分类定名,科研单位和高校将其称为钙质岩土,钙质岩土广义上分为珊瑚礁岩(礁灰岩)、钙质砂(礁砂)、钙质土以及珊瑚碎屑土。勘察单位将其细分为珊瑚块石(或块体)、珊瑚砾砂、珊瑚粗砂、珊瑚中砂、珊瑚细砂、珊瑚粉砂和珊瑚礁灰岩。钙质岩土分布不均匀,区域性差别大,力学性质对其工程特性起控制作用。

钙质岩土的主要化学成分为 $CaCO_3$,矿物成分为白云石、方解石、文石、高镁方解石及低镁方解石,随着时间的推移,文石、高镁方解石含量逐渐减少,低镁方解石含量逐渐增多。

第八章 新构造与地震工程

构造运动是控制地球表层环境的重要因素之一,它不仅可以改变地质历史时期形成和蕴藏的自然资源的产出条件,而且也可以改变关系到现代和未来人类生存的环境,还可造成对人类生命财产产生巨大威胁的地质灾害,四川汶川"5·12"大地震就是新构造运动的结果。随着近 20 年来防灾减灾、大陆动力学等方面研究的需求,对地球演化的最新阶段构造过程的深入研究已成为当今地球科学研究领域中备受重视的重要分支学科。

第一节 新构造运动与活动构造

现今的大量研究表明,第四纪时期的构造运动十分强烈,控制了第四纪古地理和古气候的演化,同时也影响到了生物分布的变化。与第四纪构造变动相关的概念主要是新构造运动和活动构造。

一、新构造运动与新构造

1. 新构造运动

新构造运动是新近纪以来所发生的构造运动,其中有人类历史记载以来的构造运动称为现代构造运动。

地壳的垂直运动在第四纪时期的表现非常明显和直观,在野外易于观察和研究,常常会造成地貌的垂直变位,如河谷中的多级阶地、岩溶地区的多层溶洞、山地的多级夷平面等,这些地貌不仅指示了地壳的垂直运动,而且显示了垂直运动的阶段性和间歇性,时而稳定,时而快速抬升。垂直运动不仅具有阶段性特征,而且在大面积范围内运动的速率也不同。通常情况下,中间的抬升幅度大、边缘相对较小,称为拱形抬升运动,中间抬升形成高地,如鄂尔多斯高原;有时一侧的抬升幅度大于另一侧,称为掀斜或翘起运动,如云南高原。在一些断裂活动区,沿断裂带发生差异性垂直运动,一侧下降而另一侧上升,造成断裂带两侧的地形出现明显差异,形成山地、盆地、平原等地貌。

地壳的水平运动常被称为走滑运动,是断裂两侧的块体沿断裂带发生水平方向的运动。虽然水平运动在地形地貌上的表现不如垂直运动那样明显,有时易被人们所忽略,但同样也可造成地貌的变形和变位,如水系的弯曲、山脊的错位、洪积扇的水平迁移等。尽管在地貌上的显示不是很明显,但其水平的位移量有时还是很大的,有些断裂的水平位移量可达几十千米甚至几百千米,在我国有几条水平位移量比较大的断裂,如红河断裂、阿尔金断裂、郯庐断裂等,在美国有著名的圣安德烈斯断层。

新构造运动与老构造运动一样,既可以产生褶皱和断层,还可以引起火山活动、岩浆活动和变质作用。因此,研究新构造运动及其动力机制与研究老构造的思路和方法是相似的。但新构造运动也有区别于老构造运动的方面,首先是它在地质历史时间上的极为短暂性,这是塑造现今地形地貌的最新的内动力因素;其次,新构造运动除同老构造运动一样具有相同的研究方法之外,更具有十分独特的、与老构造运动研究方法完全不同的综合性研究方法,即可以依据新近纪和第四纪沉积物特征、地貌特征、地震活动、火山活动以及地球物理场的变化和直接用精密仪器测量等来研究新构造运动。

由新构造运动所造成的构造变形或变位现象称为新构造,主要表现在地形、地貌、第四纪及古近纪和新近纪沉积物变形等方面。

2. 活动构造

活动构造属于新构造的范畴,或者说是新构造的一个分支,这个概念是在研究地震的过程中提出的。在分析地震发生机理时,发现地震的发生与一些在晚第四纪乃至现今活动的断裂关系密切,这些断裂的活动性在时间上不等同于新构造,对它们的研究具有非常重要的实际意义,因此就提出了活动构造的概念。

一般认为,活动构造是指晚更新世 100～120 kaBP 以来一直在活动、未来一定时期内仍可能发生活动的各类构造,包括活动断裂、活动褶皱、活动盆地及被它们所围限的地壳和岩石圈块体。由于活动构造反映的是现代构造活动,它既与地震及多种地质灾害密切相关,是地震预测、减灾及城市和工程安全评价工作的重要基础,也是研究现代地球动力学的重要基础资料,而且由于它未经后期改造,能保持构造变动的原始面貌,因而是各类构造变形及其形成机制研究的最好场所。

二、新构造作用类型

新构造运动使地壳发生了变形和变位,形成了许多新的构造形迹,同时也使地貌发生了变化。有些新构造直接反映在地貌上,如断块构造、隆起构造等,有时把这部分地貌称为构造地貌,但有些新构造没有明显的地貌显示,如褶皱、小规模的断层等。目前,我国对新构造尚没有统一的分类体系,下面介绍几种主要的新构造类型。

1. 隆起构造

隆起构造形成于大区域长期处在上升运动的背景下,它的面积可达数百平方千米或更大。由于是整体的抬升运动,因此隆起构造内部的差异性很小,地形相对比较平坦,但通常核部上升幅度最大,达几百米或千余米,甚至更大。在隆起的边缘部分,常常伴有正断层,有时发育逆断层。根据新近纪-第四纪地层面或山地大范围夷平面的变形和变位分析,这类构造有的在核部有补偿性地堑,有的则呈单斜状隆起等(图 8-1)。

2. 坳陷构造

坳陷构造是在大区域长期下降运动的背景下形成的,方向与大面积隆起相反。这类构造的地貌多为盆地或平原,表面为第四系覆盖,通常沉积了比较厚的新近系-第四系,因此可通过分析平原或盆地新近纪-第四纪沉积厚度等值线或被上述地层掩埋的古地形面起伏来判别。根据对大多数平原或盆地沉积物厚度变化的研究,这类构造边部界线的类型比较复杂(两边无断裂发育、两边都有伴生断裂、只有一边发育断裂)。在垂直断裂方向上沉积厚度变化大,基底起伏不平,有的沿断裂一侧沉积物很厚。在一些平原区,受基底断裂活动的影响,可形成次一级的凹凸区,如图 8-2 所示。

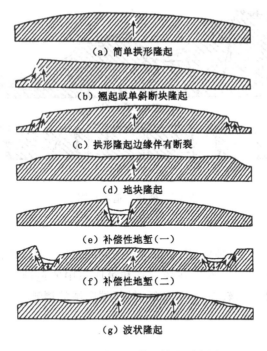

图 8-1　大面积拱形构造示意图

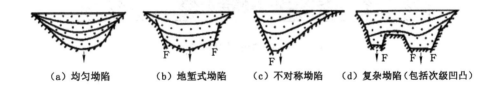

箭头表示 N-Q 沉降中心；F 为断裂，斜线为前新近纪岩层。

图 8-2　平原（大盆地）区常见新构造坳陷及沉降中心位置图

3. 断块构造

断块构造是指新构造运动产生的盆、岭相间的构造地貌形态。断块构造由相对凸起的断块山地和相对下凹的盆地构成，两者为断裂分割。

强烈差异断块构造的断裂活动强烈，断块位移量大，导致相邻两断块在地貌高度和沉积状况上出现显著差异［图 8-3(a)］。山地高耸，剥蚀强烈，盆地低洼，沉积明显。我国的祁连山和天山是这类构造的代表。在那里山地顶部保存有被抬升的不同时期夷平面，同一时期夷平面被断开后处于不同高度。山间盆地和山前则堆积了较厚或很厚的第四纪沉积物，断层崖随处可见。

微弱差异断块相邻两断块的位移不大，运动幅度也小，但沿断裂带常有火山活动、温泉和地震发生［图 8-3(b)］，显示断块的活动性主要具有"破裂构造"特点。如小兴安岭山麓西南侧从都德到铁力的近北西向断裂带，地貌上表现不明显，但沿断层方向发育了第四纪的沙秃火山群、五大连池火山群、尖山火山群和二光山火山群等。

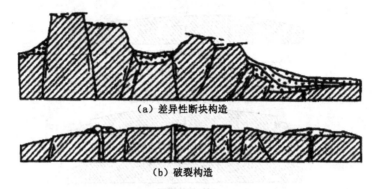

（a）差异性断块构造

（b）破裂构造

图 8-3　断块构造示意图

4．挤压褶皱和断裂构造

在新近纪和第四纪沉积盆地区，因受新构造运动的挤压作用，常沿盆地边部产生一系列挤压小褶皱和逆断层（图 8-4）。发生在新近系和第四系中的逆断层规模较小，通常受盆地边缘断裂的影响，褶皱变形比较弱，多为宽缓、转折端圆滑的褶皱。

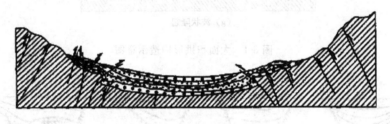

图 8-4　挤压褶皱构造示意图

第二节　构　造　地　貌

一、水平岩层构造地貌

岩层在其形成的整个过程中以及形成后，都没有受到构造变动，或只经抬升作用后露出地表，岩层产状仍保持着水平或接近水平状态，称为水平岩层。

水平岩层的露头向四方延伸，一层层地铺盖着，而且在水平方向上，同一岩层的岩性、厚度大体均一。当地面未受强烈侵蚀时，只露出上面新的地层。当水平岩层被切割时，切割较深的地方才出露老的地层，新的地层在上面。如果顶部是坚硬的新岩层，即使受强烈的侵蚀分割后，顶部仍保持平坦状态，形成平顶方山地貌和"桌"状台地地貌（图 8-5）。

二、倾斜岩层的构造地貌

水平岩层是不多的，常见的露头多有一定的倾斜，这是原始水平岩层经受构造变动后的结果。向一个方向倾斜的构造称单斜构造，如果单斜构造软硬岩层相间，就形成单面山和猪

图 8-5　平顶方山地貌和"桌"状台地地貌

背岭。

　　1. 单面山

　　单面山是沿岩层走向延伸的,两坡不对称,一坡短而陡,一坡长而缓。单面山的一坡与岩层倾向相同,称为顺向坡(或后坡);与岩层倾向相反的坡称为逆向坡(或前坡)。逆向坡较陡,常成为悬崖峭壁,悬崖的高度与坚硬岩层的厚度成正比;后坡比较平缓,与层面大致相合,是一个长而缓的大致平整的坡面。著名的南京钟山(紫金山)就是单面山(图 8-6)。

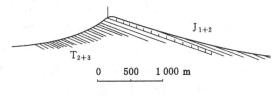

图 8-6　南京钟山(紫金山)

　　2. 猪背岭

　　猪背岭是指形成于岩层倾角较大的单斜构造上的地貌。由于岩层倾角一般超过 45°,由构造面所控制的后坡与侵蚀所造成的前坡在坡度和长度上大致相等,形如猪背脊。猪背岭是单面山的一个特例。

　　三、褶曲构造地貌

　　1. 背斜山和向斜谷

　　如图 8-7 所示,在水平挤压力的作用下,岩层发生褶曲,在地表形成高低起伏,使隆起的背斜部分成为山地,凹陷的向斜部分成为谷地,形成地貌形态与构造一致的顺构造地貌。新生代构造褶皱常形成这样的地貌形态。因为形成时代较新,外营力的剥蚀作用还不能完全破坏原来的构造地貌。在坚硬岩层厚度较大、构造上为隔挡式褶曲的地区,常有利于正地形的保存。四川东部的平行岭谷便是这种地形。

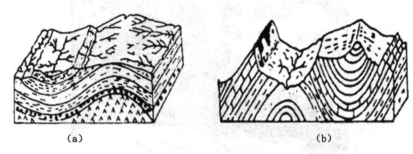

(a)   (b)

图 8-7 背斜山向斜谷(a)和背斜谷向斜山(b)

2. 背斜谷和向斜山

顺构造地貌形成后,如果褶曲构造受外力作用,在张节理发育的背斜轴部侵蚀作用较强,发育成谷地,即背斜谷;而向斜处形成山地,即向斜山,地貌形态转化为逆构造地貌。逆构造地貌往往反映受长期的侵蚀,地貌发育的时间较长,外力作用已经破坏了原来的构造地貌形态。若逆地貌再经长期剥蚀破坏,有可能使构造形态和地貌形态恢复一致,称再顺地貌。顺地貌和逆地貌的发育除了时间因素,还与原始构造产状、岩性软硬组合有关。如褶曲比较舒缓,起伏较小,而且坚硬岩层较厚,有利于顺地貌的延续存在;反之,褶曲较陡,起伏很大,软岩层较厚,易于发育成逆地貌。

逆地貌在地表非常普遍,如广东肇庆市七星岩地区就是一个例子(图 8-8)。该地区为一倾伏背斜构造,核心部分较老的地层为砂页岩,上覆较新地层为厚层石灰岩。背斜的顶部因受张力最大,形成许多与层面垂直的张开裂隙,为进一步的风化剥蚀创造了有利条件;两翼地层倾斜,弯曲率小,形成的断裂少,且为紧密的剪节理,故风化、剥蚀较慢。差异风化、剥蚀的结果,背斜顶部便成为低地,两翼被保留下来成为高地。因轴部较老的地层为砂页岩,较易风化成为土山,河流的侵蚀作用削平了土山而成为岗地。以后地壳上升,河流下切,保留下这些平缓的岗地,两翼的高地均由石灰岩组成,石灰岩很容易被水溶解,故进一步在水分的溶蚀作用下形成一座座屹立的孤峰(如北斗七星,故名七星岩)。

3. 穹窿构造地貌

背斜轴的两端向下倾伏即为穹窿。有时穹窿是一个没有明显走向的背斜隆起。规模巨大的穹窿构造常常由岩浆侵入沉积岩层而成,或者外部是沉积岩盖层,内核是变质结晶岩体。当盖层被剥蚀后,核心就出露,在穹窿周围形成各种单斜地形,而在穹窿的中心形成岩浆岩或结晶岩山地(图 8-9)。如果穹窿构造是活动的,现今仍上升,地表就会形成放射状水系,河流从中心向四周流。

4. 构造盆地

盆地形态与穹窿山相反,常常是在一个向斜构造上发育的。盆地周围的环状单面山陡坡朝外,发育向心状水系。盆地中心常有湖泊或沼泽,盆地中沉积了很厚的松散沉积物,是农业生产的良好基地。

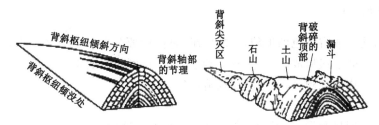

（a）七星岩背斜向西倾伏原始构造示意图　　（b）背斜被流水破坏后土山出露和石山开始形成

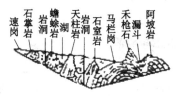

（c）七星岩背斜现在的情况

图 8-8　广东肇庆七星岩背斜谷形成过程

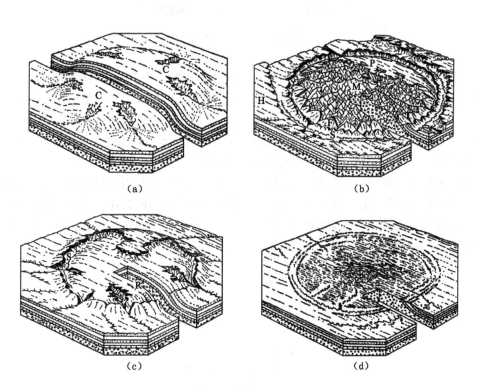

（a）　　　　　　　　　　（b）

（c）　　　　　　　　　　（d）

C—顺向河；S—次成河；R—再顺向河；M—结晶岩山地；
P—穹窿中央高原；F—单斜山；H—穹窿外围的水平岩层。

图 8-9　穹窿构造地貌发育

四、断层构造地貌

断层能直接形成有特色的地貌,如断层崖,也能使原先的地貌发生变形,如夷平面或河流阶地被错断。断层崖形成后,由于外力剥蚀作用,也可使断层崖变为断层三角面山。由断层直接或间接形成的地貌,统称为断层构造地貌。

1. **断层崖**

断层崖的不同排列形式和断层的力学性质有关。延伸较长的断层崖多属于张扭性断层;间断分布或呈之字形分布的断层崖,常是张性断层形成的;而多条首尾相接的斜列分布的断层崖,则由压扭性断层形成,如图 8-10 所示。

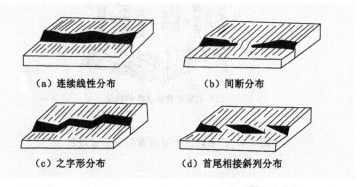

图 8-10　断层崖排列形式

当断层崖刚形成时,断层崖的坡面倾角和断层倾角近于相等。随着时间的推移,断层崖不断崩塌,坡度渐渐变缓。经过一段时期后,断层崖坡面倾角就小于断层倾角。如果断层再次活动,在断层崖的下部又出现新的断层崖,它的坡度比经受过剥蚀的早先形成的断层崖坡度要大。因此,多次断层活动形成的断层崖,其上部坡度小、下部坡度大,坡面有明显的转折。如果断层有几次活动,断层崖的坡面就可能有几次转折。

由于断层崖的崩塌,在断层崖的坡脚堆积一层重力堆积物,当断层崖的坡面达到相对平衡时,崩塌就减弱或停止。当再一次发生断层活动,出现新的断层崖,坡面又开始崩塌,形成新的断层重力堆积物。因此,在断层崖坡脚,剖面中可以见到多层呈楔状的崩塌堆积物。每一层崩塌堆积物可表示一次断层活动(图 8-11)。

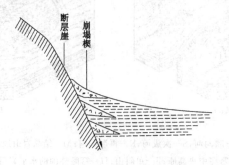

图 8-11　断层崖坡角的楔状崩塌堆积物

2. 断层三角面山

断层崖形成后,由于受到横穿断层崖的河流侵蚀,完整的断层崖被分割出许多三角形的断层崖,这时断层崖山地称为断层三角面山。断层三角面山是由断层崖发育而来的,断层三角面山的底线就是断层线,这里能见到断层破碎带。如果组成三角面山的岩石很坚硬,或者断层崖形成的时代很近,断层三角面就较清楚;如果断层崖形成时代久远,在外力长期侵蚀作用下,断层三角面高度逐渐降低,坡度也逐渐变缓,断层三角面山就形成缓缓的山坡,甚至最后使山地也被夷平(图 8-12)。

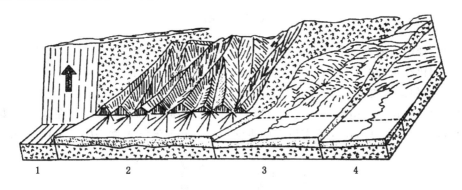

1—断层刚发生,形成高大的断层崖;2—断层崖被侵蚀成断层三角面山;

3—断块山地被剥蚀降低,坡度变缓;4—断块山地被夷平。

图 8-12 断层崖的演化

3. 断层谷

断层谷是沿断层破碎带发育成的河谷。断层谷一般切割较深,两岸陡峭,断面呈峡谷,若断层破碎带较宽,则形成宽谷。断层谷的两侧常不对称,一侧为陡峭的断层崖或三角面山,一侧为缓坡,断层谷通常是直线分布的。

断层谷的走向受断层的走向和排列方式控制。在单一方向断裂带中发育的断层谷多是平直的,在有几个方向断层发育的区域,河谷将随断层走向转弯而转弯。断层谷常呈宽狭相间串珠状分布。有许多断层谷一段呈宽谷、一段呈狭谷交替出现。产生这种现象的原因是断层谷内常有横向隆起的分布,河流流经横向隆起时下切侵蚀形成峡谷,在断层破碎带中形成宽谷。

4. 断陷盆地

由断层所围限的陷落盆地称断陷盆地,周边或是全部由不同方向断层所围,或是某一边以断层为界。其平面形态有长条形、菱形或楔形。断陷盆地的剖面为槽状的地堑构造或为簸箕状的半地堑构造。山西汾河、陕西渭河都是地堑构造,形成了汾渭盆地。

断陷盆地内沉积了较厚的新生代松散沉积物。垂向上,常是湖积物和冲积物互层,或是冲积物和洪积物互层。水平方向上,盆地边缘山麓是洪积物,向盆地中心逐渐过渡为冲积物、湖积物。断陷盆地内沉积物按年代的分布规律是:从中心到两侧变老,且对称排列。

5. 断块山地

断块山地是受断层控制的块体,呈整体抬升或翘起抬升形成的山地,如图 8-13 所示。断块山地或是地垒式的山地,或是一侧沿断层翘起,一侧缓缓倾斜的掀斜式山地。前者山坡两侧对称,后者翘起的一坡短而陡,倾斜的一坡长而缓,山体的主脊偏向翘起的一侧。

（a）掀斜式上升断块山

（b）地垒式上升断块山

图 8-13　断块山地

断块山地的山麓常发育断层崖或断层三角面山。断块山地对河流发育有很大影响。在新生代晚期仍在抬升的断块山地,常使河流发生袭夺和改道。断块山地抬升,使原先河流的流路受阻,迫使河流改道,放弃原先河道。如山西南部侯马附近的紫金山-稷王山抬升,使古汾河放弃原来从这里往南流的一支主河道而往西流,在河津附近入黄河。在紫金山-稷王山抬升的隘口至礼元一段,还保留有汾河的古河道形态和河流沉积物。如图 8-14 所示。

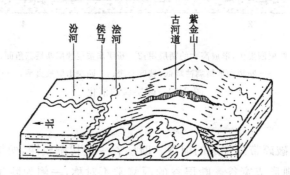

图 8-14　紫金山隆起和汾河改道示意图

第三节　活动构造与地震工程

活动构造地貌形成较新,有些目前仍在发展,这对城市规划和大型工程建设常带来危害,所以必须研究活动构造地貌的分布和成因,为城市建设提出合理规划方案,为大型工程建设寻找地基稳定区域。另外,活动构造地貌记录了地壳活动的历史,研究活动构造地貌的发育有助于了解晚更新世以来的地壳活动特征,进一步认识地震活动规律,为地震预报和防震抗震提供科学依据。

一、活动构造地貌

断层在最近 3 万～5 万年有过一次活动,或者在最近 50 万年中有多次活动的叫活动断层。这种断层对工程建设有很大的危害,核电站、大水坝等的工程选址必须要避开活动断层,或者在设计时考虑断层活动强度,以采取必要的措施。

在修建大型工程时,必须了解工程区一定范围活动断层的分布状况,工程建筑物有效期内断层位移幅度、断层活动时对断层两侧影响的宽度和断层活动的方式等。

1. **断层活动分布与地貌**

活动断层的地貌表现可归纳为四种类型：

（1）原生断层构造地貌：断层活动在地表直接形成的地貌形态，如断层陡坎、断层谷和断层池塘等，或断层水平运动而错断山嘴形成断层三角面。这类断层构造地貌与活动断层分布一致，从而可以确定断层分布位置，并说明断层活动时代很新，甚至仍在继续活动。

（2）次生断层构造地貌：原生断层构造地貌形成后，经过外力作用而遭到破坏所表现的地貌特征。如断层崖经外力侵蚀而成断层三角面，由断层作用形成河床裂点后，裂点经溯源后退距断层有一定距离。这类断层构造地貌指示活动断层的存在，表示断层活动已有一段时间。

（3）再生断层构造地貌：由于断层活动错断已有地貌而使之变形的形态。如断层错断沟谷并使沟谷向一个方向转弯，或形成有头无尾的死冲沟，以及阶地和山脊等地貌被错断而不连续，有时夷平面被折断而倾斜变形等。

（4）派生断层构造地貌：在水平活动断层两侧，受一定的边界约束，受力状态将会不同，因而在断层两侧不同部位形成不同的构造地貌单元。如果断层的两侧水平运动，在地块运动方向的前方，靠近断层端点附近受到挤压，形成隆起台地或高地；在地块运动方向的后方，靠近端点附近受到拉张，形成坳陷或断陷洼地。结果在断层两端点的对角位置将形成一对隆起和一对坳陷或断陷洼地。

根据以上各种构造地貌特征的研究，就可准确地判断活动断层的分布状况。

2. **断层活动位移量与地貌**

断层活动位移量可以从错断地貌体的距离量得。如果断层多次活动，不同时代地貌体的错距就不一样，时代越老的地貌体错距越大，测量不同时代的地貌错距，可求得断层每次活动的位移量。例如，在危地马拉的莫塔瓜断层把埃尔坦伯河河流阶地错断，这里有 7 级阶地，第三级阶地水平错位 23.7 m，第四级阶地水平错距 31 m，第五级阶地水平错距 52.2 m，第七级阶地水平错距 58.3 m。从各级阶地水平错断的幅度看，至少可以分出断层 4 次活动，并可判断出各次活动的绝对位移量。

断层活动还常使河流发生弯曲，不同时代发育的河流被断层错开的幅度不同，也可得到不同阶段的断层位移量。

3. **断层活动方式与地貌**

分析活动断层两盘的河流阶地错断的幅度，若由老到新依次变小，而且每相邻两级阶地的错距差又很小，这反映断层是连续活动的，如某相邻两级阶地错距差较大，而某相邻两级阶地的错距相等，这表示断层是间歇性活动的。

如果能取得各阶地的年代数据，则可推算不同阶段的断层活动速率。用断层活动速率来表示断层活动状况就更加准确。

断层活动时，断层两侧地块产生相对运动，接近断层带越近的区域变形越明显，离断层越远变形越小直至完全消失，因而断层活动有一变形的宽度。工程建筑物不仅要避开断层，还要远离断层一段距离，应尽量布置在断层活动影响范围以外的区域。断层活动影响范围的宽度常通过构造地貌的研究来确定。断层活动对水系的变形最明显，尤其是断层水平运动直接在沟谷的形式上有所反映，如一些沟谷在通过断层带时，向同一方向转弯，在断层带附近弯曲幅度最大；远离断层带时弯曲度逐渐变小，测量断层两侧沟谷的变形宽度，即可得到断层活动的影响宽度。

二、地震效应与抗震设防

1. 抗震设防水准

地震活动是构造运动的表现形式之一，地震活动对人类生产生活的危害，一般是地震波到达地表后形成的面波导致的。危害程度的大小可用地震烈度来代表，地震烈度受震级、场地条件、工程结构条件等影响。实践中根据不同地区标准场地基本烈度的不同，按具体场地条件和工程结构条件对抗震措施等进行设计。抗震设防的基本原则是"小震不坏、中震可修、大震不倒"。具体体现为抗震设防的三个水准烈度，见表 8-1。按国家规定的权限批准作为一个地区抗震设防依据的地震烈度称抗震设防烈度。一般情况，取 50 年内超越概率 10% 的地震烈度。

表 8-1　抗震设防水准烈度

水准烈度	名称	50 年内超越概率	与基本烈度相比	建筑损坏情况	抗震设防目标
第一水准烈度	多遇烈度（众值烈度）	约 63%	约低 1.5 度	一般不受损坏或不需修理仍可继续使用	一般情况下，建筑处于正常使用状态，从结构抗震分析角度，可以视为弹性体系，采用弹性反应谱进行弹性分析
第二水准烈度	基本烈度	约 10%	相当于现行中国地震动参数区划图规定的地震烈度	可能损坏，经一般修理或不需修理仍可继续使用	结构进入非弹性工作阶段，但非弹性变形或结构体系的损坏控制在可修复的范围
第三水准烈度	罕遇烈度	2%～3%	基本烈度 6 度时为 7 度强；7 度时为 8 度强；8 度时为 9 度弱；9 度时为 9 度强	不致倒塌或发生危及生命的严重破坏	结构有较大的非弹性变形，但应控制在规定的范围内，以免倒塌

注：超越概率指的是某场地可能遭遇大于或等于给定的地震烈度（或地震动参数值）的概率。

2. 震害影响因素

(1) 场地条件

山区、丘陵区震害类型以地面裂缝、岩土崩塌、滚石、滑坡为主，地震烈度衰减快；冲积、洪积、海积平原区常见的震害有大面积出现地裂缝、喷水冒砂、土体滑移、砂土液化、地基失效等，地震烈度衰减较慢。孤凸地形、孤立山丘和山脊的顶部震害要加重，主要是因为凸出地形在波动场内有聚能作用，其结果有可能使振动增幅，亦可能使地震加速度增大。斜坡地形由于具有临空面，在强烈地震作用下，土体受到动荷载作用后向临空面闪出，而造成斜坡滑移、陷落，或由于斜坡土体的抗剪强度降低，可能产生滑坡或引起古滑坡的复活，使斜坡地段的建（构）筑物遭到破坏；古河道一般是喷水冒砂的严重地段；溶洞或采空区可能产生地面陷落、地裂缝等震害。

　　处于地下水埋藏较浅的平原、海滨、河谷地带,由于各类松散沉积物中富含地下水,特别是粉砂、细砂和粉土层,在地震作用下喷水、冒砂现象十分普遍;而在地下水埋藏较深地区(>5 m),一般就见不到喷水冒砂现象。

　　在一定土质条件下,地下水埋深对震害影响总的趋势是水位越浅震害越重。地下水埋深在1~5 m时,对震害的影响最明显。在不同的地基土中,地下水位的影响程度也有差别,对软弱黏性土层的影响大,密实黏性土层次之,对碎石土影响较小。

　　(2) 地基土类别

　　微风化、中等风化的各类坚硬岩石是抗震性能最好的地基,如无其他因素(如断裂、悬崖、洞穴)的影响,在同一地点同等震级影响下,其烈度常较其他地基降低1~2度。风化破碎的岩石地基的抗震性能较差。

　　由岩石、碎石、坚硬土、一般黏性土、粉细砂、饱和粉土、饱和软黏土、人工填土顺序,烈度或震害显示出依次增高的规律性。

　　洪积成因比冲积成因的地基土对抗震有利,海积成因较差,湖泊沼泽沉积及人工填土、冲填土最差。

　　时代老的沉积物对抗震有利,时代新的尤其新近沉积物对抗震最为不利。

　　淤泥类土和人工填土地基属于松软地基土,抗震性能很差。在动力作用下将产生不同程度的压缩和变形,其抗剪强度及承载力随之降低,容易导致不均匀沉陷或地基失效。作为波动介质来说,地震波在软土中传播时,阻尼衰减大,在高烈度区对于基本周期短的建筑物来说有一定的消震作用,但对基本周期长的高建筑物则可能由于共振而加重震害。经过压密处理的填土地基,抗震性能将有所改善。如果同时采取结构措施增加整体结构的刚度,可以减轻震害。

　　饱和粉细砂和饱和粉土地基土在地震作用下可能引起液化现象使地基失效,因而对抗震是很不利的,但是由于喷水冒砂、地基沉陷而造成房屋的破坏比振动破坏要迟缓得多,而且砂土液化有一定的隔震消能作用,所以在高烈度区砂土液化地基与同烈度没有液化的第四纪土层地基比较,有减轻震害的趋势。

　　3. 场地类别

　　场地指具有相似的反应谱特征的房屋群体所在地。不仅仅是房屋基础下的地基土,其范围相当于厂区、居民点和自然村,在平坦地区面积一般不小于1 km×1 km。建筑场地类别应根据土层等效剪切波速和场地覆盖层厚度按表8-2划分为四类,其中I类分为I_0、I_1两个亚类。场地类别是确定地震影响系数的主要参数,对评价地震作用具有重要意义。

表 8-2　各类建筑场地的覆盖层厚度　　　　　　　　单位:m

岩石的剪切波速或土的等效剪切波速/(m/s)	场地类别				
	I_0	I_1	II	III	IV
$v_s>800$	0	—	—	—	—
$800 \geqslant v_s>500$	—	0	—	—	—
$500 \geqslant v_{se}>250$	—	<5	≥5	—	—
$250 \geqslant v_{se}>150$	—	<3	3~50	>50	—
$v_{se} \leqslant 150$	—	<3	3~15	15~80	>80

等效剪切波速是一个等效物理量,其等效的物理意义是剪切波穿过具有不同波速、不同厚度的多层土所需要的传播时间,土层等效剪切波速按下式计算:

$$v_{se} = \frac{d_0}{t} \tag{8-1}$$

$$t = \sum_{i=1}^{N} \left(\frac{d_i}{v_{si}} \right) \tag{8-2}$$

式中　v_{se}——土层等效剪切波速的计算,m/s;

　　　d_0——计算深度,m,取覆盖层厚度和 20 m 两者的较小值;

　　　t——剪切波在地面至计算深度之间的传播时间;

　　　d_i——计算深度范围内第 i 土层的厚度,m;

　　　v_{si}——计算深度范围内第 i 土层的剪切波速,m/s;

　　　n——计算范围土层的分层数。

一般情况下,建筑场地覆盖层厚度应按地面至剪切波速大于 500 m/s 且其下卧各层岩土的剪切波速均不小于 500 m/s 的土层顶面的距离确定;当地面 5 m 以下存在剪切波速大于其上部各土层剪切波速 2.5 倍的土层,且该层及其下卧各层岩土的剪切波速均不小于 400 m/s 时,可按地面至该土层顶面的距离确定;剪切波速大于 500 m/s 的孤石、透镜体,应视同周围土层;土层中的火山岩硬夹层应视为刚体,其厚度应从覆盖土层中扣除。

4. 地震影响系数

单质点弹性结构在地震作用下的最大水平加速度与重力加速度比值的统计平均值,称为水平地震影响系数,用 α 表示。实际工程中,近地面地质体或结构的地震效应可以概化为一个作用在质心上的水平力,其大小可以用地质体或结构的重量按水平地震影响系数折减,为受力分析和稳定性计算时考虑地震作用提供了思路。水平地震影响系数应根据烈度、场地类别、设计地震分组和结构自振周期以及阻尼比确定(结构自振周期大于 6.0 s 的建筑结构所采用的地震影响系数应专门研究)。水平地震影响系数最大值按表 8-3 选取。竖向地震影响系数的最大值,可取水平地震影响系数最大值的 65%。

表 8-3　水平地震影响系数最大值

地震影响	6 度	7 度	8 度	9 度
多遇地震	0.04	0.08(0.12)	0.16(0.24)	0.32
设防地震	0.12	0.23(0.34)	0.45(0.68)	0.90
罕遇地震	0.28	0.50(0.72)	0.90(1.20)	1.40

注:括号内数值分别用于设计基本地震加速度为 $0.15g$ 和 $0.3g$ 的地区。

抗震设防烈度和设计基本地震加速度取值的对应关系,应符合表 8-4 的规定。设计基本地震加速度为 $0.15g$ 和 $0.30g$ 地区内的建筑,分别按抗震设防烈度 7 度和 8 度的要求进行抗震设计。

表 8-4 抗震设防烈度和设计基本地震加速度值的对应关系

抗震设防烈度	6	7		8		9
设计基本地震加速度值	$0.05g$	$0.10g$	$0.15g$	$0.20g$	$0.30g$	$0.40g$
地震动峰值加速度(GB 18306)	$0.05g$	$0.10g$	$0.15g$	$0.20g$	$0.30g$	$0.40g$

不利地段对地震动参数具有放大作用。当需要在条状凸出的山嘴、高耸孤立的山丘、非岩石和强风化岩石的陡坡、河岸和边坡边缘等不利地段建造丙类及丙类以上建筑时,除保证其在地震作用下的稳定性外,尚应估计不利地段对设计地震动参数可能产生的放大作用,其水平地震影响系数最大值应乘以增大系数。其值应根据不利地段的具体情况确定,在 1.1～1.6 范围内选取。

具有不同自振周期的结构,实际的水平地震影响系数应根据式(8-3)～式(8-6)的计算结果,查图 8-15 所示的 α-T 曲线获得。

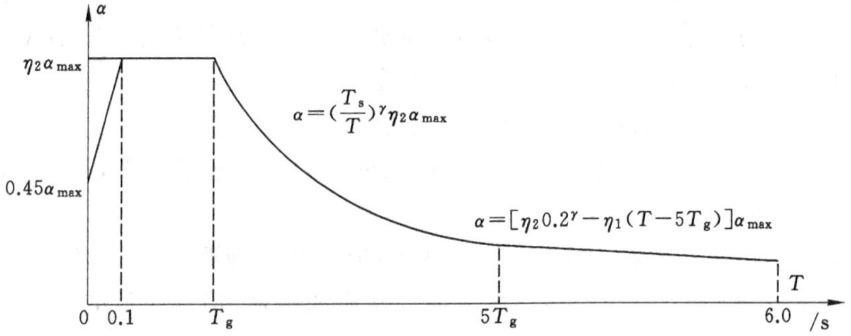

图 8-15 地震影响系数曲线

α-T 曲线反映的是地震影响系数随自振周期的变化特征,按结构自振周期与特征周期的关系,判断所处曲线的位置,并通过计算获得特定结构的地震影响系数。

由曲线可见,直线上升段即 $T<0.1$ s 时:

$$\alpha = [0.45 + 10(\eta_2 - 0.45)T]\alpha_{\max} \tag{8-3}$$

直线水平段,即 $0.1 \leqslant T \leqslant T_g$ 时:

$$\alpha = \eta_2 \alpha_{\max} \tag{8-4}$$

曲线下降段,即 $T_g < T \leqslant 5T_g$ 时:

$$\alpha = (T_g T)^\gamma \eta_2 \alpha_{\max} \tag{8-5}$$

直线下降段,即 $5T_g < T \leqslant 6$ 时:

$$\alpha = [\eta_2 0.2^\gamma - \eta_1(T - 5T_g)]\alpha_{\max} \tag{8-6}$$

式中 γ——衰减系数,$\gamma = 0.9 + \dfrac{0.05-5}{0.3+6\zeta}$;

η_1——直线下降段的下降斜率调整系数,$\eta_1 = 0.02 + \dfrac{0.05-\zeta}{4+32\zeta}$,小于 0 时取 0;

η_2——阻尼调整系数,$\eta_2 = 1 + \dfrac{0.05-\zeta}{0.08+1.6\zeta}$,小于 0.55 时取 0.55;

ζ——阻尼比,除有专门规定外,建筑结构的阻尼比应取 0.05。

特征周期 T_g 应根据场地类别和设计地震分组按表 8-5 确定。

表 8-5　特征周期值　　　　　　　　　　　　　　　单位:s

设计地震分组	场地类别				
	I_0	I_1	II	III	IV
第一组	0.20	0.25	0.35	0.45	0.65
第二组	0.25	0.30	0.40	0.55	0.75
第三组	0.30	0.35	0.45	0.65	0.90

5. 砂土液化

松散的砂土受到振动时有变得更紧密的趋势。但饱和砂土的孔隙全部为水充填,因此这种趋于紧密的作用将导致孔隙水压力的骤然上升,而在地震过程的短暂时间内,骤然上升的孔隙水压力来不及消散,这就使原来由砂粒通过其接触点所传递的压力(有效压力)与孔隙水压力的比值减小。在地震力作用下,砂层抗剪强度和承载能力急速减小或完全丧失,变成像液体一样的状态,即通常所说的砂土液化现象。

实践中可依据以下现象判断砂土已产生液化:

① 地面喷水冒砂,同时上部建筑物发生巨大的沉陷或明显的倾斜,某些埋藏于土中的构筑物上浮,地面有明显变形。

② 海边、河边等稍微倾斜的部位发生大规模的滑移,这种滑移具有"流动"的特征,滑动距离由数米至数十米;或者在上述地段虽无流动性质的滑坡,但有明显的侧向移动的迹象,并在岸坡后面产生沿岸大裂缝或大量纵横交错的裂缝。

③ 震后通过取土样发现,原来有明显层理的土,震后层理紊乱,同一地点的相邻触探曲线不相重合,差异变得非常显著。

(1) 液化判别

为防止工程受砂土液化的影响,需要在勘察阶段对砂土液化的可能性做出判断。工程活动中普遍采用的思路是:先进行初判,初判认为有液化可能的再进行复判,并评价可液化的程度,进一步选择处理方法。

液化初判对饱和的砂土或粉土(不含黄土),当符合下列条件之一时,可初步判别为不液化或可不考虑液化影响:

① 地质年代为第四纪晚更新世及其以前时,7度、8度时可判为不液化。

② 粉土的黏粒(粒径小于 0.005 mm 的颗粒)含量百分率,7度、8度和9度分别不小于10%、13%和16%时,可判为不液化土。

③ 浅埋天然地基的建筑,当上覆非液化土层厚度和地下水位深度符合下列条件之一时,可不考虑液化影响:

$$d_u > d_0 + d_b - 2 \tag{8-7}$$

$$d_w > d_0 + d_b - 3 \tag{8-8}$$

$$d_u + d_w > 1.5d_0 + 2d_b - 4.5 \tag{8-9}$$

式中　d_w——地下水位深度,m,宜按设计基准期内年平均最高水位采用,也可按近期内年
　　　　最高水位采用;

d_u——上覆非液化土层厚度,m,计算时宜将淤泥和淤泥质土层扣除;

d_b——基础埋置深度,m,不超过 2 m 时应采用 2 m;

d_0——液化土特征深度,m,可按表 8-6 选取。

表 8-6　液化土特征深度　　　　　　　　单位:m

饱和土类别	7 度	8 度	9 度
粉土	6	7	8
砂土	7	8	9

当饱和砂土、粉土的初步判别认为需进一步进行液化判别时,应采用标准贯入试验判别法判别地面下 20 m 或 15 m 范围内土的液化;当饱和土标准贯入锤击数小于或等于液化判别标准贯入锤击数临界值时,应判为液化土。当有成熟经验时,尚可采用其他判别方法。

在地面下 20 m 深度范围内,液化判别标准贯入锤击数临界值可按下式计算:

$$N_{cr} = N_0 \beta \left[\ln(0.6d_s + 1.5) - 0.1d_w \right] \sqrt{3/\rho_c} \tag{8-10}$$

式中　N_{cr}——液化判别标准贯入锤击数临界值;

N_0——液化判别标准贯入锤击数基准值,可按表 8-7 选取;

d_s——饱和土标准贯入点深度,m;

d_w——地下水位,m;

ρ_c——黏粒含量百分率,当小于 3 或为砂土时,应采用 3;

β——调整系数,设计地震第一组取 0.80,第二组取 0.95,第二组取 1.05。

表 8-7　液化判别标准贯入锤击数基准值

设计基本地震加速度	0.10g	0.2g	0.20g	0.30g	0.40g
液化判别标准贯入锤击数基准值	7	10	12	16	19

对存在液化砂土层、粉土层的地基,应探明各液化土层的深度和厚度,按下式计算每个钻孔的液化指数,并按表 8-8 综合划分地基的液化等级:

$$I_{lE} = \sum_{i=1}^{N} \left[1 - \frac{N_i}{N_{cri}} \right] d_i W_i \tag{8-11}$$

式中　I_{lE}——液化指数。

n——在判别深度范围内每一个钻孔标准贯入试验点的总数。

N_i、N_{cri}——i 点标准贯入锤击数的实测值和临界值,当实测值大于临界值时应取临界值;当只需要判别 15 m 范围以内的液化时,15 m 以下的实测值可按临界值采用。

d_i——i 点所代表的土层厚度,m,可采用与该标准贯入试验点相邻的上、下两标准贯入试验点深度差的一半,但上界不高于地下水位深度,下界不深于液化深度。

W_i——i 点土层单位土层厚度的层位影响权函数值,m^{-1},当该层中点深度不大于 5 m 时应采用 10;等于 20 m 时应采用 0;5~20 m 时应按线性内插法取值。

表 8-8　液化等级与液化指数的对应关系

液化等级	轻微	中等	严重
液化指数 I_{lE}	$0<I_{lE}\leqslant 6$	$6<I_{lE}\leqslant 18$	$I_{lE}>18$

（2）抗液化措施

当液化砂土层、粉土层较平坦且均匀时，宜按表 8-9 选用地基抗液化措施。尚可计入上部结构重力荷载对液化危害的影响，根据液化震陷量的估计适当调整抗液化措施。不宜将未经处理的液化土层作为天然地基持力层。

表 8-9　抗液化措施

建筑抗震设防类别	地基的液化等级		
	轻微	中等	严重
乙类	部分消除液化沉陷，或对基础和上部结构处理	全部消除液化沉陷，或部分消除液化沉陷且对基础和上部结构处理	全部消除液化沉陷
丙类	基础和上部结构处理，亦可不采取措施	基础和上部结构处理，或更高要求的措施	全部消除液化沉陷，或部分消除液化沉陷，且对基础和上部结构处理
丁类	可不采取措施	可不采取措施	基础和上部结构处理，或其他经济的措施

第九章 人工地貌

　　人类活动形成的地貌包括人类活动直接形成的地貌和人类影响地表过程而形成的地貌。人们早就知道人类活动是一种地貌营力,但早期的地质学家认为人类活动与火山喷发、河流作用、冰川作用等相比微不足道。19世纪末至20世纪初,欧洲移民对北美景观的破坏引起了人们的注意,一些学者开展了一些土壤侵蚀和金矿开采对地貌影响的研究。20世纪30年代,美国的尘暴激起了许多关于径流、入渗、淤积和土壤侵蚀的研究,同时欧洲学者开始对殖民地的干旱化、沙漠化和土壤侵蚀进行研究。20世纪70年代的环境革命中,许多地貌学家进行了一系列人类地貌学的研究,开始对短时间尺度(人类历史)的地貌系统和地貌过程进行研究。20世纪80年代以来,人类地貌学研究进入了一个新阶段,全球变化尤其是温室效应对地貌过程的影响受到了充分关注。

　　人类活动对地貌形态和过程的影响范围非常广泛(表9-1)。人类直接活动,包括挖掘(侵蚀)和建造(堆积),可以产生特殊的地貌。人类活动也可以间接地影响侵蚀与堆积过程,引起地基下沉和触发坡地过程等。人类间接活动的结果往往叠加在自然过程所产生的结果之上,常不易识别,再加上人类对地貌过程与现象之间的关系认识不够,有时对地貌和地貌过程微小的改变却往往引发了意想不到的灾难。

表 9-1　人类地貌过程分类

直接人工过程	间接人工过程
(1) 建造过程:垃圾倾倒;松散、固化、熔化垃圾堆放;平整作用(耕种、修造梯田)	(1) 加速沉积与侵蚀:农业活动和植被破坏;工程建设,尤其是道路建设和城市化;改变水文状态
(2) 挖掘过程:挖掘、削切、采矿、爆破、弹坑	(2) 地基沉陷:崩塌、沉降;采矿;水文;假喀斯特
(3) 影响水文的过程:洪水,筑坝,修建运河,疏浚与河道整治,排水;海岸保护	(3) 坡地失稳:滑坡、泥石流、崩塌、蠕滑加速;载荷增加;基部切割;振动;润滑作用

第一节　人类活动直接地貌过程

一、挖掘过程

　　长久以来,人工挖掘直接形成的地貌有些已成为著名的古迹。例如,新石器时期英国东部的人们曾用鹿角和其他工具挖掘高质量、抗冻裂的燧石用来制造石器,留下许多深坑,现在这些人工坑积水成湖,大都具有平直的岸线和很陡的岸坡。据估计,公元1300年以前,在形成湖泊的地方开挖的土方达到 2 550 万 m³。

最严重的挖掘是采矿,其中露天采矿对环境破坏非常强烈。美国几乎一半的煤炭产量是露天开采的,它给宾夕法尼亚、俄亥俄、西弗吉尼亚、肯塔基、依利诺斯等州带来了特殊的环境问题。我国陕西和山西北部的露天煤矿对环境的影响也非常大。世界上最大的矿坑是美国的犹他州的宾汉峡谷铜矿,它的面积为 7.21 km²,深 774 m,共开挖了 $3.36×10^5$ 万 t 矿石和盖层,是修建巴拿马运河开挖土方量的 7 倍。

有些挖掘仅仅是为了景色美观。例如 1676 年,英国某公园的一座山被削低 150 m,许多山丘降低 0.6 m,以突出公园主体景观。1720 年,另一个公园的一座山丘因阻挡一座新建的房屋观看一条小溪而被削去 10 m。

在缺少可利用土地的国家,常通过平整山丘和取土填海获得土地。例如,在波斯湾的巴林岛上,大部分的沙漠沙被运送到该岛北部的商业和工业区进行填海造地。

人类的挖掘作用比自然的剥蚀作用强许多倍。混凝土浇灌所需的砂、砾、粉碎岩屑等需求的增长造成人类挖掘量的迅速增加。例如,英国 1900 年建筑用砂石料的需求是 2 000 万 t,1948 年增至 5 000 万 t,1973 年猛增到 27 600 万 t,按人口的增加速率为每人每年增加 0.6～5 t。最近 30 年来,我国建筑用砂石料的需求也迅猛增加,引起山石、河道和海岸砂砾石的大量开采。全世界每年由于开挖而运送的土壤和岩石超过 3 000 亿 t,而每年河流带入海洋的泥沙量只有 24 亿 t。

二、建造过程

人类建造地貌已有很长的历史了。英国建造堤坝的历史可以追溯到有历史记载以前;一些类似长城和金字塔的古迹都是壮观的人工地貌;许多世纪以来护岸堤的修建造就了今天的荷兰;有些人类建设地貌仅仅出于美学的原因,如我国皇家园林中的一些人工假山。

人类废弃物形成了最主要的人工堆积地貌。据估算,截至 1976 年,英国煤田的矿渣体积最少有 $2×10^5$ 万 t。在中东和其他地区的城市堆弃物逐渐抬高了地面,成了考古学家发掘和研究的重要场所。人类废弃物的增加也影响到海岸带地貌。据估算,纽约市倾倒到大西洋的固体废弃物相当于缅因州和北卡罗来纳州之间的所有河流悬移质的总和。

填海造陆和围垦造田也是一种重要的人类建造地貌过程。人口密集地区常位于浩瀚水域附近,全球 400 万以上人口的城市有四分之三位于海滨和湖滨,许多城市通过围垦寻求发展空间(如香港和阿姆斯特丹)。湖泊周边地区因围垦使湖泊面积减小甚至消失,如 1949 年以来围垦使鄱阳湖的面积减少了三分之一,一些小的湖泊已经消失,大大增加了耕地的面积,但却降低了汛期蓄洪能力。

许多人工挖掘地貌后来被填埋,充水的矿坑是理想的废弃物堆放地。例如,将英国 19 世纪中期地形图上的洼坑与现代的洼坑的分布进行比较,可以发现大量洼坑已被人工填垫平,洼坑的数量由每平方千米 121 个降低到 47 个。另外,有些矿坑可形成人工湖,经修整后可以加以利用。

筑坝、修建运河、疏浚河道、建设排水和海岸保护工程等都可以产生特殊的建造和挖掘地貌。为了航运和防洪,人类常裁弯取直天然河道。减小弯曲度对控制洪水有两方面的作用:① 减少了河道凹岸的漫岸洪水;② 河道长度的缩短增加了河床坡度和水流速度,洪水侵蚀加深河床,提高了河流的抗洪能力。

第二节　人类活动间接地貌过程

一、风化作用

人类活动导致的空气污染,可以影响风化的性质和速率。由于燃烧化石燃料释放大量的氧化硫气体,在许多工业化地区降水中硫酸的含量明显增加,酸雨与岩石反应加速了岩石的风化,并且反应产生的硫酸钙和硫酸镁等盐类会加速岩石的物理风化(盐劈作用)。由于燃烧化石燃料和破坏植被,空气中二氧化碳的含量明显增高,二氧化碳与水结合形成碳酸可以溶蚀灰岩、白云岩和大理岩,使一些碳酸盐岩石的建筑、雕塑等受到溶蚀风化破坏。

风化作用也会因灌溉引起的地下水位的变化而加速。在巴基斯坦的平原地区,1922年以来灌溉造成地下水上升了大约6 m,导致蒸发和盐碱化增强。在毛细上升带以上蒸发作用形成盐类矿物加速了岩石风化,致使该地区的一些著名文化考古遗址以灾难性的速率遭受破坏。

将岩石由一种环境搬运到另一种环境会引起风化速率的增加,纽约公园的古埃及方尖碑就是一个典型例子。该碑在公元前1500年立在开罗对岸的尼罗河边,公元前500年遭波斯侵略者毁坏,后来其下部被尼罗河冲积物掩埋。1880年方尖碑被运到纽约后,风化剥落明显加强,铭文在10年内就变得模糊不清。这是湿润环境中水分的参与、冻裂和水合作用增强的缘故。

二、土壤侵蚀

人类活动是导致土壤侵蚀的重要原因,工程建设、城市化、战争、采矿和其他人类活动对土壤侵蚀有显著的影响,但引起土壤侵蚀的罪魁祸首是破坏植被和进行耕作。

破坏植被引起的土壤侵蚀不仅以广泛的地表剥蚀方式出现,而且也会以坡地过程如泥石流、滑坡和崩塌等方式进行。通常,汇水盆地中森林被砍伐的比例越大,单位面积沉积物的来源就越多。

火灾破坏植被造成土地暴露也会增加土壤侵蚀,尤其在火灾发生后不久,会引起高速土壤侵蚀。当灌丛燃烧时,高温造成疏水物质蒸馏,并向土壤剖面的下部迁移。该过程导致不透水层以上的透水层厚度增加,使土壤表层易受侵蚀,尤其在较陡的坡度上,可以引起严重的地表侵蚀。

城市化也可以造成侵蚀速率的明显变化。在城市建设阶段,由于地面大面积裸露以及车辆和挖掘对地面的扰动,常发生很高的侵蚀速率。在建设期间,一些技术可以减少沉积物的流失,包括挖掘沉积池、在裸露土地上种草或将地面覆盖等。当对地面的扰动停止,路面得到了铺设,花园和草地得到了耕种,侵蚀速率会明显降低。

三、坡地过程

坡地过程包括滑坡、崩塌、泥石流以及土屑蠕动等地貌过程。人类活动引起坡地过程的例子很多,如修建道路时,坡脚物质常常被切割,造成坡地失稳而发生滑坡和崩塌;切割的物质堆到下方的斜坡上以增加路面的宽度,但降水渗入其中和路面载荷常常容易造成松散堆积物滑坡与崩塌。

自然和人工引起的坡地过程常常会带来灾难,因此人类采取一系列措施来控制灾害的发生。由于土地资源紧缺,原来不适合建设的地方也通过一些工程措施进行建设,这在迅速膨胀的城市,如香港、里约热内卢等地区很常见。随着工程技术的发展,人类改造坡地的能力在增大,同时,经人类改造的坡地发生灾难性坡地过程的危险也在增加。

四、河流过程

河流汇水盆地内的城市会引起河流洪水的强度和频率增加,在松散沉积物中的河流会侵蚀河岸而展宽,并引起河岸崩塌和建筑物基础遭受侵蚀。

抗洪工程和灌溉工程造成的水量减小对河道形态的变化影响很大。修建大坝引起河流泥沙量的变化可以造成上游河道的加积和下游河道的下切(图9-1)。首先,河流下切导致了大坝附近河床的平坦化,河床坡度小到河流的能量不能有效地搬运泥沙;其次,大坝减小了洪峰和河水搬运泥沙的能力,河流只能搬运较小颗粒的物质。细粒物质的被搬运以及蚀余堆积构成的保护层,阻止河流进一步下切。

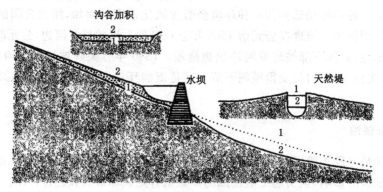

1—水库修建前的河床;2—水库修建后的河床。

图 9-1　水库大坝对河流上游和下游的不同影响

土地利用的变化和土壤保护措施也可以引起河道形态的变化。图9-2所示为美国佐治亚盆地1700年以来人类活动对河流影响的示意图。开垦农田引起坡地的侵蚀,导致大量沉积物被搬运到河道和冲积平原[图9-2(b)]。这种引起强烈侵蚀的土地利用一直持续至20世纪初。随后,保护措施、水库修建和农田比例的减小等引起了河道的进一步变化[图9-2(c)]。流水不再搬运大量的泥沙,河流开始侵蚀下切到冲积平原,河床降低了大约3～4 m。

五、风沙过程

沙丘复活是人为沙漠化和自然沙漠化的结果。人口和驯养动物的增加给有限的植被资源带来了强大的压力,当地表植被减少,沙丘的活动性将增强。

目前,固化沙丘和减少风沙吹蚀的办法是增加植被覆盖,但这项工作常常很困难。人类需要固化沙丘表面,以保护居民点、铁路、管道、工厂和农田,利用有空隙的障碍物阻挡和改变风沙的运动被证明是很有效的办法。我国银川附近沙坡头一带利用沙障固定流沙保护铁路取得了很好的效果,有些地方可以用重油和饱和盐水形成防风壳来固定流沙。

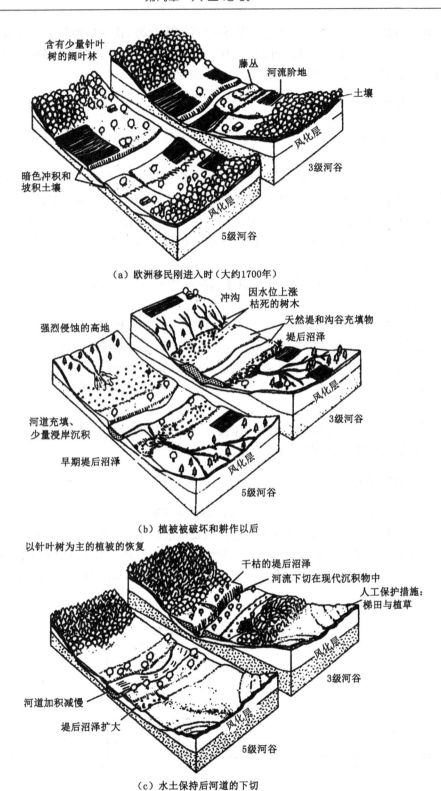

（a）欧洲移民刚进入时（大约1700年）

（b）植被被破坏和耕作以后

（c）水土保持后河道的下切

图 9-2　1700—1970 年间由于土地利用的变化引起的美国佐治亚盆地冲积景观的变化

在温带地区,海岸沙丘除通过植树、种草得到固化外,建立防沙栏固定沙丘也获得了成功。这些防沙栏大约 1.0～1.5 m 高,具有 25%～50% 的空隙,它们在固化许多刚生成的沙丘时是很有效的。定期设置新的防风栏可以固化大的沙丘。

六、海岸过程

海岸带人口密集,工业、交通和消遣娱乐业发达,人类活动打破了原来的侵蚀与沉积的平衡,常造成严重的侵蚀。

良好的海滩是保护海岸的最好屏障。海滩物质被侵蚀将造成海蚀崖的加速后退。海滩沉积中有价值的矿物(重矿)和作为建筑用料的开采,经常会引起海岸带的侵蚀。

某一处的海岸保护往往在另一处产生海滩和海蚀崖侵蚀。宽广的海滩有利于保护其后的海蚀崖,防波堤的修建常常有利于海滩的形成,但是这些建筑有时候将侵蚀发生地沿海岸迁移到了别的地方。

由于修建水库和开采河道砂石,造成入海泥沙补给减少,也可能引起海滩侵蚀加强,海滩变窄,海滩砂变粗。

许多侵蚀保护措施需要进行海滩补偿,即通过人工增加合适的沉积物来保护海滩免遭侵蚀,或者使用多种多样的导沙技术将人工建筑堆积侧的泥沙疏导到遭受侵蚀的一侧。

海岸带植被改造也会引起海岸带侵蚀。密集的天然植被对波浪起阻挡作用,由于在许多岛屿上天然植被被人工树种所替代,会破坏天然植被对地表的保护作用,使地面暴露并遭受剥蚀和切割。

人工挖掘海岸沙丘也可以加速海岸侵蚀。靠海侧的沙丘是抵御波浪侵蚀的天然屏障,一旦它们遭受破坏,将会引起海岸的侵蚀。

七、地基沉陷

人类活动可以引起和加速地基沉陷,如抽取地下流体(石油、天然气和水)、地下采矿、溶解地下的可溶盐类物质、破坏永冻土的热平衡以及排水和灌溉等都可以造成地基沉陷。

采矿抽水常常在灰岩地区形成严重和特殊的崩塌沉陷。地基沉陷也可以因为可溶岩石的溶解而加速。石油开采引起的地基沉陷在有些地区越来越严重。抽取地下水造成的地基沉陷广泛存在(表 9-2)。

表 9-2 地下水抽取引起的地基沉陷

位置	沉陷量/m	沉降速率/(mm/a)
伦敦(英国)	0.06～0.08(1865—1931 年)	0.91～1.21
萨凡纳(美国)	0.1(1918—1955 年)	2.7
墨西哥城(墨西哥)	7.5	250～300
休斯敦和加尔沃斯顿(美国)	1.52(1943—1964 年)	60～76
东京(日本)	4(1892—1972 年)	500
亚利桑那州中南部(美国)	2.9(1934—1977 年)	96

表 9-2(续)

位置	沉陷量/m	沉降速率/(mm/a)
曼谷(泰国)	0.5	100
天津(中国)	2.3	100
上海(中国)	2	110
常州、苏州和无锡(中国)	—	14~38
南通(中国)	—	50
西安(中国)	—	50~176

采矿引起的地基沉陷早为人知。矿区地基沉陷受矿层厚度、埋深、开采面积、采后回填的程度、地质构造和采矿方法的影响,通常沉陷幅度小于开采矿层的厚度,并随矿层深度的增加而减小。此外,盖层的崩塌形成岩石堆的体积要大于原始天然岩石的体积。因此,深部沉陷造成地表沉陷幅度大约只是地下采空矿层厚度的 1/3。与采矿有关的地基沉陷可以破坏地表的水系,造成沉陷区永久被水淹没形成湖泊。

有些沉陷是由于湿陷作用形成的。缺水的、未固结的、低密度的沉积物具有一定的强度,可以承受一定的压力,但当这些沉积物(包括洪积扇物质和黄土)充分湿润时,沉积物颗粒间的结合强度将减小,发生迅速收缩而引起地基沉陷。

在永冻土地区,地基沉陷与热喀斯特发育有关。热喀斯特的发育主要是由于永冻土热平衡的破坏和活动层厚度的增加引起的。引起热喀斯特地面沉降的关键是活动层状态及其热平衡的变化。地表植被因农业和建筑而遭受破坏将导致活动层增厚,造成地基沉陷。在永冻土上建设供暖建筑,在活动层土中铺设油气、排污和排水管道,也会发生类似的地基沉陷。

总之,地基沉陷是一种多样化、人类影响显著的地貌过程,可造成包括大坝破坏、建筑裂缝、公路和铁路错断、井下套管的断裂、运河与沟渠的变形、桥梁倾斜、盐水侵入和洪水等灾害。

第三节　采空区与地表移动盆地

一、采空区的概念

地下矿层被开采后形成的空间称为采空区。

煤矿采空区根据开采规模和采空区面积划分为大面积采空区及小窑采空区;根据煤层开采形式划分为长壁式开采、短壁式开采、条带式开采、房柱式开采等采空区;根据开采时间和采空区地表变形阶段分为老采空区、新采空区和未来(准)采空区;根据采深及采深采厚比分为浅层采空区、中深层采空区和深层采空区;根据煤层倾角分为水平(缓倾斜)采空区、倾斜采空区和急倾斜采空区。

地下矿层被开采后,其上部岩层失去支撑,平衡条件被破坏,随之产生弯曲、塌落,以致发展到地表下沉变形,造成地表塌陷,形成凹地。随着采空区的不断扩大,凹地不断发展而成凹陷盆地,即地表移动盆地。

二、采空区地表变形的特征

1. 地表移动盆地

地表移动盆地的范围要比采空区面积大得多,其位置和形状与矿层的倾角大小有关。矿层倾角平缓时,地表移动盆地位于采空区的正上方,形状对称于采空区;矿层倾角较大时,盆地在沿矿层走向方向仍对称于采空区,而沿倾向方向移动盆地与采空区的关系是非对称的,并随着倾角的增大盆地中心越向倾向方向偏移;当开采达到充分采动后,此时的地表移动盆地称为最终移动盆地。

最终移动盆地根据地表变形特征和变形值的大小,自移动盆地中心向盆地边缘可分为三个区:中间区、内边缘区和外边缘区(图9-3)。

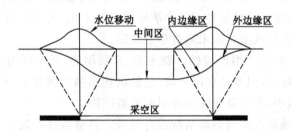

图9-3 最终移动盆地及其分区

中间区位于采空区的正上方,地表下沉均匀,但地表下沉值最大;地面平坦,一般不出现裂缝。

内边缘区位于采空区外侧上方,地表下沉不均匀,地面向盆地中心倾斜,呈凹形;产生压缩变形,地面一般不出现明显裂缝。

外边缘区位于采空区外侧矿层上方,地表下沉不均匀,地面向盆地中心倾斜,呈凸形;产生拉伸变形,当拉伸变形值超过一定数值后,地表产生张裂缝。外边缘区的外围边界,即地表移动盆地的最外边界。

移动盆地的分区特征受采煤过程和煤层倾角等因素的影响,实践中根据开采煤层倾角将煤层划分为近水平煤层开采、倾斜煤层开采和急倾斜煤层开采三种,分别对应开采煤层倾角 $\alpha<15°$、$15°\leqslant\alpha\leqslant55°$、$\alpha>55°$ 三种情况。

(1)开采煤层倾角 $\alpha<15°$

此时的地表平坦,且达到超充分采动,采动影响范围内无大型地质构造时,最终形成的静态地表移动盆地,其变形特征是:

移动盆地的中间区域地表下沉均匀,地表下沉量达到该地质采矿条件下应有的最大值,其他移动和变形值近似为零且无明显裂缝;移动盆地的内边缘区地表沉降不均匀,且地面向盆地中心倾斜,呈凹形,并产生压缩变形,可不出现裂缝;移动盆地的外边缘区地表沉降不均匀,且地面向盆地中心倾斜,呈凸形,并产生拉伸变形。当拉伸变形超过一定数值后,地面可出现拉伸裂缝。

在地表刚达到充分采动或非充分采动条件下,地表移动盆地内可不出现中间区域。

(2) 开采煤层倾角 $15°\leqslant\alpha\leqslant55°$

在倾斜方向上,移动盆地的中心(最大下沉点)偏向采空区的下山方向,并与采空区中心不重合。最大下沉点同采空区几何中心的连线与水平线在下山一侧夹角(最大下沉角)小于90°;移动盆地与采空区的相对位置,在走向方向上对称于倾斜中心线,而在倾斜方向上不对称,且矿层倾角越大,不对称性越加明显;移动盆地的上山方向较陡,移动范围较小,下山方向较缓,移动范围较大;采空区上山边界上方地表移动盆地拐点偏向采空区内侧,采空区下山边界上方地表移动盆地拐点偏向采空区外侧,拐点偏离的位置大小与矿层倾角和上覆岩层的性质有关。

(3) 开采煤层倾角 $\alpha>55°$

地表移动盆地形状的不对称性更加明显。工作面下边界上方地表的开采影响达到开采范围以外很远,上边界上方开采影响则达到矿层底板岩层。整个移动盆地明显地偏向矿层下山方向;最大下沉值不出现在采空区中心正上方,而是向采空区下边界方向偏移;底板的最大水平移动值大于最大下沉值,最大下沉角小于 15°。

煤层开采时,可不出现充分采动的情况。

2. 地表变形的分类和影响因素

地表变形分为两种移动和三种变形。两种移动是垂直移动(下沉)和水平移动;三种变形是倾斜、曲率(弯曲)和水平变形(压缩变形和拉伸变形)。

(1) 矿层因素

矿层埋深越大(即开采深度越大),变形发展到地表所需的时间越长,地表变形值越小,变形比较平缓均匀,但地表移动盆地的范围增大;矿层厚度大,采空区的空间大,会促使地表的变形值增大;矿层倾角大时,使水平移动值增大,地表出现裂缝的可能性增大,地表移动盆地与采空区的位置更不对称。

(2) 岩性因素

上覆岩层强度高、分层厚度大时,产生地表变形所需采空面积要大,破坏过程时间长,厚度大的坚硬岩层甚至长期不产生地表变形;强度低、分层薄的岩层,常产生较大的地表变形,且速度快,但变形均匀,地表一般不出现裂缝。

脆性岩层地表易产生裂缝;厚度大、塑性大的软弱岩层,覆盖于硬脆的岩层上时,后者产生破坏会被前者缓冲或掩盖,使地表变形平缓;反之,上覆软弱岩层较薄,则地表变形会很快并出现裂缝。

岩层软硬相间且倾角较陡时,接触处常出现层离现象。

地表第四纪堆积物越厚,则地表变形值增大,但变形平缓均匀。

(3) 构造因素

岩层节理裂隙发育,会促进变形加快,增大变形范围,扩大地表裂缝区;断层会破坏地表移动的正常规律,改变地表移动盆地的位置和大小,断层带上的地表变形更加剧烈。

(4) 地下水因素

地下水活动(特别是对抗水性弱的软弱岩层)会加快变形速度,扩大地表变形范围,增大地表变形值。

（5）开采条件因素

矿层开采和顶板处置的方法以及采空区的大小、形状、工作面推进速度等，均影响着地表变形值、变形速度和变形的形式。

三、采空区场地的适宜性评价

实践中根据建筑物的重要性等级、结构特征和变形要求、采空区类型和特征，采用定性与定量相结合的方法分析采空区对拟建工程和拟建工程对采空区稳定性的影响程度，综合评价采空区场地工程建设适宜性及拟建工程地基稳定性。

1. 采空区场地稳定性评价

根据采空区类型、开采方法及顶板管理方式、终采时间、地表移动变形特征、采深、顶板岩性及松散层厚度、煤（岩）柱稳定性等，采用定性与定量评价相结合的方法进行场地稳定性评价。

（1）开采条件判别法

开采条件判别法判别标准应以工程类比和本区经验为主，并应综合各类评价因子进行判别。无类似经验时，宜以采空区终采时间为主要因素，结合地表移动变形特征、顶板岩性及松散层厚度等因素按表 9-3、表 9-4、表 9-5 综合判别。

表 9-3　按终采时间确定采空区场地稳定性等级

稳定等级	不稳定	基本稳定	稳定
采空区终采时间 t/d	$t<0.8T$ 或 $t\leqslant365$	$0.8T\leqslant t\leqslant1.2T$ 且 $t>365$	$t>1.2T$ 且 $t>730$

注：T 为地表移动延续时间。

表 9-4　按变形特征确定采空区场地稳定性等级

评价因子	稳定等级		
	不稳定	基本稳定	稳定
地表变形特征	非连续变形	连续变形	连续变形
	抽冒或切冒型	盆地边缘区	盆地中间区
	地面有塌陷坑、台阶	地面倾斜、有地裂缝	地面无地裂缝、台阶、塌陷坑

表 9-5　按顶板岩性及松散层厚度确定浅层采空区场地稳定性等级

评价因子	稳定等级		
	不稳定	基本稳定	稳定
顶板岩性	无坚硬岩层分布或为薄层或软硬岩层互层状分布	有厚层状坚硬岩层分布且 15.0 m>层厚>5.0 m	有厚层状坚硬岩层分布且层厚≥15.0 m
松散层厚度 h/m	$h<5$	$5\leqslant h\leqslant30$	$h>30$

在确定地表移动延续时间 T 时,以下沉 10 mm 时为移动期开始的时间,以连续 6 个月累计下沉值不超过 30 mm 为地表移动期结束时间,从地表移动期开始到结束的整个时间为地表移动的延续时间。在地表移动过程的延续时间内,地表下沉速度大于 50 mm/月(1.7 mm/d)(煤层倾角 $\alpha < 55°$),或大于 30 mm/月(1.0 mm/d)(煤层倾角 $\alpha \geqslant 55°$)的时间可划为活跃期,从地表移动期开始到活跃期开始的阶段可划为初始期,从活跃期结束到移动期结束的阶段可划为衰退期(图 9-4)。

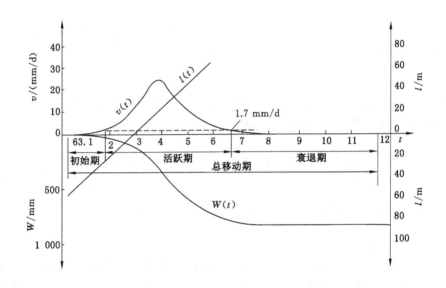

图 9-4 地表移动延续时间的确定方法

对于没有实测资料的采空区,地表移动延续时间根据开采深度 H_0 按以下经验公式确定。

当 $H_0 \leqslant 400$ m 时:

$$T = 2.5 H_0 \tag{9-1}$$

当 $H_0 > 400$ m 时:

$$T = 1\,000 \exp\left(1 - \frac{400}{H_0}\right) \tag{9-2}$$

(2)地表移动变形判别法

地表移动变形判别法可用于顶板垮落充分、规则开采的采空区场地的稳定性定量评价。对顶板垮落不充分且不规则开采的采空区场地稳定性,也可采用等效法等计算结果判别评价。地表移动变形值宜以场地实际监测结果为判别依据,有成熟经验的地区也可采用经现场核实与验证后的地表变形预测结果作为判别依据。稳定性评价应在综合判别分析场地的变形趋势和变形特征的基础上,以最大残余变形值判别场地的稳定性。地表移动变形值确定场地稳定性等级评价标准,宜以地面下沉速度为主要指标,并应结合其他参数按表 9-6 综合判别。

表 9-6　按地表移动变形值确定场地稳定性等级

状态	评价因子				备注
	下沉速率 v_w /(mm/d)	倾斜 Δi /(mm/m)	曲率 ΔK /(10^{-3} m)	水平变形 Δz /(mm/m)	
稳定	<1.0 mm/d,且连续 6 个月累计下沉<30 mm	<3	<0.2	<2	同时具备
基本稳定	<1.0 mm/d,但连续 6 个月累计下沉≥30 mm	3~10	0.2~0.6	2~6	具备其一
不稳定	≥1.0 mm/d	>10	>0.6	>6	具备其一

（3）煤（岩）柱稳定分析法

煤（岩）柱稳定分析法可用于穿巷、房柱及单一巷道等类型采空区场地的稳定性定量评价。场地稳定性等级评价应按表 9-7 判别。

表 9-7　按煤（岩）柱安全稳定性系数确定场地稳定性等级

稳定状态	不稳定	基本稳定	稳定
煤（岩）柱安全稳定性系数 K_p	$K_p<1.2$	$1.2\leq K_p\leq2$	$K_p>2$

（4）不稳定地段

下列地段应判断为不稳定地段：采空区垮落时，地表出现塌陷坑、台阶状开裂缝等非连续变形的地段；特厚煤层和倾角大于 55°的厚煤层浅埋及露头地段；由于地表移动和变形引起边坡失稳、山崖崩塌及坡脚隆起地段；非充分采动顶板垮落不充分、采深小于 150 m,且存在大量抽取地下水的地段。

2. 采空区场地工程建设适宜性评价

采空区场地工程建设适宜性评价,以采空区对工程建设的影响程度、拟建工程对采空区的影响程度作为参考指标,进行综合判定,并应对适宜程度进行分级。

（1）采空区对工程的影响

采空区对各类工程的影响程度,根据采空区场地稳定性、建筑物重要程度和变形要求、地表变形特征及发展趋势、地表移动变形值、采深或采深采厚比、垮落裂隙带的密实状态、活化影响因素等,采用工程类比法、采空区特征判别法、活化影响因素分析法、地表残余变形判别法等方法进行定性评价,并宜按表 9-8～表 9-11 的规定划分。

表 9-8　按场地稳定性及工程重要性等级定性分析采空区对工程的影响程度

场地稳定性	拟建工程重要程度和变形要求		
	重要,变形要求高	一般,变形要求一般	次要,变形要求低
稳定	中等	中等至小	小
基本稳定	大至中等	中等	中等至小
不稳定	大	大至中等	中等

表 9-9 采用工程类比法定性分析采空区对工程的影响程度

影响程度	类比工程或场地的特征
大	地面、建(构)筑物开裂、塌陷,且处于发展、活跃阶段
中等	地面、建(构)筑物开裂、塌陷,但已经稳定 6 个月以上且不再发展
小	地面、建(构)筑物无开裂,或有开裂、塌陷,但已经稳定 2 年以上且不再发展;邻近同类型采空区场地有类似工程的成功经验

表 9-10 根据采空区地表残余变形值确定采空区对工程的影响程度

影响程度	地表残余变形				备注
	下沉值 ΔW/mm	倾斜值 Δi/(mm/m)	水平变形值 $\Delta \varepsilon$/(mm/m)	曲率 ΔK /(10^{-3} m)	
大	>200	>10	>6	>0.6	具备其一
中等	100~200	3~10	2~6	0.2~0.6	具备其一
小	<100	<3	<2	<0.2	同时具备

表 9-11 根据采空区特征及活化影响因素定性分析采空区对工程的影响程度

影响程度	采空区特征			活化影响因素	备注
	采空区采深 H /m	采空区的密实状态及充水状态	地表变形特征及发展趋势		
大	$H<50$ 或 $H/M<30$	存在空洞,钻探过程中出现掉钻,孔口串风	正在发生不连续变形;或现阶段相对稳定,但存在发生不连续变形的可能性大	活化的可能性大,影响强烈	具备其一
中等	$50 \leqslant H \leqslant 200$ 或 $30 \leqslant H/M \leqslant 80$	基本密实,钻探过程中采空区部位大量漏水	现阶段相对稳定,但存在发生不连续变形的可能	活化的可能性中等,影响一般	具备其一
小	$H>200$ 或 $H/M>80$	密实,钻探过程中不漏水,微量漏水但返水或间断返水	不再发生不连续变形	活化的可能性小,影响小	同时具备

(2)拟建工程对采空区的影响

拟建工程对采空区稳定性的影响程度,应根据建筑物荷载及影响深度等,采用荷载临界影响深度判别法、附加应力分析法、数值分析法等方法进行定量评价,并宜按表 9-12 划分。

表 9-12　根据荷载临界影响深度定量评价工程建设对采空区稳定性影响程度

评价因子	影响程度		
	大	中等	小
荷载临界影响深度 H_D 和采空区深度 H	$H_D < H$	$H_D \leqslant H \leqslant 1.5 H_D$	$H > 1.5 H_D$
附加应力影响深度 H_e 和垮落断裂带深度 H_E	$H_E < H_e$	$H_e \leqslant H_E < 2.0 H_e$	$H_E \geqslant H_e$

　　注:1. 采空区深度 H 指巷道(采空区)等的埋藏深度,对于条带式开采和穿巷开采指垮落拱顶的埋藏深度;

　　2. 垮落断裂带深度 H_E 指采空区垮落断裂带的埋藏深度,H_E ＝采空区采深 H －垮落带高度 H_m －断裂带高度 H_e。宜通过钻探及其岩心描述并辅以测井资料确定;当无实测资料时,也可根据采厚、覆岩性质及岩层倾角等按《煤矿采空区岩土工程勘察规范》附录 L 计算确定。

　　(3) 采空区场地工程建设适宜性分级

　　采空区场地工程建设适宜性,应采用定性和定量相结合的评价方法综合确定,并宜按表 9-13 划分。

表 9-13　采空区场地工程建设适宜性评价分级表

级别	分级说明
适宜	采空区垮落裂隙带密实,对拟建工程影响小;工程建设对采空区稳定性影响小;采取一般工程防护措施(限于规划、建筑、结构措施)可以建设
基本适宜	采空区垮落裂隙带基本密实,对拟建工程影响中等;工程建设对采空区稳定性影响中等;采取规划、建筑、结构、地基处理等措施可以控制采空区残余变形对拟建工程的影响,或虽需进行采空区地基处理,但处理难度小且造价低
适宜性差	采空区垮落不充分,存在地面发生非连续变形的可能,工程建设对采空区稳定性影响大或者采空区残余变形对拟建工程的影响大,需规划、建筑、结构、采空区治理和地基处理等的综合设计,处理难度大且造价高

四、地表移动和建筑物变形控制

　　采空区地表移动引起地面工程的变形和破坏,因此在采空区地表进行建设时,应采取措施控制矿层开采的技术手段、已有地表建筑物的加固处理、拟建建筑物的工程抗变形能力等,并采取手段对采空区或已经由采空区地表移动引起的变形进行治理,控制进一步变形,恢复工程可用性。

　　1. 开采技术措施

　　地下矿层开采采用充填开采、条带开采、分层开采等技术手段,可以明显减小地表的下沉值。但开采浅部矿层或开采急倾斜厚矿层时,仍可能产生地表沉陷,此时,应适当减小浅部分层的开采厚度。开采急倾斜矿层时,应尽量采用分层间歇开采方法,并要求顶板一次暴露面积不能过大。顶板岩层坚硬不易冒落时,应采取人工放顶。

　　调查小窑采空区、废巷和岩溶等地质和开采资料,防止因疏干老窑积水和疏降岩溶含水层水位时,造成地表突然塌陷。

采空区地面下沉值的水平差异带来的地表变形是最主要的危害。布置工作面位置时，采煤工作面推进方向与建筑物长轴方向垂直，可使工作面快速通过建筑物，减小建筑物变形。几个矿层或厚矿层分层开采时，在走向或倾向方向合理布置开采工作面，使开采一个工作面所产生的地表变形与另一个工作面所产生的变形相互抵消一部分，从而减少对建筑物的有害影响。

在开采保护矿柱时，采空区内不应残留矿柱，否则对地表将产生叠加影响，使变形增大。

工作面推进速度不同，所引起的地表变形值也不同。提高回采速度，一般会使下沉速度增大，但动态变形有所减小。

2. 既有建筑物结构措施

既有建筑物可通过不同的结构措施进行加固，消减地面变形带来的影响。如设置钢筋混凝土圈梁、基础连系梁、钢筋混凝土锚固板、钢拉杆、堵砌门窗洞等，可提高建筑物的刚度和整体性，增强其抗变形的能力。如设置变形缝、挖掘变形缓冲沟等，可提高建筑物适应地表变形的能力，减少地表变形作用在建筑物上的附加应力。

3. 新建建筑物预防变形措施

在采空区设计新建建筑物时，应充分掌握地表移动和变形的规律，分析地表变形对建筑物的影响，选择有利的建筑场地，采取有效的建筑和结构措施，保证建筑物的正常使用功能。

(1) 选择地表变形小、变形均匀的地段进行建筑，避开地表变形为Ⅳ级以上和裂缝、陷坑、台阶等分布地段。

(2) 选择地基土层均一的场地，避免把基础置于软硬不一的地基土层上。当为岩石地基时，可在基槽内设置砂垫层，以缓冲建筑物变形。

(3) 建筑物平面形状应力求简单、对称，以矩形为宜，高度尽量一致。建筑物或变形缝区段长度宜小于 20 m。

(4) 应采用整体式基础，加强上部结构刚度，以保证建筑物具有足够的刚度和强度。

(5) 在地表非连续变形区内，应采取在框架与柱子之间设置斜拉杆、基础设置滑动层等措施。在地表压缩变形区内，宜挖掘变形补偿沟。在地下管网接头处，可设置柔性接头，增设附加阀门等。

4. 工程治理

注浆法可用于不稳定或相对稳定的采空塌陷区治理。干(浆)砌支撑法可用于采空区顶板尚未完全塌陷、需回填空间较大、埋深浅、通风良好、具有人工作业条件，且材料运输方便的煤矿采空区。开挖回填法可用于挖方规模较小、易开挖且周边无任何建筑物的采空区，回填时可采用强夯或重锤夯实处理。巷道加固法可用于正在使用的生产、通风和运输巷道，或具备井下作业条件的废弃巷道。强夯法可用于埋深小于 10 m、上覆顶板完整性差、岩体强度低的采空区地段或采空区地表裂缝区的处治。跨越法可用于埋深浅、范围小、不易处理的采空区。当采用桩基穿过采空区时，应分析评价采空区成桩可能性，并应分析采空区沉陷可能性及其对桩基稳定性和承载力的影响，必要时应对采空区进行注浆或浆砌工程处治。

第四节　地　面　沉　降

一、地面沉降概念

1. 地面沉降的规律和特点

地面沉降主要是由于抽吸地下水引起土层中水位或水压下降、土层颗粒间有效应力增大而导致地层压密的结果。大面积堆土也能使深部土层产生类似机理而导致地面沉降。本节内容不包括由于新构造运动或海平面上升等原因造成的地面绝对或相对下沉。

发生或可能发生地面沉降的地域范围局限于存在厚层第四纪堆积物的平原、盆地、河口三角洲或滨海地带，往往发生在位于上述地貌类型的大城市或高度工业化地区。自 1891 年墨西哥城最先记录地面沉降现象以来，全球有 50 多个国家和地区发生了地面沉降。近年来，我国地面沉降危害主要发生在长江三角洲、华北平原、汾渭盆地、珠江三角洲等经济发达地区，地面沉降区面积不断扩大，累计沉降量不断增大。目前，我国 16 个省（区、市）地面沉降面积约为 9.3 万 km²，地面沉降灾害比较严重的城市超过 50 个。

地面沉降发生的范围往往较大，且存在一处或多处沉降中心，沉降中心的位置和沉降量与地下水取水井的分布和取水量密切相关。

地面沉降速率一般比较缓慢，常为每年数毫米或每年数厘米，也有少数地区达每年数十厘米的情况。

地面沉降一旦发生后，即使消除了产生地面沉降的原因，沉降了的地面也不可能完全复原。对含水层进行回灌后，也只能恢复因土层颗粒间有效应力变化而引起的弹性变形量部分。

2. 地面沉降的危害

（1）对环境的影响

地面沉降区域内因地面绝对标高降低，引起潮水、江水倒灌，地面积水、受淹，排水设施、防汛设施不能保持原定功效。

（2）对工程的危害

地面沉降对工程的危害主要有：引起桥墩下沉，桥下净空减小，影响通航标准；码头、仓库及堆场地坪下沉，影响正常使用；堤防工程失去原有功能；造成市政设施破坏，如水管线断裂、燃气管线破损、路面塌陷；各类建筑物，特别是一些古老建筑常因地面沉降而造成排水困难，底层地坪低于室外地面的状况；城市地下管道坡度改变影响正常使用功能；地铁、高铁等轨道工程因不均匀沉降导致轨道曲率半径变化，危及运行安全、增大运营成本和维护费用。

据有关研究成果，至 20 世纪末，上海地面沉降造成的经济损失高达近 3 000 亿元。据粗略统计，我国地面沉降造成的经济损失平均每年超过 100 亿元，累计超过 6 000 亿元。

二、地面沉降调查与监测

1. 地面沉降调查内容

（1）场地的地貌和微地貌。

（2）第四纪堆积物的年代、成因、厚度、埋藏条件和土性特征,硬土层和软弱压缩层的分布。

（3）地下水位以下可压缩层的固结状态和变形参数。

（4）含水层和隔水层的埋藏条件及承压性质,含水层的渗透系数、单位涌水量等水文地质参数。

（5）地下水的补给、径流、排泄条件,含水层间或地下水与地面水的水力联系。

（6）历年地下水位、水头的变化幅度和速率。

（7）历年地下水的开采量和回灌量,开采或回灌的层段。

（8）地下水位下降漏斗及回灌时地下水反漏斗的形成和发展过程。

（9）历年地面高程测量资料。

（10）地面沉降对建（构）筑物和环境的影响程度等。

2. 地面沉降调查方法

（1）调查方法以资料收集、现场踏勘为主。

（2）对缺少资料的地区,为查明场地工程地质、水文地质条件,需布设少量勘探测试孔（包括工程地质孔、抽水试验孔和孔隙水压力观测孔等）。地面沉降区域较小时,勘探测试孔可沿地面沉降区的长、短轴方向按十字形布置;当地面沉降区域较大时,勘探测试孔可按1 000～3 000 m间距网格状布置。

（3）编制地面沉降调查报告。将各种调查成果及资料进行整理、汇总、统计、分析,并绘制相关图表（如以地面沉降为特征的工程地质分区图等）。对调查区域的地面沉降原因和现状做出初步结论,对地面沉降危害程度和发展趋势做出评估,对地面沉降监测和治理方案提出建议。

3. 地面沉降监测

对地面沉降较严重的地区,为防止或减小地面沉降对工程的危害,需在调查的基础上,对地面沉降实施监测,查明其原因和现状,并预测其发展趋势,提出控制和治理方案。目前,地面沉降监测采用的技术包括 GPS、InSAR、水准测量网、基岩标、分层标、地下水监测等综合监测手段。地面沉降监测项目包括地面沉降测量、土体分层沉降监测、地下水位监测、水量监测等。相应的监测方法见表9-14。

表 9-14　地面沉降的监测方法

监测项目	监测方法
地面沉降测量	精密水准测量、GPS 测量、雷达干涉测量（InSAR）及其他技术方法
土体分层沉降监测	自动化监测仪或人工测量方式
地下水位监测	自动化监测仪或人工测量方式
水量监测	流量表

地面沉降监测项目及其方法的选择应根据监测区域地质环境特点、地面沉降历史和现状等确定;地面沉降监测网的布设、监测点密度和观测频率等还应考虑到监测区域的范围大小、开发程度、环境条件和特定目的等因素综合确定。地面沉降监测网方案可一次制订,分期实施。一般情况下,随着监测区域开发程度的提高或监测技术的进步,会对原方案进行

修改、完善。

三、地面沉降预测和防治

1. 预测地面沉降量的方法

（1）分层总和法

黏性土及粉土按下式计算：

$$s_\infty = \frac{a}{1+e_0}\Delta p H \tag{9-3}$$

砂土按下式计算：

$$s_\infty = \frac{1}{E}\Delta p H \tag{9-4}$$

式中　s_∞——土层最终沉降量，cm；

a——土层压缩系数，MPa^{-1}，计算回弹量时用回弹系数；

e_0——土层原始孔隙比；

Δp——水位变化施加于土层上的平均附加应力，MPa；

H——计算土层厚度，cm；

E——砂层弹性模量，MPa，计算回弹量时用回弹模量。

地面沉降量等于各土层最终沉降量之和。

（2）单位变形量法

根据预测期前 3～4 年中的实测资料，在某一特定时段内，含水层水头每变化 1 m 时其相应的变形量，称为单位变形量。在水位升、降期间的单位变形量可按下式计算：

$$i_\mathrm{s} = \frac{\Delta s_\mathrm{s}}{\Delta h_\mathrm{s}} \tag{9-5}$$

$$i_\mathrm{c} = \frac{\Delta s_\mathrm{c}}{\Delta h_\mathrm{c}} \tag{9-6}$$

式中　i_s、i_c——水位升、降期的单位变形量，mm/m；

Δh_s、Δh_c——某一时期内水位升、降幅度，m；

Δs_s、Δs_c——相应于该水位变化幅度下的土层变形量，mm

为了反映地质条件和土层厚度与 i_s、i_c 参数之间的关系，将上述单位变形量除以土层的厚度 H，称为土层的比单位变形量，比单位变形量按下式计算：

$$i'_\mathrm{s} = \frac{i_\mathrm{s}}{H} = \frac{\Delta s_\mathrm{s}}{\Delta h_\mathrm{s} H} \tag{9-7}$$

$$i'_\mathrm{c} = \frac{i_\mathrm{c}}{H} = \frac{\Delta s_\mathrm{c}}{\Delta h_\mathrm{c} H} \tag{9-8}$$

式中　i'_s、i'_c——水位升、降期的比单位变形量，m^{-1}。

在已知预测期的水位升、降幅度和土层厚度的情况下，土层预测沉降量按下式计算：

$$s_\mathrm{s} = i_\mathrm{s}\Delta h = i'_\mathrm{s}\Delta h H \tag{9-9}$$

$$s_\mathrm{c} = i_\mathrm{c}\Delta h = i'_\mathrm{c}\Delta h H \tag{9-10}$$

式中　s_s、s_c——水位上升或下降 Δh 时，厚度为 H 的土层预测的回弹量或沉降量，mm。

2. 地面沉降发展趋势的预测

在水位升降已经稳定不变的情况下,土层变形量与时间的变化关系可用下式计算:

$$s_t = s_\infty U \tag{9-11}$$

$$U = 1 - \frac{8}{\pi^2}\left[e^{-N} + \frac{1}{9}e^{-9N} + \frac{1}{25}e^{-25N} + \cdots\right] \tag{9-12}$$

$$N = \frac{\pi^2}{4}\frac{C_v}{H^2}t \tag{9-13}$$

式中　s——预测某时刻 t 月后地面沉降量,mm;

　　　U——固结度,以小数表示;

　　　t——时间,月;

　　　N——时间因素;

　　　C_v——固结系数,mm^2/月;

　　　H——土层的计算厚度,两面排水时取实际厚度的一半,单面排水时取全部厚度,mm。

在积累地面沉降资料较多的地区可建立各种经验公式预测地面沉降量。例如,地下水开采量与地面沉降量的相关公式、不同开采层位和开采量与地面沉降量的相关公式等。

3. 地面沉降的防治

与其他种类的地质灾害不同,地面沉降发生的范围大,灾害的发生具有明显滞后性、缓变性、不可恢复性,受灾方与致灾方之间通常为不相关的主体。因此,要实现对地面沉降的有效控制和防治,首先需要建立防治地面沉降的行政管理制度,强化对地下水开采和降排的管理,坚持以预防为主的原则。

在上述前提下,地面沉降防治的主要工程技术措施如下:

(1)压缩地下水开采量,减少水位降深幅度。在地面沉降剧烈的情况下,应暂时停止开采地下水。

(2)向含水层进行人工回灌,回灌时要严格控制回灌水源的水质标准,以防止地下水被污染,并要根据地下水动态和地面沉降规律,制订合理的采灌方案。

(3)调整地下水开采层次,进行合理开采,适当开采更深层的地下水。

(4)对深基坑工程要尽量减少基坑开挖过程中抽排地下水的总量,必要时宜采取同步回灌措施(坑内排坑外灌)。

(5)在大面积填筑区进行工程建设时,宜采用堆载预压法等地基处理措施,减小工后沉降量。

(6)当地面沉降尚不能有效控制时,在新建或改建桥梁、道路、堤坝、排水设施等市政工程时,应考虑到使用期限内可能出现的地面沉降量。

(7)对位于地面沉降较严重区域、对沉降变形十分敏感的工程(如地铁、高铁等),宜布设必要的地面沉降监测设施,在其运行过程中进行定期监测。

参 考 文 献

[1] 曹伯勋.地貌学及第四纪地质学[M].武汉：中国地质大学出版社,1995.

[2] 长江水利委员会长江科学院.工程岩体分级标准：GB/T 50218—2014[S].北京：中国计划出版社,2015.

[3] 陈国兴,樊良本,陈甦,等.土质学与土力学[M].2版.北京：中国水利水电出版社,2006.

[4] 陈仲颐,周景星,王洪瑾.土力学[M].北京：清华大学出版社,1994.

[5] 东南大学,浙江大学,湖南大学,等.土力学[M].4版.北京：中国建筑工业出版社,2010.

[6] 杜恒俭,陈华慧,曹伯勋.地貌学及第四纪地质学[M].北京：地质出版社,1981.

[7] 《工程地质手册》编委会.工程地质手册[M].5版.北京：中国建筑工业出版社,2018.

[8] 合肥工业大学,中建三局第三建筑工程有限责任公司.盐渍土地区建筑技术规范：GB/T 50942—2014[S].北京：中国计划出版社,2015.

[9] 黑龙江省寒地建筑科学研究院,大连阿尔滨集团有限公司.冻土地区建筑地基基础设计规范：JGJ 118—2011[S].北京：中国建筑工业出版社,2012.

[10] 建设综合勘察设计研究院有限公司.岩土工程勘察规范(2009版)：GB 50021—2001[S].北京：中国建设工业出版社,2009.

[11] 李飞,王贵军.土力学与基础工程[M].2版.武汉：武汉理工大学出版社,2014.

[12] 李广信,张丙印,于玉贞.土力学[M].2版.北京：清华大学出版社,2013.

[13] 李智毅,杨裕云.工程地质概论[M].武汉：中国地质大学出版社,1994.

[14] 林彤,谭松林,马淑芝.土力学[M].武汉：中国地质大学出版社,2012.

[15] 刘海松.地貌学及第四纪地质学[M].北京：地质出版社,2010.

[16] 陕西省建筑科学研究院有限公司,陕西建工第三建设集团有限公司.湿陷性黄土地区建筑标准：GB 50025—2018[S].北京：中国建筑工业出版社,2019.

[17] 水利部水电水利规划设计总院,南京水利科学研究院.土工试验方法标准：GB/T 50123—2019[S].北京：中国计划出版社,2019.

[18] 苏栋.土力学[M].2版.北京：清华大学出版社,2019.

[19] 宿文姬,李子生.工程地质学[M].3版.广州：华南理工大学出版社,2013.

[20] 隋旺华.土质学与土力学[M].徐州：中国矿业大学出版社,2020.

[21] 唐大雄,刘佑荣,张文殊,等.工程岩土学[M].2版.北京：地质出版社,1999.

[22] 田明中,程捷.第四纪地质学与地貌学[M].北京：地质出版社,2009.

[23] 王贵容.工程地质学[M].2版.北京：机械工业出版社,2017.

[24] 王数,东野光亮.地质学与地貌学[M].2版.北京：中国农业大学出版社,2013.

[25] 吴圣林.岩土工程勘察[M].2版.徐州：中国矿业大学出版社,2018.

[26] 谢宇平.第四纪地质学及地貌学[M].北京：地质出版社,1994.

[27] 薛禹群,吴吉春.地下水动力学[M].2版.北京:地质出版社,2010.

[28] 杨怀仁.第四纪地质学[M].北京:高等教育出版社,1987.

[29] 杨景春,李有利.地貌学原理[M].4版.北京:北京大学出版社,2017.

[30] 叶银灿.中国海洋灾害地质学[M].北京:海洋出版社,2012.

[31] 袁聚云,钱建固,张宏鸣,等.土质学与土力学[M].4版.北京:人民交通出版社,2014.

[32] 张瑞瑾.河流泥沙动力学[M].2版.北京:水利水电出版社,1998.

[33] 张祖陆.地质与地貌学[M].北京:科学出版社,2012.

[34] 赵法锁,李相然.工程地质学[M].北京:地质出版社,2009.

[35] 中国建筑科学研究院.建筑地基基础设计规范:GB 50007—2011[S].北京:中国计划出版社,2012.

[36] 中国建筑科学研究院.建筑抗震设计规范(附条文说明)(2016年版):GB 50011—2010[S].北京:中国建筑工业出版社,2016.

[37] 中国建筑科学研究院.膨胀土地区建筑技术规范:GB 50112—2013[S].北京:中国建筑工业出版社,2013.

[38] 中国煤炭建设协会.煤矿采空区岩土工程勘察规范:GB 51044—2014[S].北京:中国计划出版社,2015.

[39] 中国科学院水利电力部水利水电科学研究院河渠研究所.水库淤积问题的研究[M].北京:中国水利水电出版社,1959.

[40] 中南勘察设计院有限公司.建筑工程地质勘探与取样技术规程:JGJ/T 87—2012[S].北京:中国建筑工业出版社,2012.